"十一五"国家重点图书出版规划项目

中国有色金属丛书

CNMS

铜及铜合金粉末与制品

中国有色金属工业协会组织编写

汪礼敏　主　编

王林山　副主编

中南大学出版社
www.csupress.com.cn

图书在版编目(CIP)数据

铜及铜合金粉末与制品/汪礼敏主编.—长沙:中南大学出版社,
2010.12
ISBN 978-7-5487-0151-4

Ⅰ.铜…　Ⅱ.汪…　Ⅲ.①铜—粉末冶金制品②铜合金—粉末
冶金制品　Ⅳ.TG146.1

中国版本图书馆 CIP 数据核字(2010)第 257242 号

铜及铜合金粉末与制品

汪礼敏　主编

□责任编辑	刘颖维	
□责任印制	文桂武	
□出版发行	中南大学出版社	
	社址:长沙市麓山南路	邮编:410083
	发行科电话:0731-88876770	传真:0731-88710482
□印　　装	国防科技大学印刷厂	

□开　　本	787×1092 1/16　□印张 15.25　□字数 374 千字	
□版　　次	2010 年 12 月第 1 版　□2010 年 12 月第 1 次印刷	
□书　　号	**ISBN 978-7-5487-0151-4**	
□定　　价	**52.00 元**	

王海东	中南大学出版社
乐维宁	中铝国际沈阳铝镁设计研究院
许 健	中冶葫芦岛有色金属集团有限公司
刘同高	厦门钨业集团有限公司
刘良先	中国钨业协会
刘柏禄	赣州有色冶金研究所
刘继军	茌平华信铝业有限公司
李 宁	兰州铝业股份有限公司
李凤轶	西南铝业(集团)有限责任公司
李阳通	柳州华锡集团有限责任公司
李沛兴	白银有色金属股份有限公司
李旺兴	中铝郑州研究院
杨 超	云南铜业(集团)有限公司
杨文浩	甘肃稀土集团有限责任公司
杨安国	河南豫光金铅集团有限责任公司
杨龄益	锡矿山闪星锑业有限责任公司
吴跃武	洛阳有色金属加工设计研究院
吴锈铭	中国有色金属工业协会镁业分会
邱冠周	中南大学
冷正旭	中铝山西分公司
汪汉臣	宝钛集团有限公司
宋玉芳	江西钨业集团有限公司
张 麟	大冶有色金属有限公司
张创奇	宁夏东方有色金属集团有限公司
张洪国	中国有色金属工业协会
张洪恩	河南中孚实业股份有限公司
张培良	山东丛林集团有限公司
陆志方	中国有色工程有限公司
陈成秀	厦门厦顺铝箔有限公司
武建强	中铝广西分公司
周 江	东北轻合金有限责任公司
赵 波	中国有色金属工业协会
赵翠青	中国有色金属工业协会
胡长平	中国有色金属工业协会
钟卫佳	中铝洛阳铜业有限公司
钟晓云	江西稀有稀土金属钨业集团公司
段玉贤	洛阳栾川钼业集团有限责任公司
胥 力	遵义钛厂
黄 河	中电投宁夏青铜峡能源铝业集团有限公司
黄粮成	中铝国际贵阳铝镁设计研究院
蒋开喜	北京矿冶研究总院
傅少武	株洲冶炼集团有限责任公司
瞿向东	中铝广西分公司

中国有色金属丛书
CNMS 学术委员会

王林生	赣州有色冶金研究所
尹晓辉	西南铝业(集团)有限责任公司
邓吉牛	西部矿业股份有限公司
吕新宇	东北轻合金有限责任公司
任必军	伊川电力集团
刘江浩	江西铜业集团公司
刘劲波	洛阳有色金属加工设计研究院
刘昌俊	中铝山东分公司
刘侦德	中金岭南有色金属股份有限公司
刘保伟	中铝广西分公司
刘海石	山东南山集团有限公司
刘祥民	中铝股份有限公司
许新强	中条山有色金属集团有限公司
苏家宏	柳州华锡集团有限责任公司
李宏磊	中铝洛阳铜业有限公司
李尚勇	金川集团有限公司
李金鹏	中铝国际沈阳铝镁设计研究院
李桂生	江西稀有稀土金属钨业集团公司
吴连成	青铜峡铝业集团有限公司
沈南山	云南铜业(集团)公司
张一宪	湖南有色金属控股集团有限公司
张占明	中铝山西分公司
张晓国	河南豫光金铅集团有限责任公司
邵 武	铜陵有色金属(集团)公司
苗广礼	甘肃稀土集团有限责任公司
周基校	江西钨业集团有限公司
郑 莆	中铝国际贵阳铝镁设计研究院
赵庆云	中铝郑州研究院
战 凯	北京矿冶研究总院
钟景明	宁夏东方有色金属集团有限公司
俞德庆	云南冶金集团总公司
钱文连	厦门钨业集团有限公司
高 顺	宝钛集团有限公司
高文翔	云南锡业集团有限责任公司
郭天立	中冶葫芦岛有色金属集团有限公司
梁学民	河南中孚实业股份有限公司
廖 明	白银有色金属股份有限公司
翟保金	大冶有色金属有限公司
熊柏青	北京有色金属研究总院
颜学柏	陕西有色金属控股集团有限责任公司
戴云俊	锡矿山闪星锑业有限责任公司
黎 云	中铝贵州分公司

总 序

  有色金属是重要的基础原材料，广泛应用于电力、交通、建筑、机械、电子信息、航空航天和国防军工等领域，在保障国民经济建设和社会发展等方面发挥了不可或缺的作用。

  改革开放以来，特别是新世纪以来，我国有色金属工业持续快速发展，已成为世界最大的有色金属生产国和消费国，产业整体实力显著增强，在国际同行业中的影响力日益提高。主要表现在：总产量和消费量持续快速增长，2008 年，十种有色金属总产量 2 520 万吨，连续七年居世界第一，其中铜产量和消费量分别占世界的 20% 和 24%；电解铝、铅、锌产量和消费量均占世界总量的 30% 以上。经济效益大幅提高，2008 年，规模以上企业实现销售收入预计 2.1 万亿以上，实现利润预计 800 亿元以上。产业结构优化升级步伐加快，2005 年已全部淘汰了落后的自焙铝电解槽；目前，铜、铅、锌先进冶炼技术产能占总产能的 85% 以上；铜、铝加工能力有较大改善。自主创新能力显著增强，自主研发的具有自主知识产权的 350 kA、400 kA 大型预焙电解槽技术处于世界铝工业先进水平，并已输出到国外；高精度内螺纹铜管、高档铝合金建筑型材及时速 350 km 高速列车用铝材不仅满足了国内需求，已大量出口到发达国家和地区。国内矿山新一轮找矿和境外矿产资源开发取得了突破性进展，现有 9 大矿区的边部和深部找矿成效显著，一批有实力的大型企业集团在海外资源开发和收购重组境外矿山企业方面迈出了实质性步伐，有效增强了矿产资源的保障能力。

  2008 年 9 月份以来，我国有色金属工业受到了国际金融危机的严重冲击，产品价格暴跌，市场需求萎缩，生产增幅大幅回落，企业利润急剧下降，部分行业已出现亏损。纵观整体形势，我国有色金属工业仍处在重要机遇期，挑战和机遇并存，长期发展向好的趋势没有改变。今后一个时期，我国有色金属工业发展以控制总量、淘汰落后、技术改造、企业重组、充分利用境内外两种资源，提高资源保障能力为重点，推动产业结构调整和优化升级，促进有色金属工业可持续发展。

实现有色金属工业持续发展，必须依靠科技进步，关键在人才。为了全面提高劳动者素质，培养一大批高水平的科技创新人才和高技能的技术工人，由中国有色金属工业协会牵头，组织中南大学出版社及有关企业、科研院校数百名有经验的专家学者、工程技术人员，编写了《中国有色金属丛书》。《丛书》内容丰富，专业齐全，科学系统，实用性强，是一套好教材，也可作为企业管理人员和相关专业大学生的参考书。经过编写、编辑、出版人员的艰辛努力，《丛书》即将陆续与广大读者见面。相信它一定会为培养我国有色金属行业高素质人才，提高科技水平，实现产业振兴发挥积极作用。

康义

2009 年 3 月

前 言

铜及铜合金粉末作为粉末冶金行业的重要原材料，广泛应用于汽车、航空航天、电器、电子信息、纺织、食品等领域，对国民经济的发展起着重要的作用。进入21世纪以后，随着我国生产技术、装备的快速提升，我国铜及铜合金粉末也得到迅猛发展，据不完全统计，2009年我国铜及铜合金粉末的产量超过40 000 t，位居全球第一。

按照国家"十一五"重点图书出版规划项目，中国有色金属工业协会组织编写《中国有色金属丛书》的出版要求，我们通过对铜及铜合金粉末与制品的全面总结，将理论与生产实际结合起来，编写了这本《铜及铜合金粉末与制品》，期望对铜及铜合金粉末行业乃至粉末冶金行业的发展起到抛砖引玉的作用。

本书主要介绍了铜及铜合金粉末工业化生产方法及其制品，从粉末和其制品的生产原理、生产工艺、设备、产品性质、影响因素等方面进行系统介绍，并介绍了最新主要进展。铜及铜合金粉末部分主要介绍铜粉、铜合金粉末和铜基复合粉末3大类，生产方法有电解法、雾化法、氧化还原法、扩散法、内氧化法、化学法等。采用或主要采用铜及铜合金粉末生产的制品，主要有轴承、结构材料、摩擦材料、多孔材料、超硬工具材料、电工材料、热沉材料和涂层等。

本书由汪礼敏主编、王林山副主编。参编人员及其完成的章节分别为：汪礼敏（前言、第1章、第2章第2.1~2.3节）；王林山（前言、第1章、第2章第2.1~2.3节、第10章、第11章）；张敬国、张景怀（第2章第2.2、2.3节、第3章第3.1节、第4章第4.2节）；闫世凯（第4章第4.1、4.3、4.4节和第8章）；董小江、刘宇慧（第5章）；李萍（第6章）；姚屏萍（第7章）；马飞、万新梁（第9章）；王林山、穆艳如（第10章）；付东兴、杨中元（第12章）。感谢夏志华教授、周贻茹教授、李学锋博士在本书编写过程中给予的指导，感谢研究生刘一浪、陈鹏在资料整理和文字录入方面给予了大力帮助。

在此要特别感谢赵慕岳教授担任本书的主审，为本书把关与添色。

本书适合于从事铜及铜合金粉末领域的生产、研究人员及工程技术人员阅读，也可作为相关专业的补充教材。

由于作者水平有限，书中难免有错漏之处，敬请读者批评指正。

作 者
2010 年 8 月

目　录

第1章　概　述　　　　　　　　　　　　　　　　　　1

1.1　引言　　　　　　　　　　　　　　　　　　　1

1.2　铜及铜合金粉末的发展现状　　　　　　　　　2

1.3　铜基粉末冶金零部件的发展现状　　　　　　　4

第2章　铜粉生产　　　　　　　　　　　　　　　　　6

2.1　电解法　　　　　　　　　　　　　　　　　　6

2.1.1　电解原理　　　　　　　　　　　　　　7

2.1.2　电解铜粉的生产工艺　　　　　　　　　10

2.1.3　电解铜粉的性能　　　　　　　　　　　18

2.1.4　电解铜粉的应用　　　　　　　　　　　20

2.2　雾化法　　　　　　　　　　　　　　　　　　21

2.2.1　雾化过程原理　　　　　　　　　　　　21

2.2.2　影响雾化粉末性能的因素　　　　　　　22

2.2.3　气雾化铜粉生产　　　　　　　　　　　24

2.2.4　水雾化铜粉生产　　　　　　　　　　　30

2.2.5　雾化铜粉的性能及应用　　　　　　　　36

2.3　氧化还原法　　　　　　　　　　　　　　　　38

2.3.1　AOR 法原理　　　　　　　　　　　　39

2.3.2　AOR 法生产工艺　　　　　　　　　　40

2.3.3　影响铜粉性能的因素　　　　　　　　　43

2.3.4　氧化还原铜粉的粉末特性及应用　　　　45

第3章　铜合金粉末生产　　　　　　　　　　　　　　47

3.1　雾化法　　　　　　　　　　　　　　　　　　47

3.1.1　黄铜粉末　　　　　　　　　　　　　　48

3.1.2　青铜粉末　　　　　　　　　　　　　　49

3.1.3　白铜粉末　　　　　　　　　　　　　　52

3.1.4 真空雾化法制备铜基合金粉末 53

3.1.5 金刚石工具用胎体粉末 53

3.1.6 球形雾化铜及铜合金粉的应用与发展 54

3.2 扩散法 55

3.2.1 概述 55

3.2.2 扩散机理 56

3.2.3 原料对扩散粉性能的影响 57

3.2.4 扩散工艺对扩散粉物理性能的影响 60

3.2.5 扩散工艺对扩散粉合金化程度的影响 61

3.2.6 扩散工艺对扩散粉末合金相的影响 63

3.2.7 扩散合金粉的应用 64

第4章 铜基复合粉末 66

4.1 弥散强化铜用复合粉末 66

4.1.1 内氧化法制备 ODS 铜粉末 67

4.1.2 金属醇盐法制备 ODS 铜粉末 69

4.1.3 弥散强化铜的应用 70

4.2 铜包铁复合粉末 70

4.2.1 铜包铁复合粉末产品的发展 70

4.2.2 铜包铁复合粉末的制备原理 70

4.2.3 铜包铁复合粉末的生产工艺 71

4.2.4 以含铜废液为原料制备铜包铁复合粉工艺 75

4.2.5 铜包铁复合粉末的性能 76

4.2.6 铜包铁复合粉末的应用领域 77

4.3 银包铜粉末的制备 78

4.3.1 银包铜粉末的制备方法 79

4.3.2 银包铜粉末的应用 81

4.4 铜包石墨粉末的制备 82

4.4.1 铜包石墨粉末的应用原理 83

4.4.2 铜包石墨粉末的制备原理 83

4.4.3 铜包石墨粉末的制备工艺 84

4.4.4 铜包石墨粉末的应用 85

第5章 铜基含油轴承 87

5.1 概述 87

5.1.1 铜基含油轴承的发展历程 88

　　5.1.2　烧结含油轴承的工作原理　　88

　5.2　铜基含油轴承的判定因素　　89

　5.3　铜基含油轴承的生产标准　　90

　5.4　烧结青铜系含油轴承　　91

　　5.4.1　烧结 CuSn10 系含油轴承　　91

　　5.4.2　烧结铝青铜系含油轴承　　96

　　5.4.3　其他青铜合金系含油轴承　　96

　5.5　铜基含油轴承制备工艺　　96

　　5.5.1　粉末原料制备工艺　　96

　　5.5.2　含油轴承的压制工艺　　99

　　5.5.3　烧结工艺　　99

　　5.5.4　后处理工艺　　100

　5.6　钢－烧结铜合金双金属轴承　　100

　　5.6.1　钢－烧结铜－镍合金－巴氏合金复合轴承
　　　　　材料　　101

　　5.6.2　钢背－烧结铜铅合金双金属轴承材料　　101

第6章　铜基粉末冶金结构材料　　104

　6.1　烧结铜　　104

　6.2　烧结青铜　　105

　6.3　烧结黄铜　　107

　6.4　烧结铜－镍合金　　110

第7章　铜基粉末冶金摩擦材料　　112

　7.1　铜基粉末冶金摩擦材料的特性　　112

　7.2　铜基粉末冶金摩擦材料的组成　　113

　　7.2.1　基体组元　　113

　　7.2.2　摩擦组元　　114

　　7.2.3　润滑组元　　114

　7.3　铜基粉末冶金摩擦材料的分类　　115

　7.4　铜基粉末冶金摩擦材料的制备工艺　　117

　　7.4.1　原料粉末和支承钢背的制备　　117

　　7.4.2　原料粉末的混合　　120

　　7.4.3　压制－烧结法　　120

　　7.4.4　其他新工艺　　126

　　7.4.5　后续处理　　128

7.5 铜基粉末冶金摩擦材料的应用与发展   129

     7.5.1 铜基粉末冶金摩擦材料的应用   129

     7.5.2 铜基粉末冶金摩擦材料的发展趋势   131

第8章 铜基粉末冶金多孔材料   131

8.1 概述   133

     8.1.1 粉末冶金多孔材料的工作原理   134

     8.1.2 粉末冶金多孔材料的制备方法   134

8.2 铜基粉末冶金多孔材料的生产工艺   137

     8.2.1 纯铜多孔材料的烧结   137

     8.2.2 青铜多孔材料的烧结   137

     8.2.3 过滤器的化学热处理   141

     8.2.4 过滤器的再生   141

8.3 多孔材料的表征   142

     8.3.1 孔隙率   142

     8.3.2 多孔材料的最大孔径及孔径分布的测定   142

     8.3.3 透气系数   143

     8.3.4 过滤精度   145

     8.3.5 剪切强度   145

8.4 铜基粉末冶金多孔材料的应用   145

     8.4.1 烧结青铜过滤器   145

     8.4.2 气液分离器   146

     8.4.3 止火器   147

     8.4.4 消音器   147

8.5 新型多孔材料   148

第9章 超硬工具材料   149

9.1 概述   149

9.2 金刚石工具的工作原理   150

9.3 铜及铜合金粉末在金刚石工具中的应用   150

     9.3.1 铜在黏结剂中的作用   150

     9.3.2 铜合金黏结剂在金刚石工具中的应用   150

     9.3.3 粉末冶金法制造金刚石工具的工艺   154

     9.3.4 金刚石工具制造设备   157

     9.3.5 金刚石工具的应用   160

第10章　铜基粉末冶金电工材料　161

10.1　铜–石墨电刷　161
10.1.1　铜–石墨电刷的工作原理　162
10.1.2　铜–石墨电刷的制备工艺　163
10.1.3　铜–石墨电刷的性能　173
10.1.4　铜–石墨电刷的应用　175

10.2　电触头　175
10.2.1　电触头的性能要求　176
10.2.2　电触头的制备工艺　177
10.2.3　电触头的性能　182
10.2.4　电触头的应用　183

10.3　焊接电极　183
10.3.1　焊接电极的工作原理　184
10.3.2　弥散强化铜电极的制备工艺　184
10.3.3　焊接电极的应用　186

第11章　铜基粉末冶金热管理材料　187

11.1　铜基粉末冶金热沉材料　187
11.1.1　热沉材料的工作原理　187
11.1.2　热沉材料的制备工艺与材料选择　188
11.1.3　第二代热沉材料　190
11.1.4　第三代热沉材料　191
11.1.5　第四代热沉材料　196

11.2　热管　201
11.2.1　热管的工作原理　201
11.2.2　热管的制备工艺　203
11.2.3　热管的应用　205

11.3　铜基粉末冶金散热器　206
11.3.1　铜粉的影响　207
11.3.2　黏结剂的影响　207
11.3.3　混炼工艺的影响　208
11.3.4　制粒工艺　208
11.3.5　注射成形工艺　208
11.3.6　脱脂(黏结剂脱除)工艺的影响　209
11.3.7　烧结工艺的影响　209

　　11.3.8　铜散热器的应用　　　　　　　　　　210

第 12 章　铜基喷涂涂层材料　　　　　　　　　　211

　12.1　热喷涂技术　　　　　　　　　　　211

　　12.1.1　热喷涂技术的分类　　　　　　　　211

　　12.1.2　热喷涂设备　　　　　　　　　　212

　　12.1.3　热喷涂技术的特点　　　　　　　　212

　　12.1.4　热喷涂原理　　　　　　　　　　213

　12.2　冷喷涂技术　　　　　　　　　　　214

　　12.2.1　冷喷涂技术的优缺点　　　　　　　214

　　12.2.2　冷喷涂系统的构成　　　　　　　　214

　　12.2.3　冷喷涂技术的工艺原理　　　　　　216

　　12.2.4　冷喷涂技术的适用材料范围　　　　216

　12.3　铜及铜合金喷涂涂层材料　　　　　　　217

　　12.3.1　铜及铜合金粉末　　　　　　　　217

　　12.3.2　铜基自熔性合金粉末　　　　　　　220

参考文献　　　　　　　　　　　　　　　221

第 1 章 概 述

1.1 引言

铜为元素周期表中第一副族，元素符号为 Cu，原子序数 29，原子量 63.546，密度为 8.89 g/cm^3，熔点为 1 083℃，沸点约 2 500℃，标准电位为 +0.34 V，比热容为 0.384 3 $J/(g \cdot K)$。

纯铜呈玫瑰红色、金属光泽，但表面氧化后形成氧化铜薄膜，外观呈紫色，因此通常称为紫铜，其纯度通常大于 99.5%。纯铜具有良好的韧性、可加工性，在室温下其延展性可达 30% ~45%（软态）、4% ~6%（硬态），抗拉强度 216 ~235 MPa（软态）、363 ~412 MPa（硬态）。铜具有优良的导电和导热性能，电导率为 58 MS/m（电阻率 1.724×10^{-2} $\mu\Omega \cdot m$），导热率为 400 $W/(m \cdot K)$，热膨胀系数为 16.8×10^{-6}/K，是应用最广泛的导电材料和传热材料之一，广泛应用于家电、电力、汽车、铁路、建筑、船舶等几乎所有的行业。

20 世纪 20 年代润滑多孔性青铜轴承的发明和发展，对铜粉的工业性生产起了极大的促进作用。最早的铜粉生产方法是还原铜的氧化物和电解法。20 世纪 30 年代置换沉淀法规模化生产的铜粉开始应用于铜基摩擦材料。20 世纪 50 年代雾化法和水冶法陆续开发成功，并实现规模化生产，尤其是雾化法发展特别迅速，到 20 世纪 90 年代已经成为一种制备铜及铜合金粉末的主要方法。

铜氧化物还原是一种比较古老的方法。它是将铜加工过程下来的铜鳞进行还原，然后破碎制备铜粉。这种方法制备的铜粉粒度一般较粗，目前的生产量较小。

在 20 世纪 20 年代早期，美国新泽西州卡尔特莱特自治区的金属精炼厂（USMR）开始生产电解铜粉，拥有大型的电解槽，每月生产铜粉末最多达 455 t。电解法制备铜粉来源于电解铜的生产，其主要工艺是通过加大电流密度、降低铜离子浓度，从而获得电解铜粉。所制得的铜粉呈树枝状，成形性好。目前全球电解铜粉的年产量约 4 万 t，占纯铜粉的 70% 以上，为最主要的制备方法。

随着产品对铜及铜合金粉末的需求，出现了雾化制粉工艺，包括气雾化、水雾化及其他雾化工艺，前两种为主要的铜及铜合金粉末生产工艺，占雾化铜及铜合金粉末产量的 90% 以上。具有生产成本低、无污染等优点。为了进一步降低雾化铜粉的松装密度，将雾化铜粉进行氧化，然后再还原制备出低松装密度的铜粉，可以部分取代电解铜粉的使用，但是对于电碳、冷压金刚石工具等对成形性要求非常高的应用，还不能取代。

据不完全统计，2009 年全球铜及铜合金粉末的产量在 10 万 t 以上，主要应用有含油轴承、粉末冶金零部件、金刚石工具、电碳等，占总产量的 90% 以上。

1.2 铜及铜合金粉末的发展现状

1. 国外铜及铜合金粉末的发展现状

世界上铜粉产量和用量较大的国家和地区为日本、北美和西欧,同时它们也具有最先进的生产工艺。

日本的铜粉生产商主要有 Fukuda 和 Nippon 公司,两个公司均有雾化铜粉和电解铜粉,其产量约 25 000 t,其中雾化铜及铜合金粉末的比例要大一些,约占 60%。

图 1-1 所示为北美铜及铜合金粉末的船运量。从图中可以看出,1992—2007 年,北美地区的铜及铜合金粉末产量基本维持在 20 000 ~ 25 000 t。2008—2009 年,其船运量为 15 000 ~ 17 500 t,呈现大幅度下降,这主要是受 2008 年全球经济危机的影响。

美国主要是雾化法生产的铜及铜合金粉末,其他工艺有氧化 – 还原方法和化学法。20 世纪 80 年代,由于环保等原因,美国停止了电解铜粉的生产。

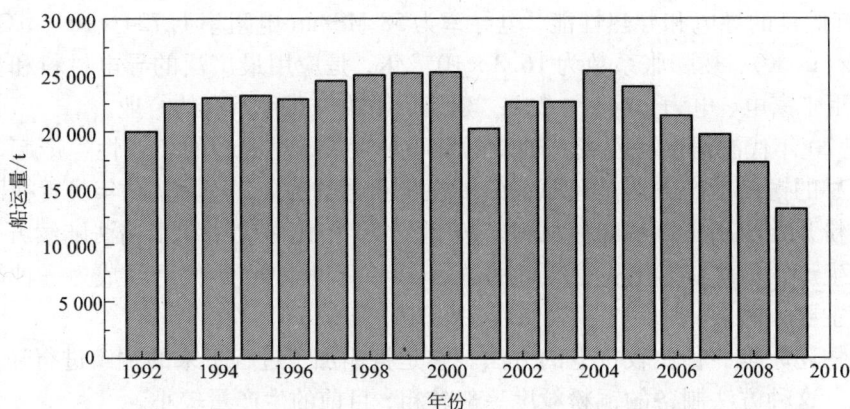

图 1-1 北美铜及铜合金粉末的船运量

西欧电解铜粉的生产商主要有乌拉尔的 Ultral 公司和意大利的 Pometon 公司,两者的产量总和约 12 000 t。雾化铜及铜合金的生产商主要有德国的 Ecka、意大利的 Pometon 和英国的 Makin 等公司,产量总和近 20 000 t。

2. 中国铜及铜合金粉末的发展现状

我国自 1958 年开始进行电解铜粉的生产试验,20 世纪 60 年代建成第一条电解铜粉生产线。从当时的年产量 70 t,发展到现在的 40 000 多吨。工业化生产铜粉的工艺为电解法、雾化法及氧化还原法,生产铜合金粉末的工艺为雾化法(包括水雾化和气雾化两种)。据不完全统计,2009 年我国的铜及铜合金粉末的产量超过 40 000 t,其中电解铜粉约占总产量的 50%。

据不完全统计,2009 年我国的铜粉产量约 24 500 t,其中电解铜粉约 20 500 t,约占铜粉产量的 84%,其余的为雾化和氧化还原铜粉。电解铜粉的厂家有近 20 家,其中年产量在 1 000 t 以上的企业仅有 5 家,为有研粉末、重庆华浩、金川集团、天津瑞尔普、苏州福田(中日合资)。这 5 家企业的产量总和达到 14 500 t,约占全国电解铜粉的 71%,其中有研粉末新材料(北京)有限公司的产量最大,达到 5 700 t。

铜合金粉末的生产企业约 30 家,产量为 13 500 t。雾化铜合金粉末生产企业相对产量较小,2 000 t 以上的企业有 4 家,1 000～2 000 t 之间的企业有 2 家。生产铜合金粉末的企业主要有中科铜都、安徽旭晶、衡水润泽、苏州元磁、绍兴吉利来、有研粉末等。其中中科铜都、安徽旭晶、衡水润泽、苏州元磁等 4 家企业的产量超过 2 000 t。

表 1 - 1 给出了 1990—2009 年中国铜粉的产量情况。

表 1 - 1　1990—2009 年中国铜粉的产量情况

年份	品　　种		产量/t	统计厂家
1990	电解铜粉		1 201	
	雾化铜及铜合金粉末的产量		3 500	
2000	电解铜粉		3 100	
	雾化铜及铜合金粉末的产量		4 000	
2002	电解铜粉		6 300	13
	铜合金粉(雾化)		2 200	
2003	电解铜粉		6 200	13
	铜合金粉(雾化)		2 200	
2004	电解铜粉		6 600	13
	铜合金粉(雾化)		2 200	
2005	电解铜粉		6 450	13
	铜合金粉(雾化)		4 670	
2006	电解铜粉		7 300	13
	铜合金粉(雾化)		5 300	
2007	电解铜粉		9 300	9
	铜合金粉(雾化)		4 900	
2008	铜粉	电解铜粉	20 020	19
		其他铜粉	3 850	28
	铜合金粉	铜合金粉	12 500	
	包覆粉	铜包铁粉	3 800	5
2009	铜粉	电解铜粉	20 500	19
		其他铜粉	4 000	28
	铜合金粉	铜合金粉	13 500	
	包覆粉	铜包铁粉	3 000	5

　　注:2008 年、2009 年电解铜粉统计生产厂家为 19 家,雾化铜及铜合金粉末生产厂家为 28 家。

1.3 铜基粉末冶金零部件的发展现状

铜基粉末冶金材料的发展从 20 世纪 20 年代的青铜含油轴承开始，由于这种含油轴承具有设计结构简单、无需加油、噪音低、性能稳定、寿命长等优点，很快在汽车、纺织、航空等领域得到了广泛的应用。并且，随着家电、计算机、手机等新产品的出现，含油轴承起到越来越重要的作用。含油轴承从最早的几十克至几百克，发展到现在最小的 0.005 g，可起到其他材料很难完成的作用。

木材、皮革等天然产品是人类最早使用的摩擦材料。随着社会的发展，对摩擦材料的性能要求越来越高，天然产品已经不能满足使用要求。1930 年开发出了铜基粉末冶金摩擦材料，由于其摩擦性能可控、稳定等优点，很快应用于航空、车辆、机械等领域，并得到快速的发展。目前铜基摩擦材料在市场中占有相当一部分的份额。

粉末冶金的工艺特点，使得人们非常容易联想到利用其多孔性进行过滤。早在 1909 年，国外专利就提到过粉末冶金多孔制品，到 20 世纪 20 年代末至 30 年代初出现了若干制取粉末冶金过滤器的专利。30 年代中期出现了铜、镍、青铜、黄铜过滤器，这时青铜过滤器开始用于工业生产，过滤空气、燃料和润滑油等。并根据市场需求，开发出钛/不锈钢、钛铝金属间化合物等材质的过滤器。烧结多孔材料具有设计简单、孔隙可控、孔隙率高、寿命长、无污染等优点，在食品、医药、石化、冶金、核化工等行业得到广泛使用。

随着电动机的发明，转子与定子之间的电流传输吸取是必须解决的。最早使用铜丝束来传输电流，但其耐磨性差，寿命短。以后又发明了炭刷，其寿命较长，但导电性差。随着电动机电流密度的日益增大，炭刷已不能满足使用要求。为了提高其导电性，将金属网模压在炭刷中，但该工艺不适合工业化生产。后来发明了铜粉和石墨粉混合制成的铜－石墨电刷，提高了电刷的导电性和寿命，被广泛应用于电动机、发动机和列车的受电弓等。

金刚石作为世界上最硬的物质，可以用来切割其他物质，因此人们开发出金刚石工具。由于金刚石的烧结温度很高，很难采用常规工艺进行烧结制备，因此开发出采用黏结剂（又称之为胎体材料）将金刚石颗粒黏结在一起，然后用来切割。常用的黏结剂有铜基、铁基、铜铁基、钴基等体系，其中铜基和铁基的应用最广，成本相对较低。铜基黏结剂具有烧结温度低、对金刚石损伤小、切割速度快、传热性好等优点，应用非常广泛。

20 世纪 60 年代初，美国 GE 公司提出横向磁场熄弧原理，并据此研制出基于螺旋槽横磁触头结构和 CuBi 触头材料的真空灭弧室，将真空开关的短路开断能力提高到了 15 kV、12.5 kA，从而使真空开关真正具有了商业实用意义。

1973 年弥散强化铜出现，通过内氧化的方法在铜基体中引入纳米氧化铝颗粒，使其强化铜基体。该材料在保持高导电和导热性能的同时，可以在 800℃以下保持较高的强度和硬度，可以作为电极材料、引线、均热材料等。

20 世纪 90 年代，随着电子器件对散热性能的要求越来越高，使得对热沉材料的导热性能要求也有所提高，人们发明了铜碳化硅、铜金刚石等热沉材料，尤其是后者，其导热率可达到 900 W/(m·K)，为高功率密度器件的散热提供了保证。

在某些使用条件下，需要在工件表面喷涂上一层铜及铜合金涂层，使得工件具有优良的润滑性能、耐蚀性能、导电、导热等性能，是铜及铜合金粉末的一个应用领域。

铜及铜合金粉末可以用于石油开采用的射孔弹生产,具有制备工艺简单、成本低、作业性能好,使用可靠,在国内外油田开采中被广泛使用。

由于纳米铜粉颗粒极细且软,是一种很好的润滑剂,加入到油中形成一种稳定的悬浮液。用于汽车引擎的润滑油中,可以提高引擎汽缸和活塞的耐磨性能;在引擎运转过程中,可以修复汽缸中的缺陷,对减少汽缸的摩擦磨损和延长发动机使用寿命是十分有益的。国外已有加入了超细铜粉的润滑油销售。铜及铜合金超细粉体用作催化剂,效率高、选择性强,可用于二氧化碳和氢合成甲醇等反应过程中的催化剂。超细铜粉还可以作为催化剂直接应用于化工行业(如乙炔聚合)、汽车尾气净化等领域。

此外,铜及铜合金粉末还可以制备成片状粉末,在油墨、导电浆料上应用,如黄铜仿金粉可以用于制做香烟盒、字画等金字。导电铜粉还可以用于油漆、涂料中,银包铜片状粉末可以用做导电浆料,具有良好的导电性能。

第 2 章　铜粉生产

自 20 世纪 20 年代起，国外开始工业化生产铜粉，主要为电解法和氧化还原法。随后出现了置换沉淀法、水冶法和雾化法等新工艺。

2.1　电解法

电解法制备铜粉是以硫酸铜和硫酸组成的溶液为电解液的电解工艺，是一种借助电流作用实现化学反应的过程，即由电能转变为化学能的过程。电解铜粉的制备工艺流程如图 2 - 1 所示。

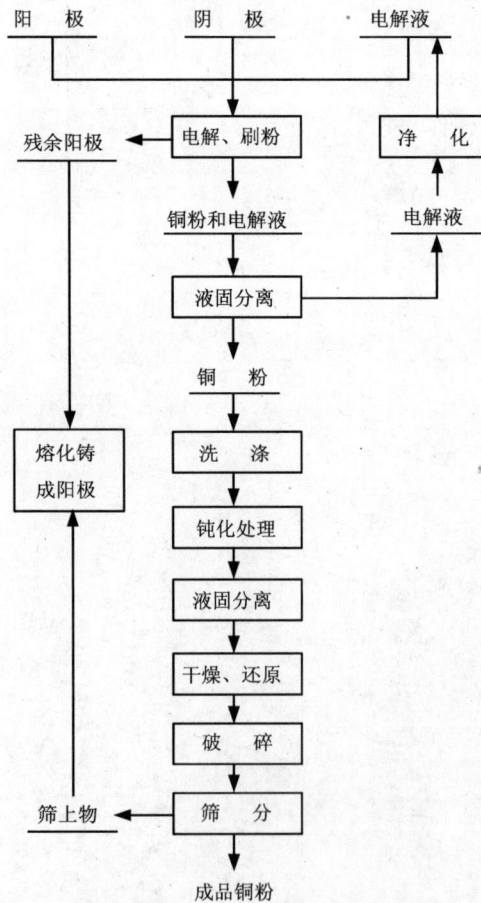

图 2 - 1　电解铜粉的制备工艺流程图

2.1.1　电解原理

1. 电极反应

电解液通入直流电后,在阳极上发生氧化反应,在阴极上发生还原反应。电解铜粉时电解槽中的电化学体系为

$$(-)\, Cu(粉) \mid CuSO_4,\ H_2SO_4,\ H_2O \mid Cu(纯)\, (+)$$

电解质在溶液中电离或部分电离成离子状态

$$CuSO_4 \longrightarrow Cu^{2+} + SO_4^{2-}$$
$$H_2SO_4 \longrightarrow 2H^+ + SO_4^{2-}$$
$$H_2O \longrightarrow H^+ + OH^-$$

当施加外直流电压后,溶液中的离子起传导电流的作用,在电极上发生电化学反应,将电能转化为化学能。加入硫酸是为了增强溶液的导电性。

阳极:铜失去电子变成铜离子而进入溶液

$$Cu \longrightarrow Cu^{2+} + 2e$$

以上三式的标准电位分别为 0.34V。

阴极:主要是铜离子得到电子而析出金属

$$Cu^{2+} + 2e \longrightarrow Cu$$
$$2H^+ + 2e \longrightarrow H_2 \uparrow$$

以上两反应的标准电位分别为 +0.34V 和 0V。铜的析出电位比氢大得多,因此主要是铜的析出。但是在过电压较大的情况下,也有少量的氢气析出。

2. 金属杂质的影响

(1)标准电位比铜负的金属(铁、镍、钴、锌)

在阳极,这类杂质优先转入溶液。在阴极,这类杂质留在溶液中不还原或比铜后还原。铁离子的存在会增加电解液电阻,降低溶液的导电能力,同时,溶液中的 Fe^{2+} 可能被溶于溶液中的氧所氧化,所生成的 Fe^{3+} 在阴极上将铜溶解下来,或者在阴极上得到电子而被还原成 Fe^{2+}。这样,铁离子在溶解中反复进行氧化–还原,使得电流效率降低。镍离子的存在也降低溶液的导电能力,还可能在阳极表面生成一层不溶性化合物薄膜,而使阳极溶解不均匀,甚至引起阳极钝化。

(2)标准电位比铜正的金属杂质(银、金、铂)

在阳极,这类杂质不氧化或后氧化。在阴极,这类杂质先还原。例如,银在阳极不溶解,而从阳极表面脱落进入粉末中。少量的银会以 Ag_2SO_4 形态进入溶液中,在阴极中会优先析出,造成银的损失。在电解含银的铜阳极时,需往溶液中加入 HCl,使银生成 AgCl 沉淀回收。

(3)标准电位与铜接近的金属杂质(砷、锑、铋)

这类杂质在阳极中与铜一起转入溶液中。当电流密度较高,阴极区铜离子浓度降低时,它们便会在阴极上析出使阴极产物中含有这类杂质。

3. 分解电压和极化

电解过程是原电池的逆过程。为了进行电解过程,应在两个电极上加上一个电位差,此电位差不得小于由电解反应的逆反应所生成的原电池的电动势。这样的外加最低电位就是理

论分解电压 $E_{理论}$，它能够使电解质在两极连续不断地进行分解。理论分解电压是阳极平衡电位 $\varepsilon_{阳}$ 与阴极平衡电位 $\varepsilon_{阴}$ 之差，即 $E_{理论} = \varepsilon_{阳} - \varepsilon_{阴}$。不同物质的理论电压不同，因而理论分解电压也不同。

实际上电解时的分解电压要比理论分解电压大得多，超出理论分解电压的部分电位叫超电压，即 $E_{分解} = E_{理论} + E_{超}$。在实际电解过程中，电流密度越高，$E_{超}$ 就越大，即偏离电极平衡电位值越多。这种偏离平衡电位的现象称为极化。根据极化产生的原因，可以分为浓差极化、电阻极化和电化学极化，相应的超电压称为浓差超电压、电阻超电压和电化学超电压，即 $E_{超} = E_{浓} + E_{阻} + E_{电化}$。

4. 电解的定量定律

在电解过程中所通过的电量与所析出的物质量之间的定量关系符合法拉第第一定律，即所产生的物质量与电流强度、通过电流的时间成正比。所以电解产量的计算公式为

$$m = q \cdot I \cdot t$$

式中：I 为电流强度，A；t 为电解时间，h；q 为电化当量，为 1.186 g/(A·h)。

根据法拉第第二定律，发生变化的物质量与它们的电化当量成正比，并且需要通过 $F = 96\,500$ C 或 $96\,500$ A·s 的电量，才能析出 1 克当量（克原子量/原子价）的物质。$96\,500$ C（$96\,500$ A·s）称为法拉第常数，如果以 A·h 为单位表示，则等于 26.8 A·h。所以电化当量为

$$q = \frac{W}{n \cdot 96500\ \text{C}} = \frac{W}{n \cdot 26.8\ \text{A·h}} \approx 1.186$$

式中：W 为铜的原子量，63.546；n 为铜的原子价，2。

5. 成粉条件

电解试验证实：①开始在阴极析出的是致密金属层，等到阴极附近的 Cu^{2+} 浓度由原来的 c 降到一定值 c_0 时才开始析出松散的粉末。在低电流密度电解时，由于阴极附近的 Cu^{2+} 的浓度会不断地扩散补充，c_0 值通常是达不到的，阴极上只能得到致密的金属层；只有当高电流密度电解时，阴极附近的 Cu^{2+} 的浓度急剧下降，经过很短的时间就会达到 c_0 值，才可得到粉末。以上表明，电流密度和 Cu^{2+} 浓度是形成粉末的关键影响因素。②当通电时，只有在距阴极表面距离 h 以内的 Cu^{2+} 才在阴极析出。Cu^{2+} 浓度与阴极的距离的关系如图 2-2 所示。

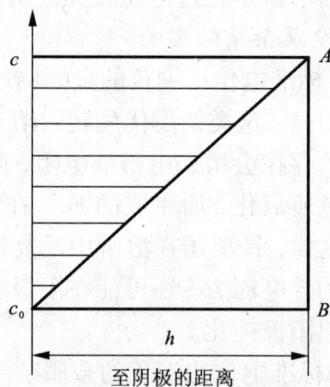

图 2-2 Cu^{2+} 浓度与阴极的距离的关系

c—溶液中铜离子的最初浓度；
c_0—析出粉末的铜离子浓度

当铜以粉末状在阴极上析出之前，从靠近阴极面积 A 的体积 A·h 内析出的 Cu^{2+} 数为

$$\frac{c - c_0}{2} \cdot A \cdot h \ (c\ 的单位为\ \text{mol/L})$$

根据法拉第定律得出下面的等式

$$\frac{c - c_0}{2} \cdot A \cdot h = \frac{Q}{n \cdot F}$$

式中：Q 为通过面积 A 的电量，C；n 为离子价数；F 为法拉第常数，即 96 500 C。

同时，浓度梯度与电流密度 i 的关系为

$$\frac{\mathrm{d}c}{\mathrm{d}h} = ki$$

式中：k 为比例常数。

将此式积分

$$\int_{c_0}^{c} \mathrm{d}c = ki \int_{0}^{h} \mathrm{d}h$$

得

$$c - c_0 = kih$$

实验表明，无论怎样的电流密度，开始析出粉末的最长时间是有一定限度的，如果在 25 s 内还未析出粉末，则这种电流密度下不能析出粉末，即 $i = 0.2kc$。若 1s 后开始析出粉末，析出粉末的最小电流密度为 $i = kc$。从而得出一个 $i-c$ 关系（见图 2-3）。图中分为三个区域：Ⅰ 区为粉末区域，要求 $i \geq 0.53c$；Ⅱ 区为过渡区域，$0.106c < i < 0.53c$；Ⅲ 区为致密沉积物区域，$i \leq 0.106c$。

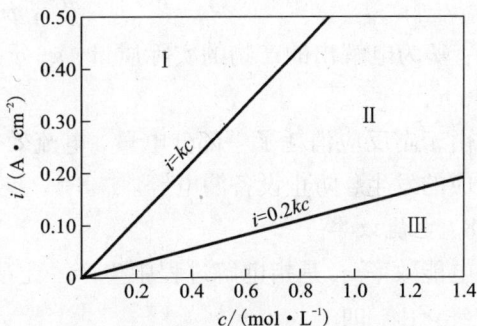

图 2-3　$i-c$ 关系图

6. 阴极过程动力学

在电解铜粉过程中，电极上发生的反应是多相反应。粉末析出的过程可能是扩散控制，也可能是化学过程控制。特别指出的是电解过程中，在电流通过的固-液界面，金属的沉积速度与电流成正比。

根据法拉第定律，电解的沉积速度等于单位时间内的电解产量，可表示为

$$沉积速度 = \frac{m}{t}（\mathrm{g/s}）= \frac{m}{w \cdot t} = \frac{I}{n \cdot F}（\mathrm{mol/s}）$$

沉积速度仅与通过的电流有关，而与温度、浓度无关。

由于阴极放电反应的结果，界面上铜离子的浓度不断降低，这种消耗被从溶液中扩散来的铜离子所补偿，可得

$$扩散速度 = \frac{D \cdot A}{\delta}(c - c_0)$$

式中：D 为扩散系数；A 为阴极进入溶液的面积；δ 为扩散层的厚度。

在平衡时两种速度相等

$$\frac{I}{n \cdot F} = \frac{D \cdot A}{\delta}(c - c_0)$$

$$\frac{I}{A} = \frac{n \cdot F \cdot D}{\delta}(c - c_0)$$

从上式可以看出，随着电流密度（I/A）的增大，$c - c_0$ 值将增大，因为界面上的铜离子迅速贫乏；在恒定电流密度下，搅拌电解液使扩散层厚度 δ 减小，$c - c_0$ 值也应减小，即 c_0 值增大。

电解的铜粉为结晶形态，在电解沉积时发生成核和晶体长大两个过程。晶体尺寸取决于

这两个过程的速度比。如果成核速度远远大于晶体长大速度,形成的晶核数愈多,铜粉愈细;反之,如果晶体长大速度远远大于成核速度,则铜粉愈粗。

从动力学角度来讲,当界面上铜离子浓度 c_0 值趋近于零,即电极过程为扩散过程控制时,成核速度远远大于晶体长大速度,因而有利于得到细粉;当电极过程处于化学过程控制时,得到粗粉。

7. 电流效率

电流效率是一定电量电解出的产物的实际质量与通过同样电量理论上应电解出的产物质量之比,用公式表示为

$$\eta_i = \frac{M}{q \cdot I \cdot t} \times 100\%$$

式中:M 为电解出的产物的实际质量,g;q 为电化当量,g/A·h;I 为电流强度,A;t 为电解时间,h。

由于副反应消耗了一部分电量,电流效率一般为 80% ~ 97%,为了提高电流效率应减少副反应的发生,防止设备漏电等。

8. 电能效率

电能效率 η_e 是指电解过程中生产一定质量的物质在理论上所需的电能量与实际消耗的电能量之比,即

$$\eta_e = \frac{W_o}{W_e} \times 100\%$$

式中:W_o 为析出一定质量物质在理论上所需的电能,是沉积物所需的电量 $I_o t$ 与理论分解电压($E_{理论}$)的乘积;W_e 为析出同样质量物质实际消耗的电能,是通过电解槽的全部电量(It)与槽电压($E_槽$)的乘积。

电能消耗 W_e 是指直流电能单位消耗,即生产 1t 电解铜粉消耗直流电的能量,单位为 kW·h/t Cu。可用下式计算

$$W_e = 10^3 E_槽 / (\eta_i q)$$

式中:η_i 为电流效率;$E_槽$ 为槽电压。

电能效率为实际电能消耗 W_e 与理论电能消耗 W_o 的比值,可用下式计算

$$\eta_e = \frac{I_o \cdot E_{理论} \cdot t}{I \cdot E_槽 \cdot t} \times 100\% = \frac{I_o}{I} \times \frac{E_{理论}}{E_槽} \times 100\%$$

式中:η_e 为电能效率。

因此,电能效率是电流效率和电压效率的乘积。提高电能效率必须提高电流效率和电压效率。降低槽电压就是降低电能消耗。电能效率表示电解时电量的利用情况,是技术和经济的综合指标。

2.1.2 电解铜粉的生产工艺

1. 电解铜粉的电解工艺

电解铜粉的主要生产厂家,一般以电解精炼铜板为阳极,紫铜板为阴极,采用硫酸铜和硫酸溶液为电解液,将电极相互平行排列在电解槽中,极间距一般为 50 ~ 100 mm。电解槽为

衬铅槽、衬橡皮槽、塑料槽和玻璃钢槽等,目前衬铅槽基本不再使用,而塑料槽和玻璃钢槽由于其优异的耐蚀性、耐热性,成本低等优点,得到广泛应用。阴极数量为 2 ~ 10 个不等,典型的阴极板有效尺寸为 500 mm × 500 mm × (8 ~ 10) mm,有一些厂家选用的阴极板尺寸较大,一般阴极板的有效面积为 0.5 ~ 1.5 m²,而国外一些工厂采用 10 块以上的阴极板。不同厂家选用不同的生产工艺,表 2 - 1 列出了电解铜粉的几种生产工艺条件。

表 2 - 1　电解铜粉的生产工艺条件

工艺条件	Cu²⁺ 浓度/(g·L⁻¹)	H₂SO₄ 浓度/(g·L⁻¹)	电流密度/(A·m⁻²)	电解液温度/℃	槽电压/V
1	8 ~ 10	120 ~ 150	1 800 ~ 2 000	50 ~ 65	1.5 ~ 2.1
2	8 ~ 10	140 ~ 175	800 ~ 1 200	30 ~ 60	1.3 ~ 1.5
3	5 ~ 15	150 ~ 175	700 ~ 1 100	25 ~ 60	1.0 ~ 1.5

电解工艺中电解液组成、电解液温度、电流密度、电解液循环量、刷粉周期等因素对电解铜粉的物理性能和电流效率等有较大的影响。

(1) 电解液组成的影响及控制

在电解铜粉生产过程中,电解液的组成(如 Cu^{2+} 浓度、酸度、添加剂等)对电解铜粉松装密度和粒度有着很大影响。

1) Cu^{2+} 浓度的影响及控制。在电解液组成和电解条件不变,且保证析出物为粉末的情况下,随着 Cu^{2+} 浓度的增加,电流效率增加(Cu^{2+} 离子浓度超过 33 g/L 时,电解生成的不是粉末,而是硬的沉积物),电解铜粉的松装密度变大、粒度变粗(见图 2 - 4)。例如在 H_2SO_4 为 130 g/L,电流密度为 1 800 A/m²,电解液温度为 (56 ± 1)℃,电解时间为 20 min 条件下得到 Cu^{2+} 浓度与粉末粒度之间的关系,如表 2 - 2 所示。

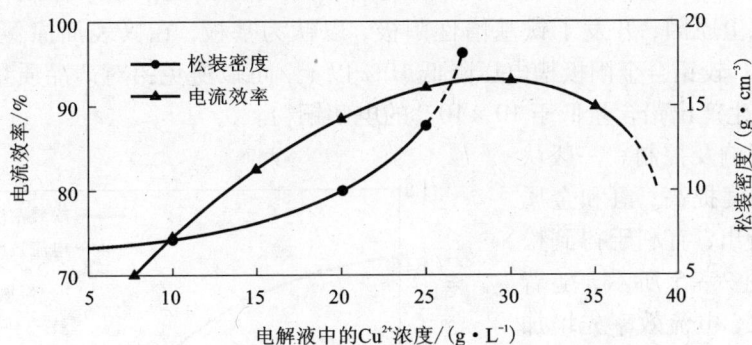

图 2 - 4　Cu²⁺ 浓度对电流效率和松装密度的影响

表 2 - 2　Cu²⁺ 浓度与粉末粒度的关系

Cu²⁺ 浓度/(g·L⁻¹)	8	10	12	16	20
平均粒度/μm	94	110	124	160	205

由表 2-2 可知，在能析出粉末的 Cu^{2+} 浓度范围内，Cu^{2+} 浓度越低，粉末颗粒越细。因为在其他条件不变时，Cu^{2+} 浓度越低，扩散速度越慢，过程为扩散所控制，也就是成核速度大于晶体生长速度，故粉末越细；反之，粉末变粗。

在电解过程中，阳极的电流效率要高于阴极的电流效率（原因是阳极的转化率高，而阴极发生部分副反应），导致电解液中的 Cu^{2+} 浓度不断增加，为保证电解液中 Cu^{2+} 浓度的稳定性，需要进行铜离子浓度的控制，一般有两种途径：一是将电解液实时的抽走一部分，然后将电解液采用铅合金或尺寸稳定阳极（DSA）作为惰性阳极，进行电解脱铜，制备电解铜粉，再将低 Cu^{2+} 浓度的电解液补充到生产线中，从而控制电解液中的 Cu^{2+} 浓度基本稳定；二是在电解铜粉生产线中，将其中几个电解槽中的铜阳极更换为惰性阳极，可以将电解液中 Cu^{2+} 浓度降低，然后和其他电解槽中的电解液混合，就可以达到控制 Cu^{2+} 浓度的目的。这两种方法的原理是相同的，后者更简单一些，但前者在以铅合金为阳极的情况下有利于控制电解铜粉的质量。

惰性阳极的材料较多，最早使用的为纯铅，但其耐蚀性差、寿命较短、导电性差。为改善铅阳极的性能，可通过添加银、钙、锡等合金元素，制备铅合金阳极，研究人员通过大量试验研究出了 PbAgCa、PbAgCaSn 等三元、四元合金，从而可以提高惰性阳极强度、降低槽电压。由于铅合金惰性阳极在电解过程中会氧化变成铅离子，铅离子与溶液中的硫酸根离子发生反应生成难熔化合物硫酸铅，附着在铅合金表面阻止导电，从而使得铅合金阳极的表面电流密度增加。在大的电流密度下二价铅离子氧化为四价铅离子，一部分形成难溶硫酸铅，一部分水解析出二氧化铅，慢慢的覆盖整个惰性阳极表面，将铅合金与溶液隔开，使铅合金成为惰性阳极。由于二氧化铅具有较高的电催化性能，电化学反应可以在它的表面继续进行。但是部分二价铅离子在阴极上析出，影响产品质量，导致铅含量较高。

随着欧盟 RHOS 指令的实施，严格控制粉末冶金制品中的铅含量被要求越来越高。铅含量的来源主要是原料和惰性阳极，通过控制原料中的铅含量可以大大降低粉末中的铅含量，此外由于电解铜粉生产过程中的 Cu^{2+} 控制一般采用铅合金惰性阳极来控制，因此也将引入部分铅。鉴于以上原因，开发了钛基惰性阳极，以钛为基板，在其表面涂覆 MnO_2、Pt、Ir、IrTa 等体系涂层，较铅合金阳极槽电压降低 10% 以上，可以避免铅对产品质量的影响，提高产品质量，可以生产出铅含量低于 10×10^{-6} 的电解铜粉。

2）酸度的影响及控制。一般认为，电解液中酸度提高，氢和金属同时在阴极上析出，有利于得到松散的粉末。如图 2-5 所示，随着硫酸浓度的增大，电流效率先增加后减小，在硫酸浓度为 120 g/L 时电流效率最高。生成电解铜粉的松装密度随着酸度的增加而减小。

随着电解过程的进行，部分氢离子会在阴极上还原变成氢气析出，导致电解液中的酸度降低，一般通过定期补充硫酸即可稳定硫酸

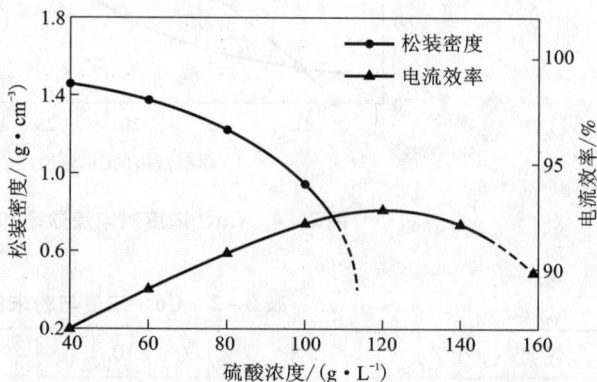

图 2-5 酸度对电解铜粉松装密度和电流效率的影响

浓度。

　　3）添加剂的影响。电解过程中往往使用外加的添加剂，一般添加剂可以分为电解质添加剂和非电解质添加剂两种。

　　电解液中添加电解质添加剂如氯化铜、盐酸等，由于氯离子的极化效应，可增加粉末的枝晶特征，提高细粉率、降低粉末松装密度。添加硫酸钠降低电流效率，粉末变细；相反，用氨基磺酸盐电解体系，有利于粗铜粉的生成。

　　非电解质添加剂也有两类：一类是胶体，如动物胶、树胶等；另一类为尿素、葡萄糖等表面活性剂。一般来说，加入的非电解质添加剂可吸附在晶粒表面上阻止其长大，金属离子被迫形成新核，有利于得到细粉。

　　（2）电解条件的影响

　　改变电流密度、电解液温度和循环量等电解工艺条件，可以影响电解铜粉的物理性能和电流效率。

　　1）电流密度的影响。在其他条件不变的情况下，在能析出粉末的电流密度范围内，电流密度越高，粉末越细（如图 2-6 所示）。因为在其他条件不变时，电流密度低则单位时间内在阴极板上放电的离子数目少，晶粒长大速度远远大于成核速度，过程由化学过程控制，所以粉末粗；相反，电流密度高，单位时间内在阴极板上放电的离子数目多，成核速度远远大于晶粒长大速度，过程由扩散控制，所以粉末细。

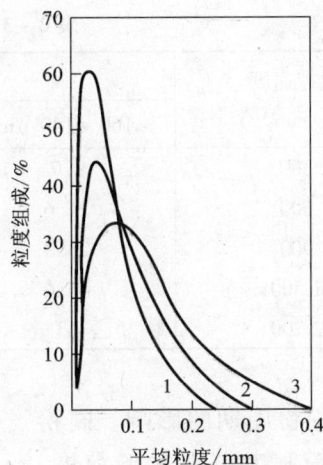

图 2-6　电流密度对铜粉粒度组成的影响
1—1 820A/m²；2—1 530 A/m²；3—1 050 A/m²

　　研究表明，随着电流密度的增加，电流效率下降。主要原因是电流密度增加，副反应增加导致电流效率下降，如图 2-7 所示。

　　2）电解液温度的影响。在其他条件不变的情况下，提高电解液温度，扩散速度增大，降低 Cu^{2+} 的浓差极化，相当于提高 Cu^{2+} 浓度。晶粒长大速度也增大，所以粉末变粗。同时升高电解液温度可以提高电解液的导电能力，有利于降低槽电压，减少副反应，提高电流效率（如图 2-8 所示）。一般电解液的温度为 40~60℃。但当电解液温度高于60℃时，电解液的蒸发量加大，导致操作环境的酸雾增大，工人劳动条件恶化。

　　一般可以通过换热器、冷却塔等对

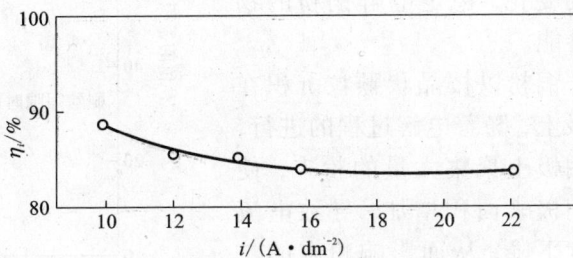

图 2-7　电流密度对电流效率的影响

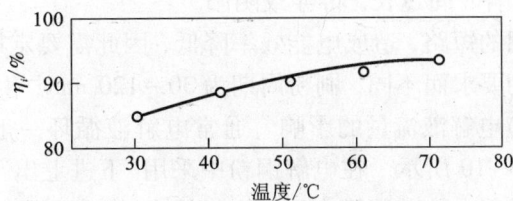

图 2-8　电解液温度对电流效率的影响

电解液进行冷却，从而可以较好的控制电解液的温度，稳定生产工艺，稳定电解铜粉的尺寸粒度、松装密度等物理性能、改善工人的劳动环境、减少硫酸的消耗。

3）电解液搅拌的影响。研究表明，搅拌速度越高，粒度组成中的粗颗粒含量增加。因为加快搅拌，扩散层的厚度减小，提高 Cu^{2+} 浓度的扩散速度，相当于提高 Cu^{2+} 浓度，故粉末变粗，松装密度增加，电流效率增加。但是过快，不利于成粉。表 2 – 3 为搅拌速度对电解铜粉粒度的影响。

表 2 – 3 搅拌速度对电解铜粉粒度的影响

搅拌速度 /(r·min^{-1})	粒度组成/%			
	160 ~ 140 μm	112 ~ 140 μm	80 ~ 112 μm	< 80 μm
300	9.7	12.2	35.6	40.5
600	21.6	16.2	27.4	41.5
900	23.3	18.8	31.5	24.5
1 500	46.6	15.2	14.5	16.6
2 200	43	18.9	20.6	14.8

4）刷粉周期的影响。刷粉周期可控制电解铜粉的粒度，如图 2 – 9 所示，随着刷粉周期的延长，粉末的粒度变粗，松装密度增加，电流效率增加。短的刷粉周期可减小阴极电流密度的变化，稳定电解铜粉的物理性能。

铜粉以枝晶状颗粒沉积在阴极上，随着电解过程的进行，在阴极上聚集大量的粉末，使得阴极表面积增加，导致电流密度下降，从而影响粉末的粒度和松装密度；此外，铜粉在阴极上不断沉积导致阴阳极间距减小，若时间过长，将导致阴阳极之间的短路，造成电能效率降低，因此需要定期清理阴极上的粉末。一般生产中根据生产铜粉的要求而不同，刷粉周期为 30 ~ 120 min，生产细粉时刷粉周期短，反之则长。

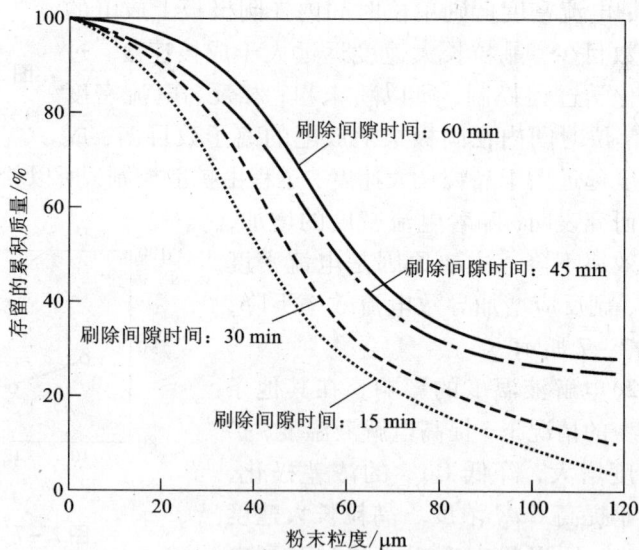

图 2 – 9 刷粉周期对电解铜粉粒度的影响

5）电解液流量的影响。通常电解液循环一般采用"上进下出"和"下进上出"两种方式，如图 2 – 10 所示。在电解铜粉中采用"下进上出"，首先将电解液泵到一个高位贮液槽，电解液依靠重力从贮液槽中流入电解槽底部（也可以由泵直接注入到电解槽底部），再从上面的溢液口流出，流入到地下的贮液槽中，用于再循环。通过阀门控制电解液的流量。电解液流量过大,会带走部分粉末,导致生产效率偏低;反之,电解槽中电解液的循环量不够,导致铜离子浓度增加,导致粉末粒度变粗。因此电解铜粉生产时电解液的流量应控制为 $0.3 \sim 1.0$ m^3/h。

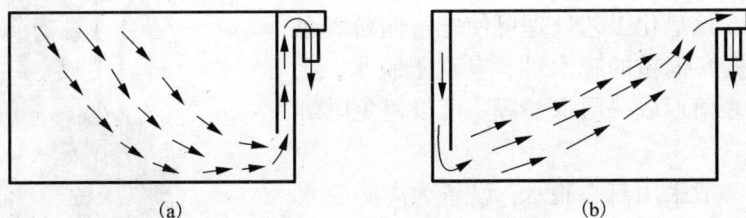

图 2 - 10 电解液循环示意图
(a)上进下出;(b)下进上出

一般经过 $10 \sim 30$ h 的电解后,电解槽底部储存的粉末必须排出,否则将导致电极短路,浪费电能。王林山等人发明了一种电解铜粉连续生产的装置及方法,其连续生产装置如图 2 - 11 和图 2 - 12 所示,其电解槽下方连接有集粉放粉器,同时具有集粉和放粉功能(如图 2 - 12 所示),用于存储和排放电解下来的粉末。集粉放粉器是由集粉器与清洗器、上阀门、下阀门连接构成。在电解时,将上阀门打开,产生的粉末积聚在下阀门上面的集粉器中,集粉器被粉末填满之后,将上阀门关闭,使得电解槽中的电解槽液位保持不变,正常工作。打开下阀门,将粉末和电解液放入到液固分离器中,再开启清洗器,用电解液或水将集粉器中的粉末清洗干净。放粉完成后,关闭下阀门,用清洗器注入电解液,待集粉器中电解液充满后,再打开上阀门,产生的粉末重新落到集粉器中。

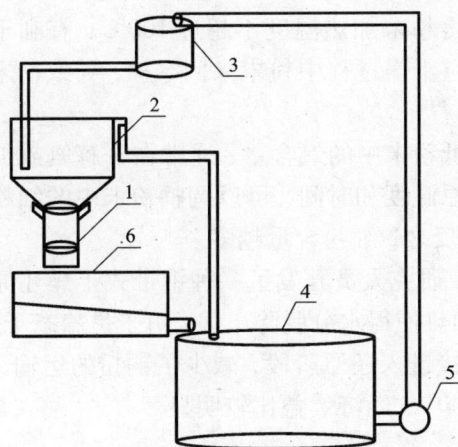

图 2 - 11 电解铜粉连续生产装置示意图
1—集粉放粉器;2—电解槽;3—高位槽;
4—储槽;5—泵;6—液固分离器

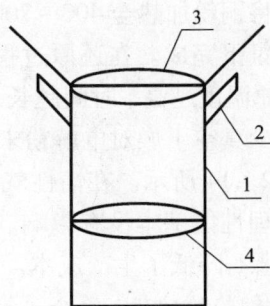

图 2 - 12 集粉放粉器的结构示意图
1—集粉器;2—清洗器槽;3—上阀门;4—下阀门

2. 电解铜粉的洗涤、脱水工艺
首先将电解铜粉和电解液进行液固分离,然后用去离子水不断清洗粉末,直到检测溶液中的硫酸根离子完全去除干净为止。一般采用氯化钡溶液检验，无沉淀物出现说明硫酸根离子清洗干净。为避免铜粉在清洗过程中的氧化，可以在溶液中加入明胶等物质。

将电解铜粉清洗干净后，采用 0.01% ~ 0.1% 的工业肥皂溶液进行浸泡处理 20 ~ 50 min，然后再用去离子水清洗干净。该皂化工艺处理可使电解铜粉表面进行改性，可以提高铜粉的疏水性，有利于脱水，此外还可以在铜粉表面形成一层保护膜，可以避免电解铜粉的氧化变色。

铜粉的脱水一般采用离心脱水，设备为离心脱水机，也可以采用真空抽滤、压滤等脱水方式。离心脱水是最简单的一种方式，可以将含水量降低到 5% ~ 10%。但是在脱水过程中会对粉末颗粒进行挤压，导致粉末发热、甚至部分氧化，不利于制备低松装密度的铜粉。

目前开发了一种洗涤过滤一体机（如图 2 – 13 所示），将含有电解液的电解铜粉直接用耐酸软管泵输

图 2 – 13 洗粉机实物图

送到设备中，用氮气将粉末中的电解液去除大部分，将粉末进行充分搅拌，分散均匀，然后再注入去离子水进行清洗；再重复去除电解液、搅拌、清洗等步骤。但是该工艺脱水后的含水量较高，一般在 15% ~ 20%，增加了后续干燥的成本。

3. 电解铜粉的干燥、还原工艺

由于电解铜粉容易氧化，一般将清洗干净的电解铜粉进行真空干燥处理，真空干燥设备有回转式干燥机和真空耙式干燥机。由于真空干燥机需要往复运转，因此利用水环泵、机械泵等真空设备保持真空干燥机内部的真空度，并使得粉末加热温度不超过 100℃，有利于水分的挥发。但是电解的铜粉树枝状比较发达，在真空干燥过程中粉末来回摩擦，导致粉末粒度变细，树枝状发达程度受到破坏，松装密度增加。

还原是将铜粉加热至 400 ~ 700℃还原处理，降低粉末中的氧含量，通常在分解氨或纯氢气的还原气氛下完成。在还原过程中，通过调整还原温度和时间，可以调整粉末中的细粉含量，一般还原温度越高、时间越长，细粉含量越少，反之，细粉含量越多。

为了减少真空干燥对电解粉末物理性能的影响，研究人员开发了一种钢带式干燥还原一体炉，如图 2 – 14 所示。在惰性气氛保护下，采用加热使得水分脱除出去，由于是静态干燥，对粉末的物理性能基本没有影响。干燥后的铜粉直接进入还原阶段，减少了铜粉的运输、简化了操作步骤，降低了生产成本。该工艺正在逐步推广，经济效益比较明显。

4. 电解铜粉的破碎、筛分、合批、包装工艺

还原后的铜粉有一定的烧结结块现象，需要进行破碎，才能保证成品粉末的粒度。由于粉末的烧结较弱，所需的破碎力不大，通常采用齿盘破碎机、锤式破碎机等破碎设备来破碎。破碎对粉末的粒度和松装密度有很大的影响，破碎力太大，导致粉末树枝状破坏，粉末粒度变细，松装密度增加；反之不合格粉末增加，导致生产成本增加。

根据客户的不同要求，对破碎后的铜粉进行筛分，一般采用旋振筛筛分，通常采用 100 目、200 目和 325 目的不锈钢筛网。筛分影响粉末的松装密度，随着筛网的变细，粉末经过筛

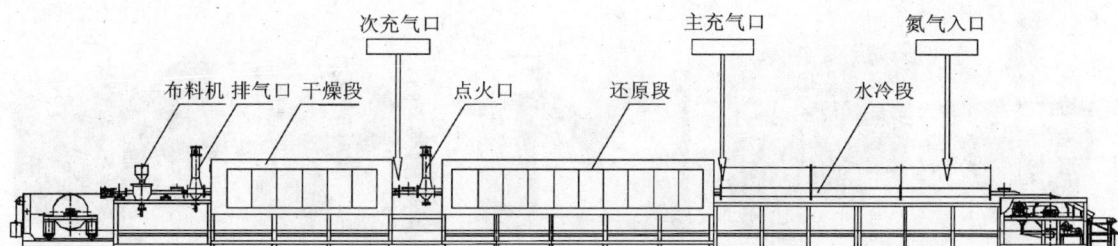

图 2 – 14 钢带式干燥还原一体炉

(a)示意图;(b)实物照片

孔时的摩擦力较大,会不同程度地影响粉末的树枝状。实验结果表明,筛网越细,筛分导致粉末松装密度的增加越大。也可采用气流分级的方式进行粉末风选,可以用空气或者氮气等不同气氛,可大大提高生产效率。

合批是将不同批次的粉末进行混合,以达到粒度、松装密度和成分的均匀性、稳定一致性。由于是铜粉同质粉末之间的混合,比较容易混合均匀,常用的混料机有螺旋混料机、卧式混料机、V 形混料机、双锥混料机和三维混料机等几种。图 2 – 15 为混料机实物图。通常混合时间为 20 ~ 60 min。

包装是将合批后检验合格后的粉末进行称量、包装,一般采用人工或自动称量包装机。自动包装机为有外称重和内称重两种,从原理上讲两者的精度均可达到要求,但是由于内称重的自动包装机为有斗称,即先将粉末输送到称量斗中,进行称量达到设定值后,放入到包装袋中。由于中间过程较多,在称量、转移过程中在称量桶、管道上会有部分粉末黏附,导致粉末称量的波动性较大。而外称重自动包装机为无斗称,直接以包装物为称量容器进行称量,减少了粉末的称量过程,精度较高,目前为金属粉末中通常采用的称量方式。包装为热

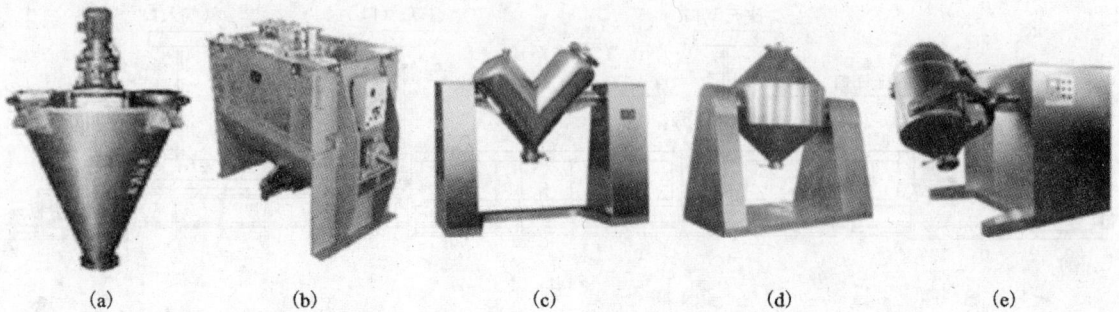

图 2-15 混料机实物图

(a)螺旋;(b)卧式;(c)V形;(d)双锥;(e)三维

封或真空包装,真空包装将铜粉和空气隔绝,有利于延长铜粉的保质期,防止铜粉的氧化。

5. 电解铜粉的抗氧化处理

电解铜粉的树枝状比较发达、表面积非常大,在生产和储存过程中容易氧化,影响用户的使用。

从热力学方面分析,氧化铜的生成自由能为负值,铜在空气中是不稳定的。在干燥的空气中,铜粉颗粒的新鲜表面与空气中的氧气直接反应,在其表面形成一层很薄的、肉眼看不到的氧化亚铜膜,这层氧化膜可以减缓铜粉的氧化速度。在潮湿的空气中,铜粉颗粒表面容易吸附一层水膜。图 2-16 所示为铜粉颗粒表面上的浓差电池示意图。从图 2-16 中可以看出,电解铜粉在生产过程中形成的颗粒表面存在电化学不均匀性,导致在其表面形成无数的微小电池,使其容易氧化。

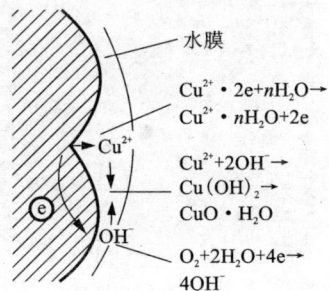

图 2-16 铜粉颗粒表面上浓差电池示意图

为了防止铜粉的氧化,一般需要对铜粉进行抗氧化处理。抗氧化处理的方式主要有两种:一种为表面包覆法,主要是用肥皂液、明胶、油酸、丙酮、正丁醇、苯骈三氮唑(BTA)、十二硫醇等物质,在粉末还原前进行处理,尽量降低还原温度,钝化铜粉表面,提高铜粉的保质期;另一种是添加固体缓蚀剂,如 BTA 及其复合盐,直接将缓蚀剂添加在铜粉中,可以减缓铜粉的氧化。一般铜粉可以保持 3 个月以上,氧含量低于 0.15%。

2.1.3 电解铜粉的性能

电解铜粉的不同生产工艺决定了其性能,因此常常改变某些工艺参数来控制电解铜粉的性能。根据 GB/T 5246—2007 的分类,电解铜粉分为 5 个产品牌号,FTD1-5,其中 FTD1-4 为可溶性阳极(铜板)生产的电解铜粉,FTD5 为不溶性阳极生产的电解铜粉,又称为电积铜粉。

1. 电解铜粉的化学成分

根据 GB/T 5246—2007 的规定,电解铜粉的化学成分见表 2-4。

表 2 - 4   电解铜粉的化学成分

产品牌号 化学成分/%	FTD1	FTD2	FTD3	FTD4	FTD5
Cu≥	99.8	99.8	99.7	99.6	99.6
Fe≤	0.01	0.01	0.01	0.01	0.01
Pb≤	0.04	0.04	0.04	0.04	0.05
As≤	0.005	0.005	0.005	—	—
O≤	0.10	0.10	0.15	0.20	0.25
Bi≤	0.002	0.002	—	—	—
Ni≤	0.003	0.003	—	—	—
Sn≤	0.004	0.004	—	—	—
Zn≤	0.004	0.004	—	—	—
S≤	0.004	0.004	0.004	0.004	0.004
Cl^-≤	0.004	0.004	—	—	—
H_2O≤	0.04	0.04	0.04	0.04	0.04
硝酸处理后灼烧残渣≤	0.05	0.05	0.05	0.05	0.05
杂质总和≤	0.2	0.2	0.3	0.4	0.4

注：如需方对产品化学成分有特殊要求，由供需双方商定。

2. 电解铜粉的物理性能

将 GB/T 5246—2007 和 GB/T 5246—1985 两个标准结合起来表述电解铜粉的物理性质更合理，如表 2 - 5 所示。

表 2 - 5   电解铜粉的物理性质

牌号	筛分析/%					松装密度 /(g·cm⁻³)
	+80 目	+150 目	+200 目	+325 目	-325 目	
FTD1	痕量	0~3	0~10	15~30	≥60	1.2~2.3
FTD2	—	—	痕量	0~5	≥95	0.8~1.9
FTD3	—	痕量	0~5	≥95		1.2~2.3
FTD4	0~5	65~80		15~30		0.8~2.5
FTD5	—		痕量	0~5	≥95	1.2~1.9

3. 电解铜粉的形貌

图 2 - 17 所示为不同铜离子浓度制备的电解铜粉的显微形貌。从图 2 - 17(a)可以看出，在铜离子浓度为 2.5 g/L 时，得到的电解铜粉为"单树枝状"，主干上的分支基本上为单支、较短、分布较少。当铜离子浓度增加到 4.98 g/L 时，电解铜粉的树枝明显增多，虽然大部分侧枝仍为单支，很少再分支生长，但生长变密且稍长一些，如图 2 - 17(b)所示。随着铜离子浓度增加到 6.74 g/L 时，电解铜粉的树枝上的侧枝开始生长变为侧干，变为"多树枝状"，如

图2-17(c)所示。随着铜离子浓度进一步增加到11.04 g/L时,电解铜粉的树枝状已经变得不太明显,基本为"多孔海绵状"[见图2-17(d)],从高倍显微镜观察可知,其表面生长的侧枝生长分支,而且分支生长的非常茂盛、密且粗,导致树枝状不明显,如图2-17(e)所示。

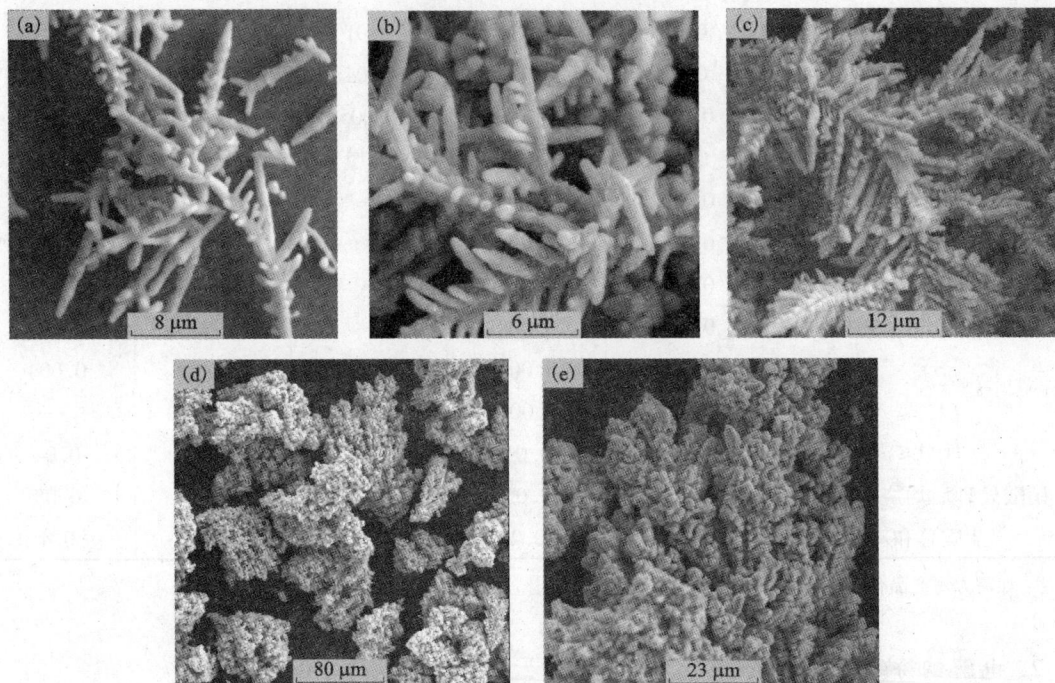

图2-17 不同铜离子浓度制备的电解铜粉的显微形貌

(a)2.50 g/L;(b)4.98 g/L;(c)6.74 g/L;(d)(e)11.04 g/L

电解铜粉树枝生长的主要机理为:①铜离子优先在阴极板上的一些活性点上沉积,活性点与阳极之间的距离缩短,导致其与阳极之间的电阻变小,铜离子优先在活性点处沉积,但突出的阴极沉积面积(尖峰处)远远小于阴极板的面积,从而使得有效电流密度增加,成核数增加;②尖峰处与电解液的接触面积较大,周围的铜离子数目相对较高。从而导致活性点上成核较多,生成树枝状。随着铜离子浓度的增加,电解铜粉的生长过程慢慢由成核控制转变为生长控制,从而导致粉末形状由树枝状变为海绵状,树枝的枝数增多。

2.1.4 电解铜粉的应用

电解铜粉由于具有发达的树枝状、比表面积大、松装密度低、成形性好等优点,广泛应用于粉末冶金零部件、电碳、金刚石工具等领域。

粉末冶金零部件有无铅含油轴承、齿轮、凸轮、离合器盘、摩擦材料等;电解铜粉同石墨混合压制、烧结制备成电碳制品,如电机电刷、受电弓等零部件;在金刚石工具领域电解铜粉具有成形性好,得到广泛应用,特别是冷压-烧结锯片。此外,电解铜粉还应用于电工合金、射孔弹等领域。这些内容将在后续各章中详细阐述。

2.2　雾化法

"雾化法"就是利用高压流体作用于熔融金属流，或借助离心力、机械力等的作用，迅速将熔融金属破碎成粉末的方法。在众多的雾化方法中，应用最广的是二流雾化法。它是一个通过雾化喷嘴产生高速、高压介质流将熔体破碎成细小液滴并冷却凝固成粉末的方法。雾化介质一般为水或气体，分别称为水雾化或气体雾化。水雾化生产的粉末大多呈不规则状或类球形，氧含量高。气体雾化生产的粉末大多呈球形或近球形。采用惰性气体雾化生产的粉末氧含量较低，但成本较高、使用较少。

2.2.1　雾化过程原理

雾化过程包括两个基本阶段，即破碎和冷凝。破碎导致液滴的形成，并影响颗粒尺寸，所涉及的主要是流体动力学方面的知识；冷凝则导致固体颗粒的形成，并影响颗粒的形状，所涉及的主要是热传导方面的知识。

一般认为，雾化过程可以分为 3 个阶段。第一阶段：一次颗粒形成，即由熔融金属流形成原始液滴；第二阶段：二次颗粒形成，即由原始液滴破碎形成更细小的颗粒；第三阶段：一些颗粒聚合形成新的颗粒。

第一阶段：从小孔流出的液流中常有内扰动存在。当这些扰动增长到足以克服使液流保持整体性的表面张力时，液流就失稳分裂。当许多扰动同时存在时，振幅增长得最快的扰动引起破碎，与之相关的波长决定着液流破碎的各分段长度，如图 2-18 所示。

第二阶段：二次雾化在决定最终粒径时非常重要，当处于低气体韦伯数的情况下，雾化气流的主要作用是增加液滴前沿压力，使液滴变平；压力继续增加则使液滴变成反置碗状；

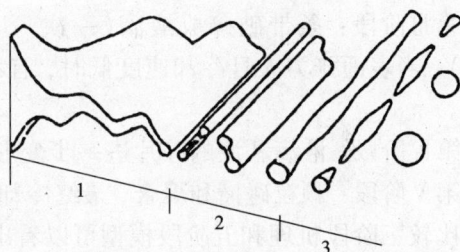

图 2-18　液带破碎模
1—薄片波生长；2—破碎形成条带；3—条带破碎成液滴

最后中心越来越薄，碗爆裂，其边缘成几个大液滴。当处于高气体韦伯数的情况下，高速气流的冲击使得液滴在开始阶段变平而成为碟状，然后在气流的进一步作用下变成类似"章鱼"的形状，并最终破碎成细小的微滴，如图 2-19所示。

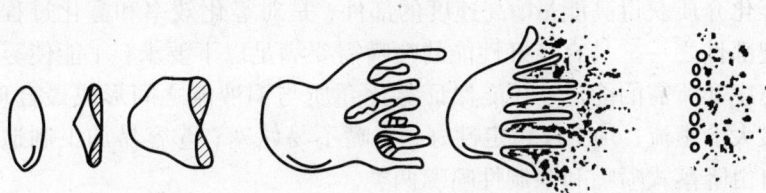

图 2-19　液滴的二次破碎模型

第三阶段：雾化时，许多熔融金属液滴都挤在一个小容积内，以较高且各不相同的速度运动，这样会使颗粒产生碰撞，这种碰撞对粒度、粒度分布和颗粒形状的影响较大。碰撞降低雾化效率，会出现黏有卫星式小颗粒的球形粉末，带溅射涂层的颗粒以及部分聚合团聚颗粒，是造成粒度分布范围加宽和颗粒形状改变的主要原因。随着金属流速的增加，颗粒碰撞的几率增大。因此，通常在金属浓度最高的雾化液流中心，平均度和几何标准偏差具有最大值。

近年来，很多学者认为二流雾化破碎模型可细分为 5 个不同阶段，即金属液流形成、碎裂成条带、碎裂成液滴、二次雾化、碰撞和聚合，如图 2 - 20 所示。

第 I 阶段：金属液体受到气流波的扰动，在液体表面产生细小扰动形成波动。

第 II 阶段：在第 I 阶段的扰动中产生剪切力，使波碎裂形成条带。

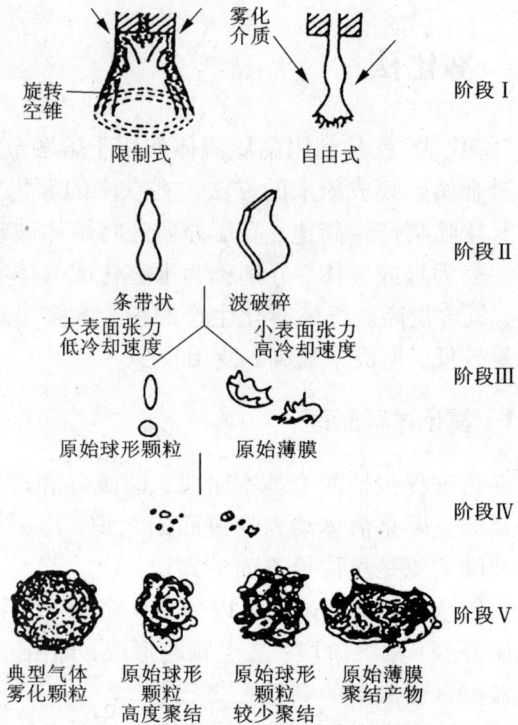

图 2 - 20 雾化时颗粒形成的 5 个阶段

第 III 阶段：条带破碎成液滴(一次雾化)，当表面张力大且冷却速度低时，有利于形成规则状颗粒，反之，有利于形成不规则状颗粒。

第 IV 阶段：液滴和波的碎片进一步变形和细化成较小的颗粒(二次雾化)。

第 V 阶段：颗粒碰撞和聚合，最终冷却凝固成粉末颗粒。

比较三阶段机理和五阶段模型可以看出，实际上它们是一致的，区别在于五阶段模型将一次雾化(熔体的初始破碎)过程分得更细。

2.2.2 影响雾化粉末性能的因素

在雾化过程中，影响雾化粉末性能(化学成分、粒度、颗粒形貌及组织结构等)的因素有很多，主要有雾化设备、工艺等的主要影响参数。

(1)喷嘴结构

喷嘴是使雾化介质获得高能量、高速度的部件，是对雾化效率和雾化过程的稳定性起着重要作用的关键部件之一。具有良好性能的喷嘴需要满足以下要求：①能使雾化介质获得尽可能大的出口速度和所需的能量；②能保证雾化介质与铜液流之间形成最合理的喷射角度；③铜液流产生最大的紊流；④工作稳定性好，喷嘴不易堵塞；⑤容易加工制造。喷嘴结构基本上可以分为自由降落式喷嘴和限制性喷嘴两类。

(2)过热度

熔体的过热度越大，破碎后产生的液滴温度也就越高，这样它们就需要更长的时间来冷却，于是更容易在表面张力的作用下收缩成球形，同时更高的温度意味着氧化时间越长，尽管如此，氧化物含量相当低的可能性还是存在的，因为金属颗粒冷却很快，而且停留在能快速发生氧化的温度的时间特别短，不到 1 s。更高的过热温度会产生更细的颗粒，同时金属熔体也会对漏嘴产生严重的侵蚀。

在其他条件不变的情况下，随着铜液流的温度增加，其表面张力和黏度是降低的。黏度越低，越容易得到细的粉末。温度高的铜液体冷凝过程长，表面张力收缩液滴表面的作用时间长，容易得到球形的粉末，铜及铜合金一般过热度为 100～150℃。

铜的表面张力是随着温度升高而降低的，而铁、锡、镍的表面张力是随温度升高而升高的。氧、氮、碳、硫、磷等活性元素大大降低液体金属的表面张力。不过氮、碳、磷虽降低铜的表面张力，但不影响颗粒成球形，因为碳、磷是活性还原剂，能降低熔体铜中的氧含量，因而减小金属的黏度，促进液滴球化。氮可以保护金属不受强烈氧化，因而也促进液滴球化。

（3）喷射参数的影响

金属液流长度（金属液流从出口到雾化焦点的距离）短、喷射长度（水/气流从喷口到雾化焦点的距离）短、喷射顶角适当都能更充分地利用水/气流的动能，从而有利于雾化得到细颗粒粉末。水雾化时，较大的喷射顶角可以允许采用较低的水压，而较小的喷射顶角需要较高的水压。

（4）漏嘴直径

当其他参数不变时，铜液流直径越细，得到的细粉越多，一般漏嘴直径选用 4～6 mm。因为其他条件相同时，金属液流直径愈小，单位时间内进入雾化区域的熔体量愈小。应当选择适当直径，因为如果金属液流直径太小，会引起：①降低雾化粉末生产率；②容易堵塞漏嘴；③使金属液流过冷，反而不易得到细粉末，或者难以得到球形粉末。

（5）雾化介质

雾化介质分为气体和液体两种。气体可用空气和惰性气体（如氮气、氩气），液体主要用水。不同的雾化介质对雾化粉末的化学成分、粒度形状、结构有着很大的影响。表 2-6 所示为不同雾化介质对铜粉性能的影响。

雾化介质的温度对粉末性能也会产生影响。使用加热的气体则会因为液滴冷却速度的降低从而更容易产生球形颗粒。水雾化生产的粉末比气雾化更细，而且粉末形状更加不规则，从而松装密度较低，这是由于水的黏性及其对热量的快速转移能力使金属液滴更加迅速地冷却。尽管水雾化过程粉末冷却速度较快，但是由于水里面含有溶解的氧，因此其生产的粉末氧化程度很高，甚至要高于空气雾化粉末，这也是其生产的粉末更细，表面积也更大，更易氧化的原因。而使用惰性气体作介质，氧化程度就比较低。

表 2-6　不同雾化介质对粉末性能的影响

粉末性能	水	空气	水蒸气	氮气	氩气
−100 目出粉率/%	82	65	61	68	66
松装密度/(g·cm^{-3})	3.1	4.8	4.5	4.8	4.9
氧含量/10^{-6}	1 900	1 860	1 060	440	460
氮含量/10^{-6}	40	100	110	110	20
粉末形状	不规则形状	球形或近球形	球形或近球形	球形或近球形	球形或近球形

尽管大小不同的颗粒含有同样的化学成分，但是它们的显微结构因冷却速度的不同而不同。颗粒越细，其显微组织就越细小，同样，加速冷却也有助于得到细小的显微组织。将气雾化铜粉过筛后可以很明显地看出，粗颗粒表面有一深色的氧化物层，而细颗粒仍然是红色，这是因为在雾化过程中，细颗粒几乎在一瞬间就冷却凝固下来，而粗颗粒由于体积大冷却速度慢，氧化时间也会更长。然而，在进行氢损实验后发现，细粉的氧含量比粗粉的要高，这是因为单位质量的细粉比粗粉的表面积要大得多。

水雾化比气雾化更适于生产用于模压成形的铜粉。由于水的冷却效果好，水雾化更易形成不规则形状的颗粒，从而粉末的松装密度低，成形性好。

（6）雾化介质压力的影响

实践证明，雾化介质（包括水和空气）的压力越大，所得铜粉粉末越细。用水作雾化介质时，由于水是不可压缩的，只有应用高压水（3.5 ~ 150 MPa）才能获得高的流速。对于可压缩的气体，气体速度不仅取决于进气压力，还与喷嘴形状和气体温度有着密切关系。

根据气体动力学原理，喷嘴出口处的气体速度可用下面公式计算

$$v = \sqrt{\frac{2gK}{K-1} R T_2 \left[1 - \left(\frac{P_1}{P_2} \right)^{\frac{K-1}{K}} \right]}$$

式中：g 为重力加速度；R 为气体常数；K 为 $\frac{C_p}{C_V}$（压容比），对气体而言，$K = 1.4$；T_2 为压缩气体进入喷嘴前的温度，K；P_1 为气流流往处介质的压力；P_2 为使气体流出的压力。

雾化过程中，气体压力不但直接影响粉末粒度组成，还间接影响粉末的成分。对于气雾化而言，随着空气压力的增加，粉末中氧含量增加；而对于水雾化而言，其结果正好相反，因为同样条件下，水雾化比气雾化冷却速度要快得多，其氧化时间缩短。

（7）聚粉装置参数的影响

液滴下落路程（从雾化焦点到冷却水面的距离）较长，有利于形成球形颗粒，粉末也较粗。这是因为在缓慢冷却过程中，表面张力充分作用于液滴使之聚成球形；同时由于冷却慢，在途中颗粒互相黏结，因而粗粉多。调节冷却水面的高低，可以适当控制粉末的粒度和形状。

2.2.3 气雾化铜粉生产

1. 生产工艺介绍

采用中频感应炉或工频感应炉将紫铜熔化，铜液一般过热 100 ~ 150℃，然后倒入预热约为 600℃ 的漏包中，采用直径为 4 ~ 6 mm 的漏嘴，空气压力为 0.5 ~ 10 MPa，喷嘴可以采用环孔或环缝喷嘴。由于金属液滴在降落到雾化罐底部的过程中进行冷却和凝固，若采用干法收集，一般雾化罐的高度大于 6 m，以保证粉末颗粒在沉落到收集室底部之前能够冷却。中粗粉直接从集粉器下方出口落到振动筛上筛分，细粉从集粉器内抽出，经集细粉器沉降，超细粉末进入收尘布袋收集。气雾化生产线一般由 4 个部分组成：雾化制粉系统，粉末分级系统，气源系统和冷却水循环系统，其生产设备示意图如图 2 - 21 所示。

其主要设备如下：

①熔炼炉：主要有中频或工频感应熔炼炉，由变频机电源控制柜、感应圈、坩埚、水冷电缆和转动倾倒机构组成。

②漏包：也叫中间包，可以用感应线圈进行加热保温，其底部有一漏眼。

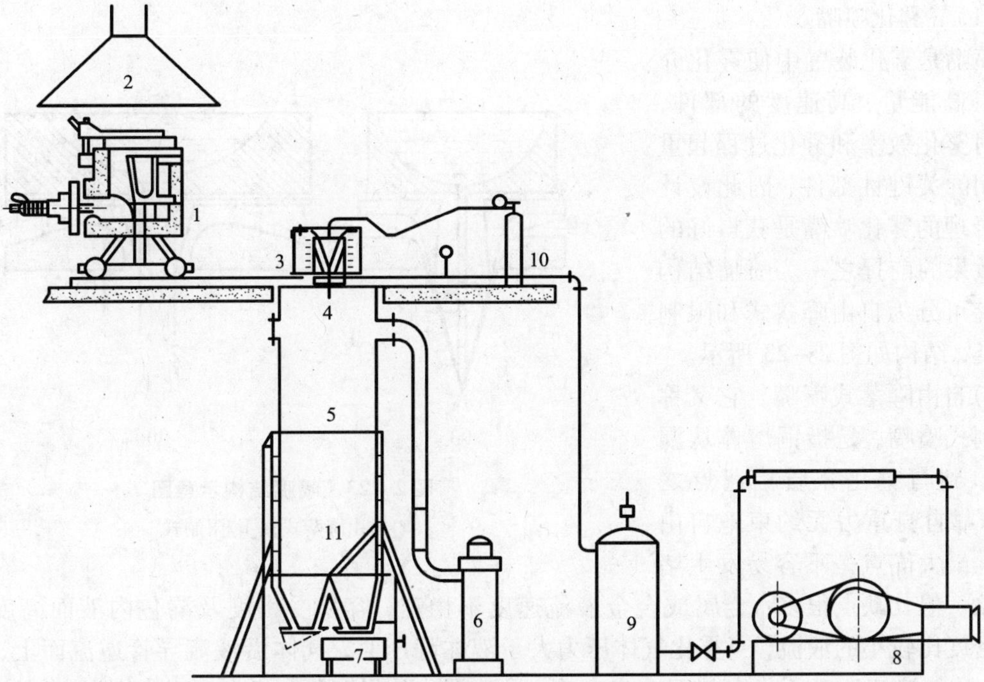

图 2 – 21　气雾化生产设备示意图

1—坩埚熔化炉；2—排气罩；3—保温漏包；4—喷嘴；5—集粉器；
6—集细粉器；7—取粉车；8—空气压缩机；9—压缩空气容器；10—氮气瓶；11—分配阀

③雾化器：也叫喷嘴，它是使气体获得高能量的部件，基本上可分为自由式喷嘴和限制式喷嘴两类。

④冷却塔：是用来冷却和收集粉末的装置，其下部就是集粉器。

⑤粉末分级器：将粉末进行分级收集，有叶轮式选粉机、旋风分离器、脉冲式反吹布袋除尘器等，各级分级器下都装有收粉罐。

⑥风机：给粉末分级器提供循环风力。

⑦空气压缩机：其末端装有一个压力罐，给雾化器提供稳定的高压气体。

⑧水循环系统：主要在冷却塔中，利用水循环来降低冷却塔中的温度。

气雾化工艺流程如图 2 – 22 所示。

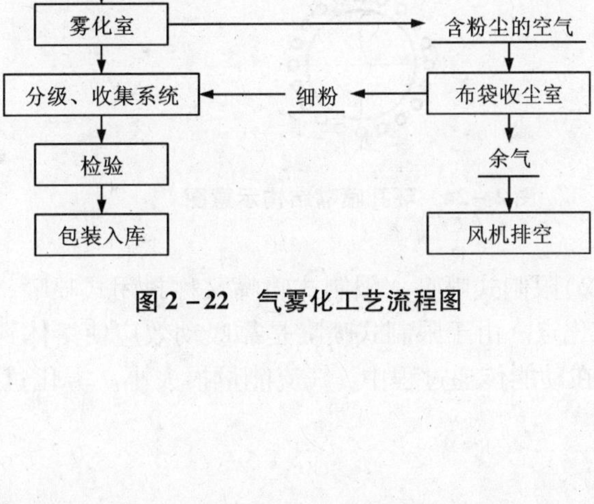

图 2 – 22　气雾化工艺流程图

2. 气雾化制粉技术

（1）气雾化喷嘴

喷嘴是雾化装置中使雾化介质获得高能量、高速度的部件，也是对雾化效率和雾化过程起重要作用的关键性部件，因此设计结构合理的雾化喷嘴是获得好的雾化效果的前提之一。喷嘴结构基本上可分为自由降落式和限制式两类，结构如图 2-23 所示。

1）自由降落式喷嘴。它又称非限制式喷嘴，是指铜熔体从漏包出口到与雾化介质相遇点之间，依靠自身重力无约束地自由降落。最大优点是不容易发生堵

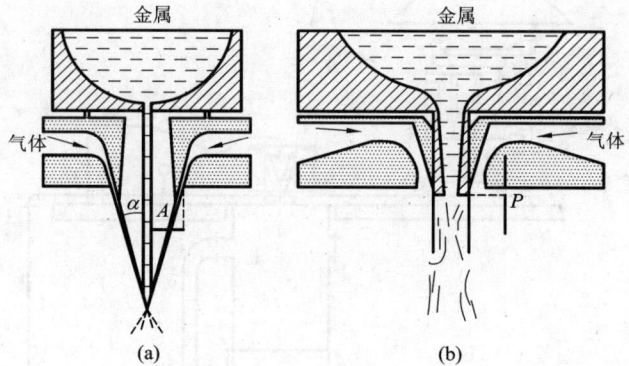

图 2-23 喷嘴结构示意图

(a) 自由降落式；(b) 限制式

嘴现象。但其缺点很多：金属或合金液流速度不稳定，容易受密度及漏包内液面高度的影响。密度比较小的液流，当雾化气体压力大于液体静压时，气体沿液流导管逆流而上，造成反喷，致使液流流动不稳定甚至造成事故，导致雾化效果降低。此外雾化气体交汇点与气体喷口距离较远，降低了气体动能利用率，不利于获得细粉。

用于液流直下式的气雾化喷嘴还有环孔喷嘴和环缝喷嘴，如图 2-24 和图 2-25 所示，环孔喷嘴在通过金属液流的中心孔边圆周上，等距离分布互成一定角度，数目不等（12～24个）的小圆孔，气体喷嘴的小孔常做成拉瓦尔型喷口以获得最大的气流出口速度。由于环孔喷嘴的孔型加工困难，喷口大小不便调节，因此又研制了环缝喷嘴，环缝一般做成拉瓦尔型，可使气流出口速度超过音速，从而有效地将液滴破碎成细小颗粒。

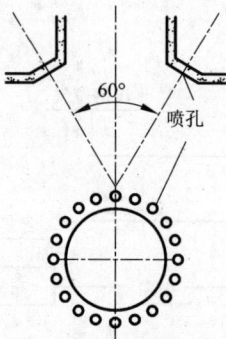

图 2-24 环孔喷嘴结构示意图

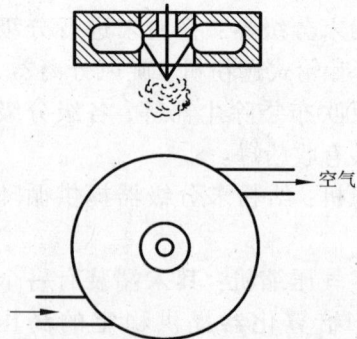

图 2-25 环缝喷嘴结构示意图

2）限制式喷嘴。限制式喷嘴又称封闭式喷嘴，是指铜熔体依靠高速气体的吸动效应，达到雾化点。由于限制式喷嘴是靠吸动效应使熔体到达雾化气体交汇点，所以液流速度比较平稳，在动能传递过程中，气流能量损失小。雾化过程中能量传递均匀，有利于获得尺寸偏差

小的细粉。其缺点是容易发生堵嘴现象。

（2）气雾化制粉技术的发展状况

气雾化的核心是控制气体对金属液流的作用过程，使气流的动能最大限度的转化为金属粉末的表面能。控制部件即喷嘴成为雾化的关键技术之一，喷嘴的结构和性能决定了雾化粉末的性能和效率。因此，通过优化喷嘴设计和控制工艺参数，提高气体出口速度或气体动能的转化率是提高气雾化效率的根本方法。早期的气雾化工艺中，普遍采用的是自由落体式喷嘴结构，为了提高雾化效率，后来发展了限制式喷嘴。从 20 世纪八九十年代到现在，国内外出现了一系列新型的雾化技术，这些技术一方面使微细粉末的收得率大大提高；另一方面也正在进入工业化规模应用。

1）超声气体雾化技术。超声雾化法最初由瑞典人发明，后由美国 MIT 的 Grant 教授改进和完善，研究目的是为了生产具有快速冷凝效果的微细粉末。超声雾化喷嘴由拉瓦尔喷嘴和 Hartmann 振动管组合在一起，在产生 2~2.5 Ma 的超音速气流的同时产生 80~100 kHz 的脉冲频率。所用介质压力在 1.4~8.2 MPa 之间，气流的最高速度可以达到 640 m/s，粉末冷凝速度可以达到 $10^4 ~ 10^5$ K/s。图 2-26 和图 2-27 所示分别为 Hartmann 哨结构和超声气雾化喷嘴模型。

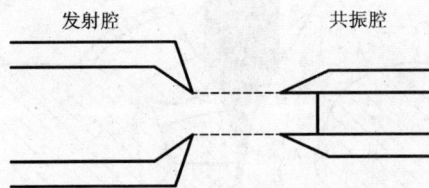

图 2-26　Hartmann 哨基本结构示意图

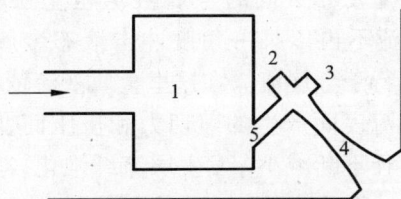

图 2-27　超声气雾化喷嘴模型
1—驻室；2—反射腔；3—共振腔；4—Laval；5—发射腔

该雾化技术提高了气流的速度，雾化效率也得到了有效提高。但该技术只能在金属液流直径小于 5 mm 的情况下才具有较好的效果，因此适用于铝等低熔点金属粉末的生产，而对高熔点金属仅限于试验阶段。

2）紧耦合雾化技术。在限制式喷嘴中的研究结果已表明，增加气压可以减小粉末的平均粒径。但由于气体速度与压力呈渐近线性关系，当气压超过 5 MPa 后，继续增加气压其速度增加很少，而且增加气压还明显增加气体消耗量。提高雾化效率的另一个可行方法是增加气体动能至金属液流的传输效率。利用这一思想可以改进限制式喷嘴中的结构，使气流从出口至液流的距离最短，这就是所谓的紧耦合雾化喷嘴。图 2-28 所示是两种典型的紧耦合喷嘴结构图。

紧耦合雾化粉末的特点是微细粉末收得率高，粉末平均粒度可达 30 μm，低熔点金属则可低至 10~20 μm；粉末粒度分布窄。一般限制式喷嘴所得粉末的标准偏差为 2~3 μm，而紧耦合的可以达到 1.8~2.0 μm。在同样的生产条件下，粉末的冷却速度与粉末的粒径 $(1/d^2)$ 成比例，因而粉末的冷凝速度明显提高粉末的细化，高的冷却速度有利于快速冷凝合金或非晶合金粉末制备。

3）层流雾化技术。德国 Nanova 公司 Gerking 等人提出了层流超声雾化的概念，图 2-29

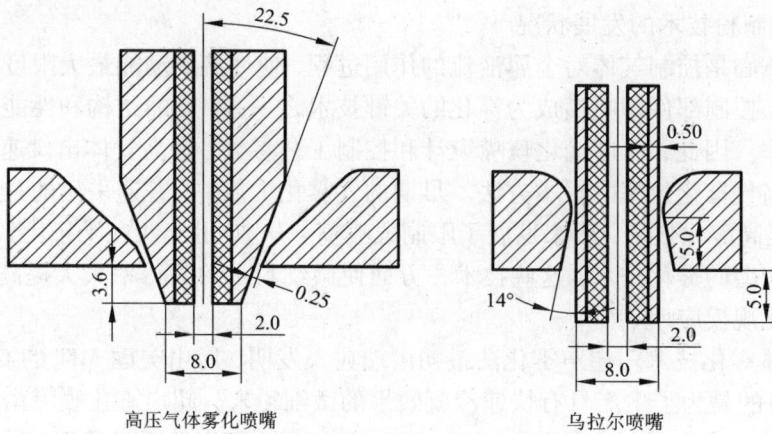

高压气体雾化喷嘴   乌拉尔喷嘴

图 2-28　两种紧耦合喷嘴结构图

所示是层流雾化喷嘴管结构示意图。气流在喷嘴中呈层流，同时金属液流也呈层流状态，气流不再以某一角度冲击液态金属流，而是平行于金属流。在这里金属液流依靠气流在液流表面产生的剪切力和挤压而变形，液流直径不断减小，发生层流纤维化。这一过程在一个稳定的气流和金属流场中进行。

该雾化技术雾化效率非常高，粉末粒度分布非常窄，冷却速度达 $10^6 \sim 10^7$ K/s。但该雾化技术控制难度大，雾化过程不稳定，且产量小，不利于工业化生产。

4) 热气体雾化技术。从气体动力学的原理可知，气流的速度不仅与喷嘴的结构、压力、气体类型有关，而且还受气体温度的影响。当气体温度从室温增加至 500℃ 时，气流速度将增加一倍左右，如图 2-30 所示。近年来，英国 PSI 公司和美国 HJE 公司分别研究了热气体的作用。研究结果表明，粉末平均粒度分别可以从 22 μm、15 μm 降至 15 μm、10 μm 以下粉末的产率大于 30%，并且气体用量可以节约 30% 以上。

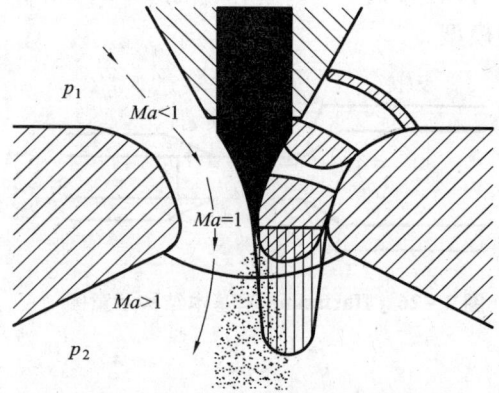

图 2-29　层流雾化喷嘴结构

p_1—雾化压力；p_2—环境压力；Ma—马赫九

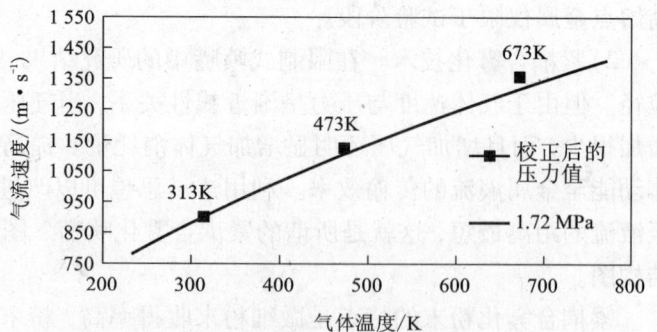

图 2-30　气流速度与气体温度的关系

5) 高压气体雾化技术。美国 Iowa 州立大学的 Ames 实验室 Andesron 等人将紧耦合喷嘴的环缝出口改为 20~24 个单一喷孔，通过提高气压（最高可达到 17 MPa）和导液管出口处的形状设计,克服紧耦合喷嘴中存在的气流激波(这是紧耦合喷嘴中产生上述现象的原因),使气流呈超声速层流状态,并在导液管出口处形成有效的负压,这样可以显著提高雾化效率。图 2-31 所示为高压喷嘴结构图。

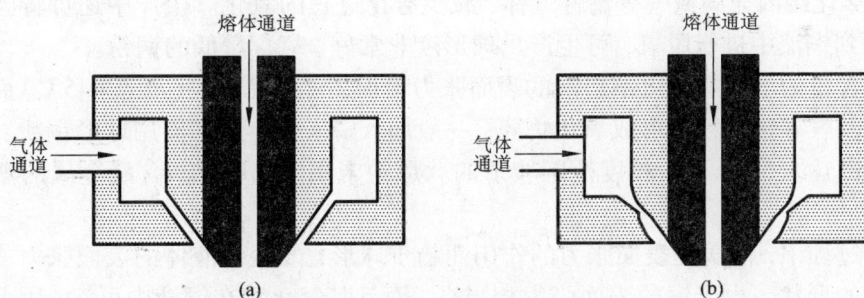

图 2-31 高压雾化喷嘴结构图

(a)高压 I 型;(b)高压 II 型

6)固气两相流雾化技术。固气两相流雾化是基于改变雾化介质,改善雾化效果的想法而发明的一种新型雾化方法。该工艺核心是在不改变现有设备和喷腔结构的前提下,改变雾化介质,在雾化气流中加入固体粉末,提高气流的冲击动量,增强破碎效果,从而达到提高雾化效率和细粉收得率的目的。加入的固体相可以是食盐等能够在雾化后通过水洗溶解除去的粉末颗粒,也可以是铁粉等有磁性、在雾化后能通过磁选法除去的粉末颗粒。

添加固体粉末后,气体的密度大大提高,气体的动量增加,因而对液流的冲击力提高;同时,所添加的固体粉末还可以直接冲入金属液流的内部,使液流被撕裂得更充分。在这两方面的作用下,粉末粒度大大降低,细粉收得率得到提高。另外,添加固体粉末后,气流运行的扰动减少,可以更集中地冲击液流,这可能是粉末粒度分布范围更集中的原因。

7)锥形液流气雾化技术。锥形液流气雾化技术是德国的 Lydia Achelis 和俄罗斯的 Stanislav Lagutkin 等人共同开发出来的,该气雾化技术实质上是一种两级雾化,将单流雾化和二流雾化巧妙地结合起来了,它首先将铜熔体通过一离心力喷雾喷嘴,使之成为锥形的薄膜状,然后再通过环缝的气雾化喷嘴破碎成细小的颗粒,见图 2-32。该技术能生产 20~100 μm 的粉末,而且生产的粉末粒度分布范围较窄,气体消耗量也较低。

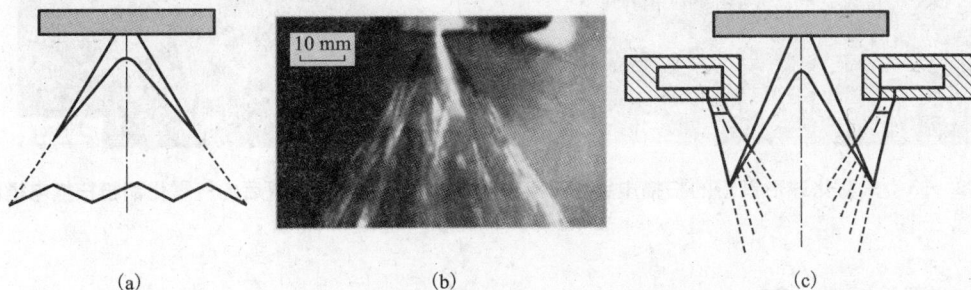

图 2-32 锥形液流气雾化示意图

(a)锥形喷雾示意图;(b)锡合金锥形喷雾照片;(c)锥形液流雾化结构图

3. 磷等添加剂对气雾化铜粉的影响

由于气雾化冷却速度慢，铜粉球形度非常好。松装密度一般在 $4 \sim 5 \ g/cm^3$ 之间。通常空气雾化的铜粉中氧含量较高，需要经过 $300 \sim 600℃$ 还原处理。为了减少在雾化过程中的氧化，可以将雾化罐内充满氮气等惰性气体，减少雾化过程的氧化。生产中还可将磷（0.1% ~ 0.3%）添加到铜液中进行脱氧，可生产出球形度非常好、氧含量低的铜粉。

铜中磷含量的增加能使得铜熔液的表面张力增加，它蒸发很快（沸点 445℃）而且持续地分解在熔液及气雾化颗粒上形成氧化物膜，一般加入磷来生产过滤器用球形铜粉。这种粉末的松装密度高达 $5.5 \ g/cm^3$，粒度范围较窄的球形粉末用于热喷涂、含浸金属的塑料和热交换器等。

在雾化过程中，液滴受表面张力的作用而趋于球形，改变铜液体的表面张力或流动性能够改变粉末的形状。由于铜的表面张力相当高，而且其氧化物在铜液中可溶，因此气雾化铜粉一般都呈完美的球形，不适于模压成形。在铜液中加入锌后，其表面张力减小，在铜熔液表面有氧化物生成，最后收得的粉末形状也变得相当不规则。

4. 铜粉还原处理

图 2-33 所示的是气雾化球形铜粉的扫描电镜照片，可以看到粉末整个表面都被氧化了，而且其表面变暗的地方氧含量比较集中。

图 2-34 中所示的铜粉形貌是由图 2-33 中的铜粉还原后得来的。在还原前的氢损为 0.6%，而还原后降为 0.3%，还原的效果是非常显著的。尽管在还原之前存在一些细孔和裂纹，但由于氧化层的履盖而变得模糊，大部分裂纹都是在还原后形成的，因为在还原过程中产生的一些中间气体和水蒸气通过扩散到颗粒表面，但粉末松装密度从 $5.0 \ g/cm^3$ 降到了 $4.5 \ g/cm^3$。还原时，氢易于通过致密铜扩散，与氧反应，并生成水蒸气。大的水蒸气分子不能通过致密铜进行扩散，这就迫使它们只能通过晶界进行扩散，逸到外表面，即所谓铜的氢脆现象，它形成气泡和裂纹。由于这种现象，空气雾化铜粉颗粒的晶界加宽。

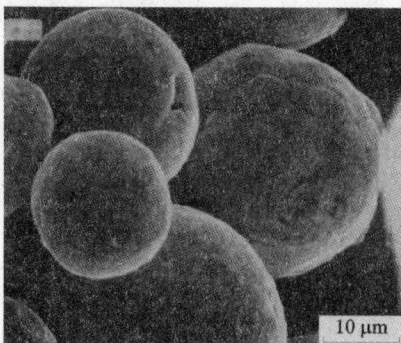

图 2-33　气雾化球形铜粉的扫描电镜图

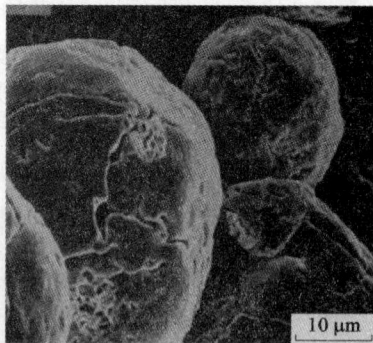

图 2-34　还原后的气雾化铜粉扫描电镜图

2.2.4　水雾化铜粉生产

水雾化法的基本原理和气体雾化相同，区别只是使用的雾化流体介质不同而已。由于采用了水作为雾化介质，水雾化的冷却速度比普通气体雾化的冷速高出一个数量级，达到

$10^3 \sim 10^4$ K/s。由于冷却速度高，得到的粉末一般具有不规则的形态和表面，通常为泪滴状。水雾化方法用水做介质，价格低廉，淬冷效果好；用于增压的能量比气体或空气低，可达到很高的生产率。缺点是所得的粉末含氧量较高，比惰性气体雾化高出了一个数量级，达 $(1\,000 \sim 4\,000) \times 10^{-6}$。因此，这种方法只局限于不会过度氧化和雾化后氧化物能被还原的合金粉末的制取。通过采用惰性气体保护，水中加添加剂，或用去离子水雾化，粉末的含氧量可降低至 50×10^{-6}。现在，还可以用油来代替水制造比较纯净的粉末。水雾化的另一个缺点是雾化所需要的压力高，能量有效利用率低。

水雾化铜粉，一般将铜过热到 $1\,150 \sim 1\,200$℃，在空气或惰性气体（如氮气）中进行雾化，雾化后的粉末经过脱水然后进行流态化干燥，或真空干燥再退火，然后进行筛分。生产系统见图 2-35，雾化生产车间照片见图 2-36，典型装置的主要组成部分包括熔炼设备（中频感应炉、电弧炉）、雾化室、水泵/再循环系统，以及粉末脱水、干燥及还

图 2-35　水雾化生产系统

原设备。通常，直接或借助于中间包或流槽，将熔炼的金属熔体注入漏包（图 2-36）。漏包实际上是一个金属熔液蓄存容器，供给漏包漏嘴以均匀、可控的金属熔体压头。漏嘴位于漏包底部，用于控制金属熔体流的形状与大小，使之对准流过雾化喷嘴系统，被喷射的高速水流粉碎成小液滴。将粉末与水的粉浆送到第 1 级脱水装置（例如，旋流器、沉降槽等），再送到第 2 级脱水装置（例如，甩干机、真空过滤机），以减小干燥用的能量。

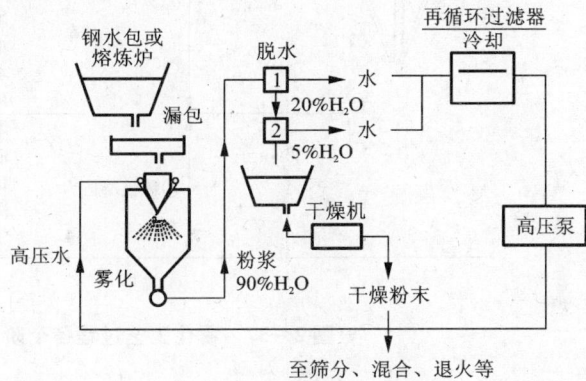

图 2-36　雾化生产车间照片

1. 工艺参数

水雾化过程涉及到熔炼、雾化及颗粒凝固各个阶段的一些参数（图 2-37），这些参数大多相互关联。在具体作业条件下，每一套雾化装置在某种程度上都是独立的。典型的作业条件范围见表 2-7。

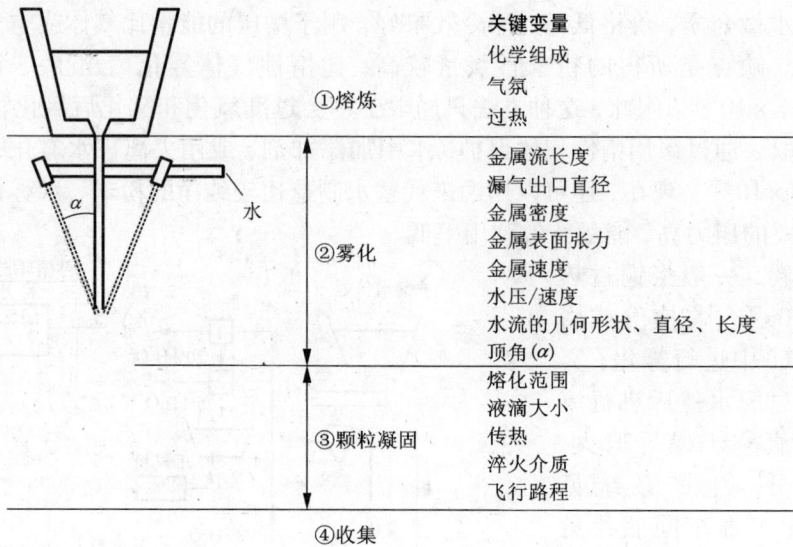

关键变量
①熔炼
化学组成
气氛
过热

②雾化
金属流长度
漏气出口直径
金属密度
金属表面张力
金属速度
水压/速度
水流的几何形状、直径、长度
顶角(α)

③颗粒凝固
熔化范围
液滴大小
传热
淬火介质
飞行路程

④收集

图2-37 雾化工艺过程各个阶段的关键变量

表2-7 典型的作业条件范围

金属流量 （1个漏嘴）M /(kg·min^{-1})	水的流速 W /(L·min^{-1})	水流量与 金属流量之比 (W/M)	水的速度 （出口处） /(m·s^{-1})	水的压力 （出口处） /MPa	金属熔体 过热于熔点 /℃
1~500	20~200	(2:1)~(10:1)	10~500	5~150	75~200

在一般工业水雾化中，水压通常为5~30 MPa，生产的粉末中位径在30~150 μm范围内可调。更准确地说，一般压制成形用(-100目，≤150 μm)粉末，通常是用压力7~13 MPa雾化的。用更高的水压(50~150 MPa)可生产较细的粉末，其中位径在5~20 μm范围内可调。为了满足粉末注射成形对这种较细粉末的需求，生产厂家一般采用高压雾化来生产。

（1）水雾化喷嘴

对铜熔体流破碎效率产生影响的因素中，漏嘴与雾化介质的喷嘴对准与控制是关键因素之一。许多喷嘴设计均有专利权或是在专利文献中介绍过。可是，大多数工业水雾化生产铜粉装置使用的喷嘴均为环形圆锥形[图2-38(a)]或V形[图2-38(b)、(c)]喷嘴的改进，它们都与铜熔体流同轴。一些产能大的生产采用圆环形喷嘴，但这种喷嘴在其他地方很少采用。这是因为与以金属

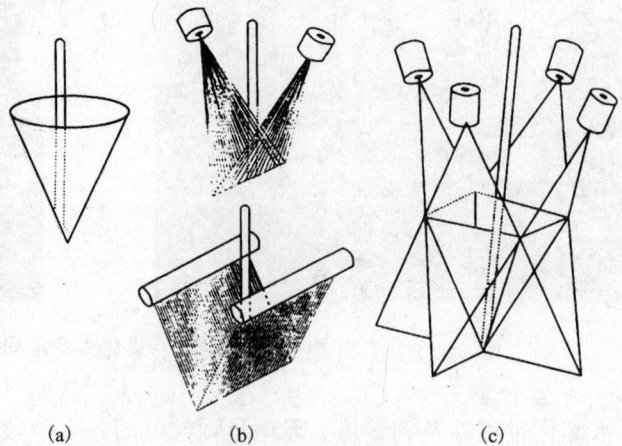

(a) (b) (c)

图2-38 水喷嘴构形

(a)环形喷嘴；(b)开放式V形喷嘴；(c)封闭式V形喷嘴

熔体流的轴线为基准，对称设置两个或多个分立 V 形喷嘴相比，圆环锥形喷嘴适应性差且难以制作。

金属熔体流在被水喷射流击中之前，由于重力作用会降落一段距离（通常为 15 ~ 25 cm），而在水的撞击点之上往往形成负压，在金属熔体流与水喷射流实际接触之前，水流夹带的气体/空气，可能还会造成金属熔体流中断。

（2）水速的影响

根据对各种雾化方法模型的观察，水雾化的基本机理是基于水滴冲击下粉碎金属熔体流时的动量转换（见图 2-39）。Grandzd 与 Tallmadge 第一次提出，水雾化是借助冲击而不是靠剪切形成液滴。这个模型反应了水的分散性与粒度和水的法向速度分量（对于金属熔体流的轴线）间的反比关系。Grandzd 与 Tallmadge 认为水流速度 v_{w} 与粉末直径 d_{m}（即粉末质量的 50% 在该粒级，简称中位径，下同）的关系为

$$d_{\mathrm{m}} = \frac{A}{v_{\mathrm{w}}} = \frac{14\,900}{v_{\mathrm{w}}}\left(\frac{1}{n}\right)^{1/3}$$

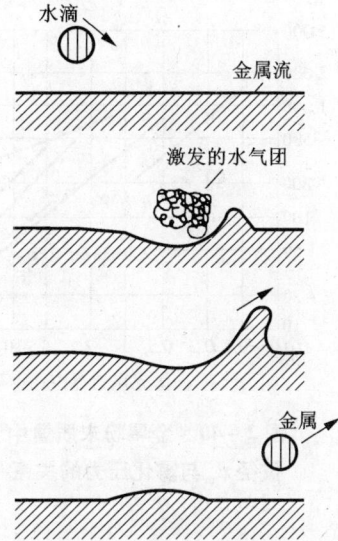

图 2-39　水雾化机理的冲击模型

式中：A 为常数；d_{m} 为中位径，$\mu\mathrm{m}$；v_{w} 为水流速度，$\mathrm{m/s}$；n 为水液滴冲击形成的金属熔体液滴数。

在这个数学式中，水的流速、压力、动量及能量，喷射流的长度及金属流率都不是影响 d_{m} 的主要参数，但是，它们通过影响水喷射流的速度来影响粒度。

（3）粉末中位径 d_{m} 与水喷射流压力的关系

平均粒度受控于水喷射流的压力，较高的水压直接影响水的速度 v_{w}。各种金属粉末的 d_{m} 与水喷射流的压力间的关系见图 2-40。根据图的对数直线图，可将 p 与 d_{m} 间的关系表示为

$$d_{\mathrm{m}} = Kp^{-m}$$

式中：K 与 m 均为给定材料、雾化装置或喷嘴构型的常数。若水压为 0.1 ~ 50 MPa；m 值一般为 0.6 ~ 0.8。K 与金属熔体的物理化学性能有关，特别是黏度和表面张力。表 2-8 所示为各种材料在方程式中的 K 值。铝与锌的 K 比铜和铁高一个数量级，即在同样的作业条件下，铜和铁的 d_{m} 比铝与锌相差 6 倍，这意味着铜和铁需要的雾化压力比铝和锌低得多。

表 2-8　各种材料方程式的 K 值

金属/合金	铜	铁	60/40 黄铜	Fe-13% Cr	钴
K	1 800	3 000	4 000	5 000	5 000
金属/合金	合金钢	Ni-Cr-B-Si 合金	镍	锌	铝
K	4 000 ~ 6 000	5 000 ~ 8 000	7 500	12 000	14 000

（4）喷射顶角对水雾化粉末粒度的影响

角度增大时，垂直金属熔体流的速度分量增大，d_m 减小，其关系为：$d_m = (v\sin\alpha)^{-1}$。在较高的顶角下，特别是在较高的压力下，在漏嘴处容易凝固，发生堵嘴现象，生产不得不终止（见图 2-41）。所以，在实际生产中，喷射顶角和压力适当的配合，才能正常生产，得到较细的粉末。

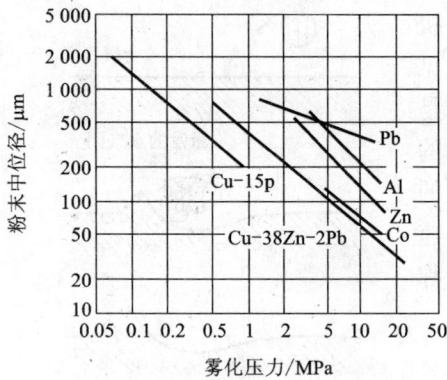

图 2-40　金属粉末质量中位径 d_m 与雾化压力的关系

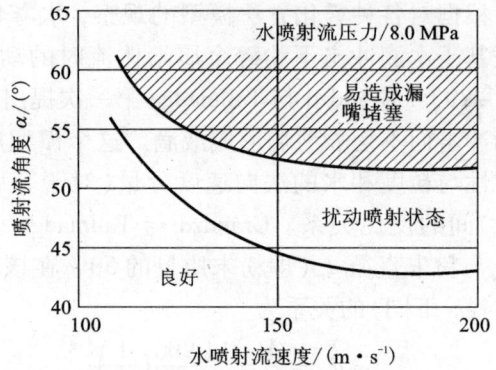

图 2-41　喷射角度和水喷射速度对水雾化稳定性的影响

图 2-42 所示是 Drexel 大学为了研究 V 形喷射水雾化喷射角影响的实验装置原理图。喷射角为水喷嘴到喷射顶点的倾斜直线与垂直熔融液流之间的夹角。

如表 2-9 所示，当喷射顶角从 15°到 30°时，出粉率从 76% 增加到 94%。当粉末中位径从 91 μm 减小到 64 μm 时，-325 目（≤45 μm）所占比例由 18.4% 增加到 31.6%。喷射顶角的增加同样使得粉末的松装密度由 4.3 g/cm³ 降到了 3.83 g/cm³。尽管 Drexel 大学的这些实验中使用的金属为 AISI 型 4620 钢，但这些基本原理也适于铜的生产。

（5）气氛对粒度分布的影响

σ_g 是指一批粉末粒度分布的几何偏

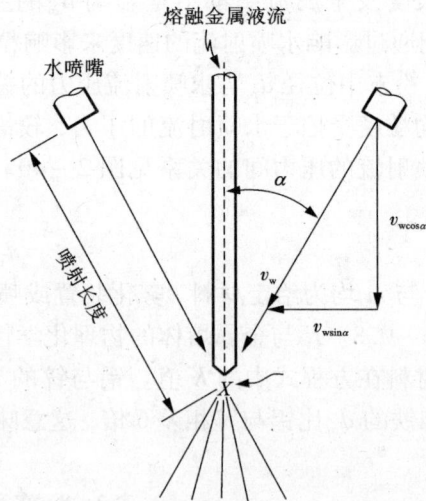

图 2-42　V 形水雾化的几何示意图

差。对雾化室中空气与氮气的影响进行比较是很有意义的。实际上，雾化的铜中如果含有大量溶解的氧，则雾化的粉末要细很多（在压力不变的条件下，d_m 约减少 30%）。在空气与氮气气氛中雾化粒度相差很大，可能就是这种因素造成的。同样的，化学组成可直接影响 σ_g。金属流率较小时，σ_g 值一般较小，这反映了碰撞在增宽粒度分布范围中的重要性。

表 2 − 9 3 种不同角度喷嘴的使用条件及粉末性能

	15	22.5	30
顶角/(°)	15	22.5	30
型号	N57	N56	N44
射流数	2	2	2
水流:			
速度/(m·s⁻¹)	80	80	80
压力/(kN·m⁻²)	3 800	3 800	3 800
质量流率/(kg·s⁻¹)	0.91	0.91	0.91
金属液流:			
温度/℃	1 630	1 680	1 720
单批炉料/kg	7.7	7.7	5.5
雾化时间/s	34	34	22
质量流率/(kg·s⁻¹)	0.23	0.23	0.25
筛分分析:			
出粉率(−60 目)/%	76	84	94
−60 ~ +100 目(150~250 μm)	27.1	22.6	13.1
−100 ~ +140 目(109~150 μm)	19.8	18.7	14.8
−140 ~ +200 目(75~109 μm)	16.4	15.8	17.7
−200 ~ +230 目(62~75 μm)	4.4	4.2	5.0
−230 ~ +325 目(45~62 μm)	13.9	14.8	17.7
−325 ~ (45 μm)	18.4	23.9	31.6
粉末粒径(−60 目):			
中位径/μm	91	80	64
尺寸比率/σ	2.21	2.27	2.14
其他:			
松装密度(−60 目)/(g·cm⁻³)	4.20	4.16	3.83
流动性(−60 目)/s	17	18	18
不规则粉末比例(−100 ~ +140 目)/%	0.54	0.77	0.57

(6)添加剂对水雾化粉末性能的影响

一般水雾化铜粉的松装密度可以控制在 3.0 ~ 4.5 g/cm³ 范围内。为了降低铜粉的松装密度,可以在铜液中加入微量的合金元素(如镁、钙、钛、锂等),这些元素可以降低铜液的表面张力,或在雾化时可在颗粒表面上形成薄的氧化物膜,使得雾化粉末变得不规则(见图 2 − 43)。对于生产用于制造像青铜轴承、过滤器、结构零件的压制级铜粉以及作为铁粉添加剂的铜粉,在铜液雾化之前,常采用镁来做添加剂,松装密度最低可以达到 2.0 g/cm³。图 2 − 44 所示为水雾化铜粉的松装密度 SEM 形貌对比。

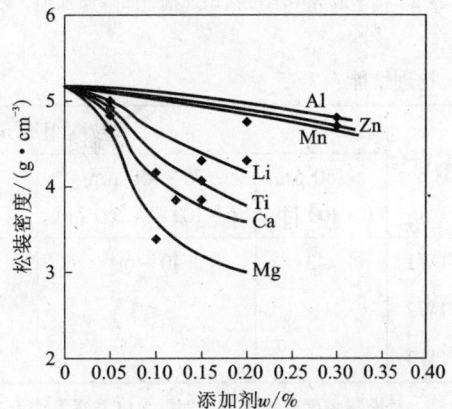

图 2 − 43　加入铜液中的添加剂量对
雾化铜粉松装密度的影响

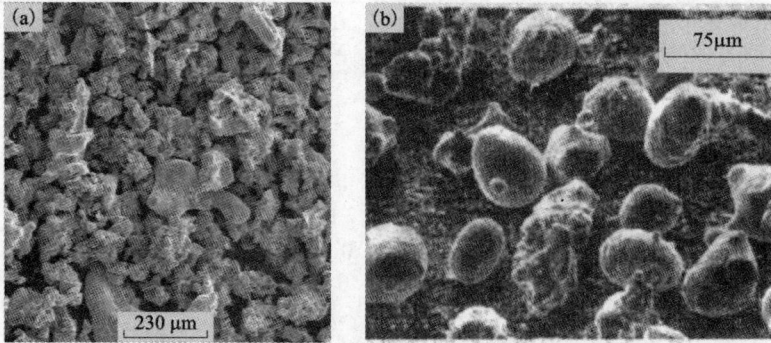

图 2 – 44　水雾化铜粉的松装密度 SEM 形貌对比

(a)水雾化铜粉松装密度 2.3 g/cm³ ; (b)松装密度 4.6 g/cm³

2.2.5　雾化铜粉的性能及应用

　　表 2 – 10 所示为雾化铜粉的化学成分与物理性能的国家标准。表 2 – 11 列出了典型的工业生产的水雾化和气雾化铜粉的性能。

表 2 – 10　水雾化铜粉国家标准

化学成分：

Cu（不小于）	化学成分 w/%													
	杂质（不大于）											氢损	硝酸不溶物	总和
	Fe	Pb	Zn	As	Sb	Bi	Ni	Sn	P	S	C			
99.6	0.02	0.02	0.004	0.005	0.005	0.002	0.01	0.004	0.01	0.004	0.004	0.3	0.05	0.4

注1：如需方对产品化学成分有特殊要求，由供需双方协商；

注2：化学成分中不包括添加剂，如加添加剂，必须标明所加添加剂名称和添加量。

物理性能：

型号	粒度组成 w/%				松装密度 /(g·cm⁻¹)	流动性 /[s·(50g)⁻¹]
	>150 μm（+100 目）	75~150 μm（-100~+200 目）	45~75 μm（-200~+325 目）	≤45 μm（-325 目）		
FTW1	≤3	40~60	30~50	≤30	2.0~3.1	≤45
FTW2	—	≤3	15~50	≥50	0.9~3.1	≤45
FTW3	—	—	≤3	≥97	0.85~2.8	—

注：对松装密度有特殊要求时，由供需双方协商确定。

表 2 - 11　典型的工业生产的水雾化和气雾化铜粉的性能

化学性能/%			松装密度 /(g·cm⁻³)	物　理　性　能						
				Tyler 筛分析/%						
铜贪量	氢损	酸不溶物		+ 60	+ 80	+ 100	+ 150	+ 200	+ 325	- 325
99.0①	NA	NA	4.5 ~ 5.5	≤5	30 ~ 60	30 ~ 60	≤15	—	—	—
99.0①	NA	NA	4.5 ~ 5.5	—	≤2	20 ~ 50	50 ~ 70	≤10	微量	—
98.5①	0.7	NA	4.5 ~ 5.5	—	微量	≤0.2	≤5	≤2	余量	60 ~ 90
98.5①	0.7	NA	4.5 ~ 5.5	—	—	—	—	≤0.5	余量	≥95
99.3②	0.3	0.1	2.5 ~ 2.7	—	—	≤0.8	≤35	≤70	余量	≤5
99.3②	0.3	0.1	2.5 ~ 2.8	—	—	≤1	≤20	≤25	≤40	30 ~ 45
99.3②	0.3	0.1	2.5 ~ 2.8	—	—	≤0.5	≤10	≤20	余量	42 ~ 45
99.3②	0.3	0.1	2.8 ~ 3.0	—	—	微量	≤1	≤15	余量	55 ~ 56
99③	0.35	NA	2.1 ~ 2.4	—	—	≤5	15 ~ 20	10 ~ 20	15 ~ 35	20 ~ 40
99③	0.35	NA	2.3 ~ 2.6	—	—	≤1	≤10	5 ~ 20	15 ~ 30	60 ~ 70
99③	0.5	0.1	2.1 ~ 2.5	—	—	—	≤1	≤3	≤14	≤85

注：NA 没有应用；①气雾化；②水雾化退火；③水雾化 + Mg。

　　粒度范围较窄的球形粉末用于热喷涂、含浸金属的塑料和热交换器等。表 2 - 12 所示为国际市场上气体雾化生产球形铜粉的特性及典型应用。

　　不规则铜粉一般通过水雾化方法生产，该方法能生产形状不规则的颗粒并且成形性较好。用于压制自润滑轴承(青铜混合粉)、摩擦材料、电刷、金刚石工具和要求具有高强度、高电/导热率的电工零件。不规则铜粉也被用于铜钎焊膏和各种化学应用，诸如催化剂和铜化合物的生产，见表 2 - 13。

表 2 - 12　目前国际市场上气体雾化生产的球形铜粉特性及典型应用

松装密度/(g·cm⁻¹)	4.00 ~ 5.50
流动性/[s·(50g)⁻¹]	≤45
粒度分布/μm	45 ~ 500
铜含量/%	≥99.0
杂质含量/%	≤0.20
氧含量/%	≤0.20
典型应用	防污涂料、树脂摩擦材料、装饰表面、金属喷涂、热交换器

表 2 - 13　国际市场上水雾化生产的不规则铜粉特性及典型应用

牌号		-100#	-200#	-240#	-300#	10/100	36/200#
松装密度/(g·cm⁻¹)		2.70~3.10	2.80~3.20	2.80~3.20	2.90~3.40	2.50~3.10	2.70~3.10
流动性/[s·(50g)⁻¹]		≤35	无	无	无	≤35	≤35
粒度分布/%							
μm	因数						
>1 500	+10					≤2.5	
>500	+30						无
>425	+36						≤3.0
>300	+52						≤15.0
>212	+72	无					
>180	+85						
>150	+100	≤1.0				≥95.0	60.0~90.0
>106	+150		无			≤5.0	
>75	+200		≤1.0	无			≥97.0
>63	+240			≤0.5	无		
>53	+300			≤3.0	≤0.5		≤3.0
>45	+350			≤10.0	≤5.0		
<45	-350	30.0~60.0	60.0~80.0	≥90.0	≥95.0	n/a	n/a
化学成分/%							
铜含量		≥99.0					≥98.5
杂质含量		≤0.75					≤1.20
氧含量		≤0.25					≤0.30
典型应用		树脂摩擦材料粉末冶金零件 自润滑轴承 交流发电机电刷 催化剂的应用					

2.3　氧化还原法

铜的氧化物还原是最古老的一种铜粉制备方法。该工艺特点是：在高温下，用气体还原剂还原颗粒铜氧化物，生产出多孔性铜粉块，再破碎或研磨成粉末。原料有铜鳞、置换的铜、颗粒状铜废料和雾化的铜粉。

在铜粉的应用中(例如：金属-石墨电刷和摩擦材料零件)，良好的导电性和导热性很重要。因此，杂质含量必须低。由图2-45可知铜中以固溶体状态存在的杂质对电导率的不良影响。杂质含量对导热率的影响与电导率相似。为了满足铜粉的供应量和高纯度铜的需求，将高纯度的颗粒状铜(颗粒状废铜或雾化铜粉)进行氧化，以生成氧化铜或氧化亚铜，或两者的混合物，然后再还原成铜粉。

电解铜粉具有树枝状的微观形状，还有比表面发达、纯度高、成形性能好等特点，因而广泛应用于粉末冶金制品、电碳制品、铜基摩擦材料、金刚石制品和电工合金等生产领域，目前在我国仍有广阔的市场。然而，用电解法生产铜粉具有污染环境严重和能耗高的缺点。为此，20 世纪 60 年代国外开始采用 aotmising – oxidizing – reducing（简称 AOR）法制造铜粉。美国 OMG（SCM）公司使用 AOR 法生产低松装密度铜粉已达 40 多年，使用该工艺生产铜粉年产量超过 2 万 t。AOR 法是将空气雾化、水雾化或粒化的铜粒进行氧化，然后再还原而彻底改变粉末颗粒形状，从而提高由铜粉制造的各种零件的

图 2 – 45　在铜中以固溶体状态
存在的杂质对电导率的影响

力学性能。完全氧化、还原的铜粉，具有完整的海绵（多孔性）结构；未经氧化的气雾化铜粉，为完全密实的粉末，它们构成铜粉的两个极端。而经部分氧化后还原制成的铜粉，则具有两者之间的结构。

2.3.1　AOR 法原理

铜的氧化物有红色氧化亚铜 Cu_2O 和黑色的氧化铜 CuO 两种，在高温下和一定的厚度范围内，铜的氧化速度遵循抛物线速率定则。按照这个定则，氧化膜的厚度 y 随时间的平方根增长，即：$y = \sqrt{k \cdot t + c}$。在低温下，氧化速率呈线性、对数或立方关系，这取决于氧化的过程。铜氧化物形成的自由能、反应热和速率见表 2 – 14。

表 2 – 14　铜氧化物形成的自由能、反应热和速率

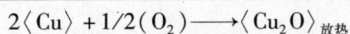

$2\langle Cu \rangle + 1/2(O_2) \longrightarrow \langle Cu_2O \rangle_{放热}$
$\Delta G = -41\ 166 - 1.27 \times 10^{-3}T\ln T + 3.7 \times 10^{-3}T^2 - 1.80 \times 10^{-7}T^3 + 27.881T$
$\kappa = 957\mathrm{e} - 37^{100/RT}\ \mathrm{g}^2/(\mathrm{cm}^4 \cdot \mathrm{h})$
$\langle Cu \rangle + 1/2(O_2) \longrightarrow \langle CuO \rangle_{放热}$
$\Delta G = -37\ 353 - 0.16T\ln T - 1.69 \times 10^{-3}T^2 - 9 \times 10^{-8}T^3 + 25.082T$
$\Delta H = -38\ 170 + 1.30T + 0.99 \times 10^{-3}T^2 + 0.57 \times 10^5 T^{-1}$
$\langle Cu_2O \rangle + 1/2(O_2) \longrightarrow 2\langle CuO \rangle_{放热}$
$\Delta G = -33\ 550 + 0.95T\ln T - 3.75 \times 10^{-3}T^2 + 22.340T$
$\Delta H = -35\ 710 + 3.28 \times T - 0.40 \times 10^{-3}T^2 - 0.20 \times 10^5 T^{-1}$
$\kappa = 0.026\ 8\mathrm{e} - 20^{140/RT}\ \mathrm{g}^2/(\mathrm{cm}^4 \cdot \mathrm{h})$

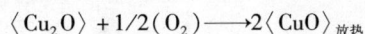

注：ΔG 为自由能；ΔH 为热量；ΔG 和 ΔH 的值用 cal/(g·mol) 表示（1 cal = 4.186 8 J）；κ 为数学推导的速率常数；T 为热力学温度，K；R 为气体常数；ln 为以 e 为底的自然对数，e = 2.718 2。

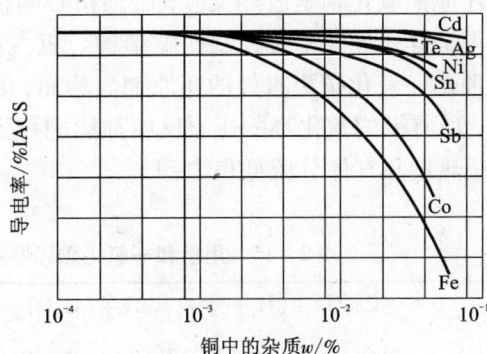

还原气氛有氢、分解氨、转换天然气或其他吸热性或放热性煤气混合气。由于氢或一氧

化碳还原铜氧化物是放热反应，必须精心调整氧化物的粒度、还原气体种类和还原温度，以便获得最佳还原速率和控制孔隙结构。氢气能通过致密铜迅速进行扩散，特别是在低温下，是一种比一氧化碳更有效的还原剂。然而，在较高温度下，不管是用氢气还是一氧化碳作还原剂，所有铜的氧化物的还原反应都能进行到完成。用氢和一氧化碳还原铜氧化物反应的自由能、热量和气体分压见表 2-15。

表 2-15 用氢和一氧化碳还原铜氧化物的自由能、热量和气体分压

$$\langle Cu_2O \rangle + (H_2) \longrightarrow 2\langle Cu \rangle + (H_2O)_{放热}$$

$$\Delta G = -16\ 260 + 2.21T\ln T + 1.28 \times 10^{-3}T^2 + 3.8 \times 10^{-7}T^3 - 24.768T$$

$$\Delta H_{298.1k} = -17\ 023$$

温度/℃：450，900，950，1 000，1 050

p_{H_2} torr：0.010 4，0.015 0，0.020 7，0.028 3

$$\langle Cu_2O \rangle + (CO) \longrightarrow 2\langle Cu \rangle + (CO_2)_{放热}$$

$$\Delta G = -27\ 380 + 1.47T\ln T - 1.4 \times 10^{-3}T^2 + 0.5 \times 10^{-6}T^3 - 7.01T$$

$$\Delta H = -27\ 380 - 1.47T + 1.4 \times 10^{-3}T^2 - 1.1 \times 10^{-6}T^3$$

温度/℃：25，900，1 050，1 083

p_{CO} torr：0.021，0.068，0.085

$$2\langle CuO \rangle + (H_2) \longrightarrow \langle Cu_2O \rangle + (H_2O)_{放热}$$

$$\Delta G = -24\ 000 - 0.01T\ln T + 5.4 \times 10^{-3}T^2 - 3.7 \times 10^{-7}T^3 + 22.896T$$

$$\Delta H_{298.1k} = -23\ 543$$

$$\langle CuO \rangle + (H_2) \longrightarrow (H_2O) + \langle Cu \rangle_{放热}$$

$$\Delta H_{290k} = -31\ 766$$

$$2\langle CuO \rangle + (CO) \longrightarrow \langle Cu_2O \rangle + (CO_2)_{放热}$$

$$\Delta H = -33\ 300$$

注：1. 总压为：101.325 kPa。

2. ΔG 为自由能；ΔH 为热量；ΔG 和 ΔH 的值用 cal/(g·mol) 表示；P 为压力；T 为热力学温度，K；ln 为以 e 为底的自然对数（e = 2.718 2）；1 torr = 133.322 Pa。

2.3.2 AOR 法生产工艺

AOR 法铜粉生产工艺流程见图 2-46，AOR 法铜粉生产设备流程见图 2-47。

1. 雾化

原则上水雾化或气雾化均可制作原料粉末，其中水雾化铜粉比气雾化铜粉粒度细，粉末呈不规则形状，有利于铜粉的氧化。水雾化和空气雾化铜粉的形貌见图 2-48。因此，生产企业一般选择水雾化工艺制备铜粉，所生产的粉末其粒度分布比较宽，一般选择粗粉 -80 ~ +200 目（75 ~ 180 μm）和细粉 -200 目（≤75 μm）分别进行随后的氧化和还原。表 2-16 为水雾化铜粉的物理性能。

电解铜

裁切

水 → 净化 → 熔炼

加压 → 雾化 → 水蒸气

脱水 → 水

空气

氧化

破碎　　　　分解 ← 液氨

还原　　　 N₂+H₂

水蒸气、N₂

破碎

筛分 → 收尘

抗氧化处理　　超细铜粉

合批

产品

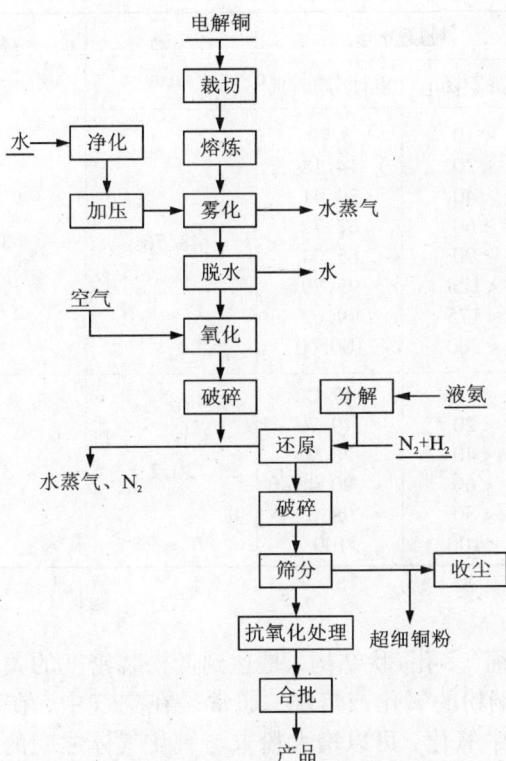

图 2-46　AOR 法铜粉生产工艺流程

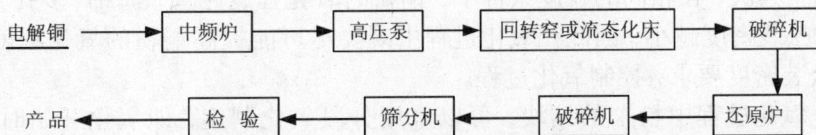

电解铜 → 中频炉 → 高压泵 → 回转窑或流态化床 → 破碎机

产品 ← 检验 ← 筛分机 ← 破碎机 ← 还原炉

图 2-47　AOR 法铜粉生产设备流程

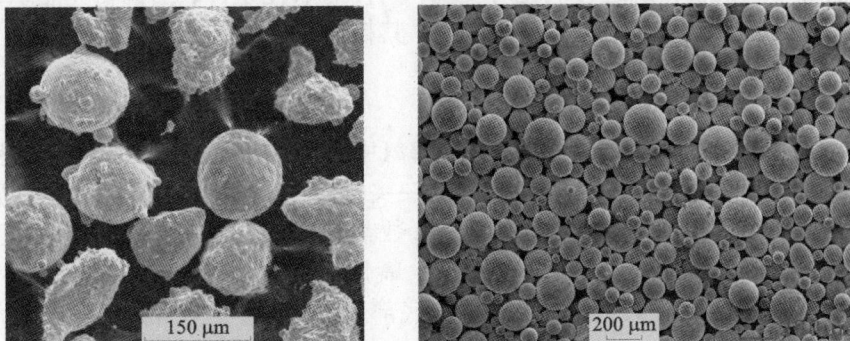

图 2-48　水雾化和空气雾化铜粉的形貌图（左为水雾化，右为空气雾化）

表 2 – 16　水雾化铜粉的物理性能

品名	粒度 /mm （目）	粒度分布		平均粒径 /μm	松装密度 /(g·cm⁻³)	流动性 /[s·(50g)⁻¹]
		粒径/μm	累计分布/%			
水雾化铜粉	≤0.180 （−80）	<10	3.79	48.56	3.88	21
		<20	14.18			
		<40	39.41			
		<60	62.72			
		<90	85.04			
		<125	95.79			
		<175	99.62			
		<200	100.00			
	≤0.075 （−200）	<10	17.2	20.2	3.44	30
		<20	49.7			
		<40	78.9			
		<60	90.4			
		<80	98.0			
		<100	100			

2. 氧化

氧化是实现铜粉的海绵（多孔）状结构，是达到低松装密度的关键，而铜粉的氧化技术难度很大。在工业生产中，铜粉的氧化或焙烧，通常是在空气中，在高于 650℃ 的温度下进行的。在回转窑或流态化床中氧化，可以增大粉末与氧化气体之间的接触面积，因而氧化速率较快。由于铜的氧化反应是强放热反应，故与传送带式炉焙烧氧化相比，它对铜的氧化程度控制较难。首先，铜粉氧化反应呈强烈的放热性，氧化过程中粉末易结块，致使随后的氧化过程很难进行。其次，在相同的粒度条件下，铜粉的氧化程度越大，海绵（多孔）状结构越发达，则铜粉的松装密度越小，因此在氧化过程中既要尽可能提高铜粉的氧化程度，又要根据最终铜粉的松装密度要求，控制氧化过程。

为了防止氧化过程中粉末的结块，可以采用分段氧化制度，即氧化开始时采取低温氧化，待铜粉表面氧化到一定程度，再采取高温氧化，以加速氧化过程，同时避免了铜粉氧化初期的粉末结块现象。

在对粗铜粉和细铜粉分别进行氧化时发现，同样的氧化条件，细铜粉完全氧化，还原后呈典型的海绵（多孔）状结构，而粗铜粉氧化后，其粉末外层为海绵（多孔）状壳体，而芯部为致密铜芯。

3. 还原

使氧化后的铜粉经过破碎后，在氢气或分解氨中还原成铜粉，还原后的粉末呈现出海绵（多孔）的组织结构，还原是控制粉末性能的又一关键技术。还原温度对铜粉海绵（多孔）状结构的孔隙率、孔隙大小有重要影响，而这些参数都影响到铜粉最终的松装密度和流动性。还原一般是在连续带式炉中的不锈钢带上进行。氧化物层的厚度约为 25 mm，通常还原温度范围为 425～650℃。还原是从氧化物层顶部向底部逐渐进行，炉中还原气氛的流动方向一般与传送带的运动方向相反。

4. 破碎

还原后的铜氧化物呈多孔性粉块。在颚式破碎机或类似的设备中将粉块破碎成较小的块，随后在锤磨机中进行粉碎。

5. 分级和合批

由于不同用户对于粒度和松装密度的要求不同，为了保证产品性能的一致性，还原后的粉末需进行筛分分级，然后根据用户的不同要求进行合批，提供符合用户要求的产品。

2.3.3　影响铜粉性能的因素

1. 粉末粒度和氧化方式对铜粉性能的影响

研究表明粒度较粗的粉末，同细粉相比，完全氧化时间较长。主要是由于氧原子扩散速度是一定的，粗粉的粒度较大，扩散所需的时间较长。

雾化铜粉的氧化可采取两种氧化方式，即将雾化铜粉置于料舟中，在一定的温度、时间内进行静态氧化和粉末处于运动状态下的动态氧化。静态氧化速度慢，粉末易结块，工艺简单。可以鼓入空气，加速粉末氧化，但由于粉末与空气的接触面积较少，氧化速度仍较慢，不能保证粉末的氧化程度。动态氧化利用回转窑进行氧化，可增大粉末氧化接触面积，氧化速度快，约是静态氧化速度的一倍，粉末结块程度较轻。利用回转窑进行氧化，整个氧化过程铜粉处于运动疏散状态，提高了氧化效率，加快了氧化过程，−80 目（≤0.18 mm）铜粉氧化后，氧含量达 17.7%（氧化铜的理论含氧量为 20%），−200 目（≤0.075 mm）铜粉氧化可以达到完全氧化。回转窑设备照片见图 2−49。图 2−50 为氧化方式对氧含量的影响。

图 2−49　回转窑设备

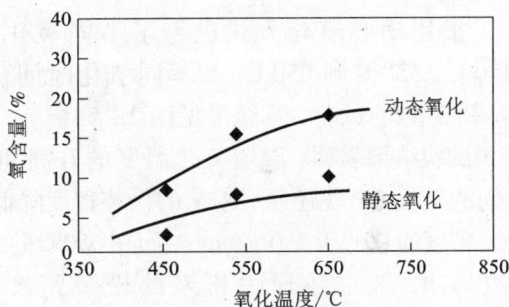

图 2−50　氧化方式对氧含量的影响

2. 氧化气氛对铜粉性能的影响

氧化气氛可以为空气、氧气、潮湿空气。铜粉在干燥空气中氧化速度比较慢，而在潮湿空气中氧化速度非常快，通常为干燥空气的 3~20 倍，即使在较低的温度下也可以达到较快的氧化速度。

3. 氧化温度和氧化时间对粉末性能的影响

实验结果表明在 320℃氧化时，粉末呈棕色，粉末氧化不充分，松装密度下降不明显。在 400℃时，粉末变黑，但粉末间烧结结团严重，很难破碎。在 360℃时，氧化程度适当，呈深棕色，烧结轻微。图 2−51 和图 2−52 中显示了在 360℃下，氧化时间对粉末氧含量、松装密度、流动性和 −325 目（≤45 μm）细粉率的影响。从图中可以看出，随氧化时间的延长，粉末的氧含量增加，松装密度下降，流动性变差。在氧化过程中，空气中的氧原子从铜粉表面向内扩散，形成的氧化铜或氧化亚铜的真密度（分别为 6.31 g/cm^3 和 5.88 g/cm^3）都比铜的小（8.9 g/cm^3）。粉末体积发生膨胀，因此，粉末氧化程度越高，松装密度越低。此外，由于在氧化过程中细粉末间发生烧结团聚，从而使细粉比例下降。粉末氧化后，表面变得更粗糙，另一方面由于松装密度下降，一定质量粉末的体积增大，这样使得通过一定直径漏孔的时间变长，流动性下降。与雾化态相比，氧化 5 min 后，流动性略有改善，这可能主要与粉末中残留的水分被干燥有关。

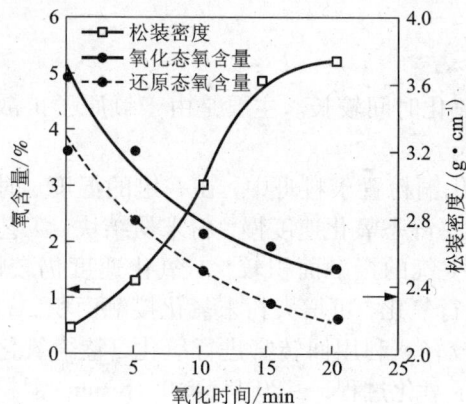

图 2-51　铜粉氧含量和松装密度与氧化时间的关系

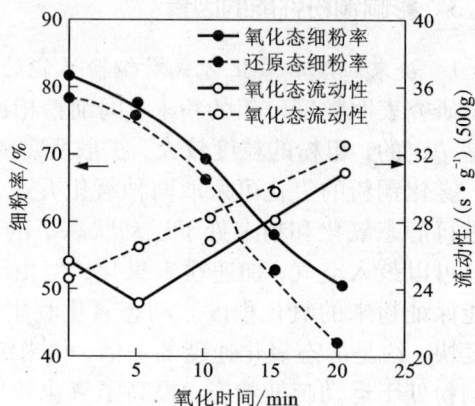

图 2-52　铜粉 -45 μm 细粉率和流动性与氧化时间的关系

采用动态氧化方式进行了不同氧化温度（450℃，550℃和650℃）和不同氧化时间（1 h、2 h 和 3 h）的试验，其结果见图 2-53。

试验结果表明：随着氧化温度的升高和氧化时间的延长，氧化还原后粉末的松装密度降低，其松装密度通常低于 3.0 g/cm³。而在 650℃ 的条件，氧化 3 h，经过还原后粉末的松装密度低到 1.8 g/cm³，达到了电解铜粉的松装密度。

通过改变氧化温度和时间，粉末的松装密度在 1.8 ~ 3.0 g/cm³ 范围内可调。可见，氧化温度和氧化时间是控制粉末最终松装密度的重要因素。

4. 氧化温度对铜粉氧化层质量组成的影响

同别的多价态金属一样，铜粉氧化生成氧化物壳层，内层氧化物是低价的氧化亚铜，外层的氧化物为氧化铜。氧化亚铜和氧化铜的相对厚度取决于有关离子在氧化层内的扩散速度、层间的浓度差和孔隙率，如图 2-54 所示。对于薄铜片，氧化亚铜对氧化铜（Cu_2O/CuO）的比值随氧化温度的升高而增大，对于铜粉，则有些偏差。这是由于几何因素和氧化膜有较强应力，而此应力会引起铜层脱落所致。当元素铜被氧化耗尽时，反应从氧化亚铜氧化成氧化铜。

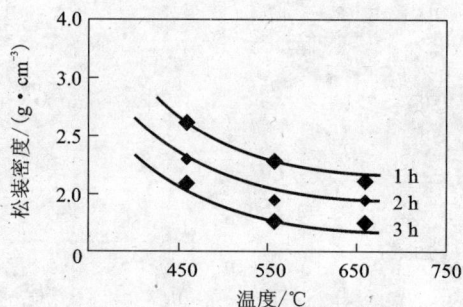

图 2-53　氧化温度和氧化时间与粉末松装密度的关系

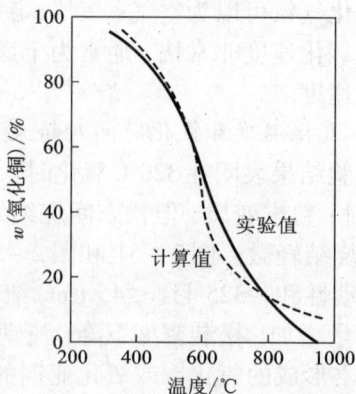

图 2-54　氧化温度对铜粉氧化层组成的影响

5. 还原工艺

通过控制还原过程，可使最终产品的颗粒孔隙率、孔隙大小和粒度分布在一个很宽的范围。与其他金属氧化物一样，低还原温度产出的铜粉具有良好的孔隙率（15% ~ 30%）、约 1 μm 孔隙和相当大的比表面积，为 $0.1\ m^2/g$ 或更大（见图 2 - 55），高还原温度（815℃）产出的铜粉其孔隙大至几个微米，其比表面积小至约 $0.01\ m^2/g$。高还原温度一般使颗粒间的烧结加剧，还原更为完全。

6. 还原后处理

从还原炉产出的还原铜为多孔铜块，经颚式破碎机或类似的设备破碎后，再入棒磨机细磨，磨出的粉末其粒度和形状取决于多种因素。氧化铜颗粒粗大，还原温度低时，还原过程中颗粒间的烧结程度适中，铜块磨碎后的粒度几乎和原来的氧化物一般大小；氧化铜颗粒细小、还原温度高时，则还原过程中烧结严重，颗粒黏结成块，破碎有一定困难，如果进行强力破碎，会导致粉末粒度分布发生变化。

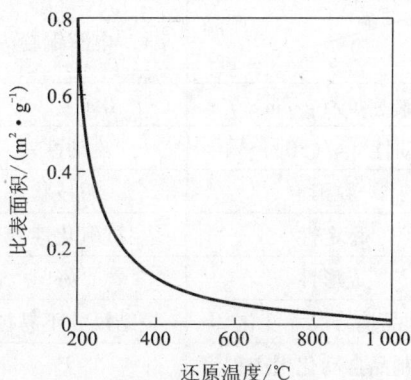

图 2 - 55　还原温度对铜比表面积的影响（氢气作还原气体）

2.3.4　氧化还原铜粉的粉末特性及应用

图 2 - 56 所示为典型的氧化 - 还原铜粉与雾化铜粉的形貌。可看出，氧化还原铜粉呈海绵（多孔性）结构，而雾化铜粉是完全密实的粉末。雾化铜粉未完全氧化而只是部分氧化（最高氧含量 17.7%），因此在图 2 - 56 中可见到多孔海绵状的半壳体，这是因为在部分氧化的情况下，氧化还原粉末颗粒的结构是内部为致密的铜芯，而外层为多孔海绵状壳体。而图 2 - 56 显示出水雾化铜粉具有致密的近球形颗粒形貌特征，正因为它们形貌特征的差异，使它们具有各自的粉末特性。

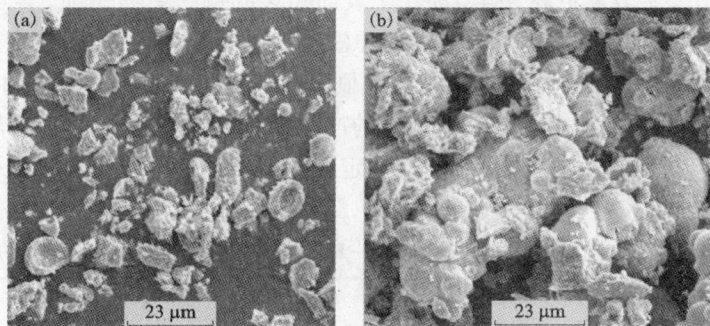

图 2 - 56　氧化 - 还原铜粉与雾化铜粉的显微结构观察
（a）氧化还原铜粉；（b）雾化铜粉

氧化还原铜粉由于基本保持了雾化铜粉的颗粒状，因此，它具有雾化铜粉良好的流动性，与之比较，电解铜粉的流动性却很差。氧化还原铜粉具有多孔海绵状结构，因此，它的松装密度明显比雾化铜粉低，可以达到电解铜粉的松装密度。此外，氧化还原铜粉的成形性能明显优于雾化铜粉。但是由于增加了氧化工序，需要的还原时间较长，并且需要两次破碎工序，制备周期较雾化制粉长，成本较高。表 2 - 17 所示为不同工艺生产出的铜粉性能比较。

表 2 - 17　不同工艺生产出的铜粉性能比较

产品 性能	电解铜粉	氧化还原铜粉	雾化铜粉
松装密度/(g·cm⁻³)	0.6~2.0	1.5~2.2	>3.0
流动性/[s·(50g)⁻¹]	流动性差	<35	<35
粒形	树枝状	海绵(多孔)状颗粒	致密颗粒状
稳定性	抗氧化性差	抗氧化性好	抗氧化性好
成形性	好	好	差
制品烧结尺寸变化	烧结尺寸不易控制	烧结尺寸变化易控制	烧结尺寸变化易控制
用于制品自动化生产程度	差	好	良好
应用范围	电碳材料 摩擦材料 金刚石工具	粉末冶金零件 微型含油轴承 磨擦材料,金刚石工具	过滤材料 粉末冶金零件 金刚石工具

在后续粉末冶金生产中还需要将还原和磨碎后的粉末筛分或分级,有时还需要进行掺和润滑处理。这些过程须精心控制,以免降低性能或对性能变化失控,如松装密度、细粉含量和粉末流动性等。对某些牌号的粉末需用特殊的抗氧化剂处理,以防氧化,若不作此处理,铜粉一般会发生锈蚀,并降低生坯强度以及产生其他不良影响;当铜粉暴露在潮湿的空气中时,随着锈蚀加重,铜粉颜色由橙变紫、最后变成黑色,同时,铜粉含氧量则从通常的0.1%或0.2%增至更高甚至1%,比表面积大的铜粉更易锈蚀。

表2-18列出了氧化-还原法生产的不同牌号铜粉的性能。除应用于青铜轴承外,还应用于铜基摩擦材料、电触头、电刷、金刚石磨削工具、铁基制品的添加剂、塑料、催化剂方面的活性添充料。在粉末生产商的产品广告和数据表中,通常都有粉末特性和使用性能(包括烧结性能)的详细数据,以及特定应用推荐。

表2-18 AOR法生产的工业级铜粉的性能

化学性能/%			物 理 性 能								压缩性能 165 MPa[①]	
铜	氢损	酸不溶物	松装密度 /(g·cm⁻³)	流动性 /[s·(50g)⁻¹]	Tyler 筛分析/%						密度 /(g·cm⁻³)	强度[②] /MPa
					+60	+100	+150	+200	+325	-325		
99.8	0.13	0.06	2.91	26	0.4	39.7	46.6	13.3	—	—	—	—
99.8[③]	0.13	0.03	3.00	22	—	0.1	0.6	15.5	42.8	41.1	6.15	8.6
99.8[③]	0.13	0.04	2.83	23	—	—	0.1	9.5	33.4	57.0	6.12	9.7
99.8[③]	0.16	0.04	2.75	24	—	—	0.1	7.3	29.0	63.6	6.03	10.4
99.7	0.18	0.06	2.51	—	—	—	—	0.5	7.0	92.6	6.04	—
99.7	0.21	0.06	2.31	—	—	—	—	—	1.2	98.5	—	—
99.6[④]	0.28	0.10	1.61	—	—	—	0.1	2.8	10.3	86.7	6.0	20.0
99.6[④]	0.26	0.10	1.36	—	—	—	0.1	1.5	7.9	90.5	5.97	22.8
99.5[④]	0.26	0.10	0.94	—	—	—	—	1.4	98.6		5.90	29.0

注:①仅模壁润滑测定的;②横向断裂强度;③用于青铜自润滑含油轴承;④用于摩擦材料和炭刷。

第 3 章 铜合金粉末生产

通常，人们根据所需要的成分将各种元素粉末或几种合金粉末按比例混合，制成所需要的粉末直接使用，这种方法叫混合法。这种粉末的优点是可以将各种成分按自由比例混合，具有较好的成形性。但其在运输过程中容易导致粉末成分发生偏析为避免这个问题，采用合金化粉末较好。本章着重介绍雾化法和扩散法生产铜合金化粉末的原理及生产工艺。

3.1 雾化法

工业用铜合金粉末，包括黄铜粉末、青铜粉末和锌白铜粉末，都可用雾化工艺生产。通常采用同一套生产设备来完成铜合金的熔化、雾化、筛分和合批等工作。熔化工序是指将预先称量好的纯金属炉料装到熔化炉中，按预定的加热速率和加热时间进行熔炼。

不同合金粉末，在生产过程中也存在一些不同之处。由于添加的合金元素熔点差距较大，为保证粉末成分均匀，熔炼一般遵循的基本原则是：熔炼主体金属后，先加入熔点高的金属元素(如 Ni)，最后加入蒸气压高(易挥发)的金属元素(如 Sn、Zn、Pb)。

雾化铜合金粉末的雾化原理基本与雾化铜粉生产(第 2 章 2.2 节)一致，这里不再赘述。图 3-1 所示为雾化铜合金粉末工艺路线图。对粉末粒形无要求的粉末可用水雾化法生产，气雾化主要生产球形度高的粉末。

1. 熔炼

首先将紫铜在中频炉中熔炼，不加覆盖剂，在大气气氛下快速熔化紫铜，熔化温度，最好不超过 1 150℃。熔化后进行一次脱氧，将磷铜总量的 2/3 加入进行脱氧，主要是把紫铜中的 Cu_2O 还原。脱氧后向熔融铜液中加入 Ni、Zn、Sn、Pb 等合金元素，一般顺序是先加熔点高的金属如 Ni，再加入低熔点的金属如 Zn、Sn、Pb 等，这样可以避免低熔点金属的挥发。在 Zn、Sn、Pb 等元素中，一般先加入 Zn，主要是 Zn 的熔点比 Sn、Pb 高，且 Zn 具有良好的脱氧作用，可使得熔融铜液彻底脱氧，可避免 Sn 加入后形成很难去除的 SnO_2 夹杂物，但是 Zn 的蒸气压较高，损耗较大。在配料时注意 Zn 的加入量是理论上的 102% ~110%。合金加入 2~5 min 搅拌均匀后进行二次脱氧，再将磷铜总量的 1/3 加入进行脱氧精炼。

2. 雾化

雾化工序的雾化原理和工艺基本与雾化铜粉生产(第 2 章 2.2 节)一致。

3. 脱水干燥

对于水雾化，由于粉末在水中，必须将粉末进行液固分离，可以采用离心式甩干机或气体压滤罐；国外采用带式真空抽滤机较多，可以实现连续生产，适合大规模化生产。

4. 还原筛分

为了降低粉末的氧含量和粉末内部应力，一般需要在还原性气氛下进行还原处理，采用

废铜合金件　　　电解铜板　　　　锡锭/锌锭/铅锭等

熔炼

母合金 → 净化加压

过滤

雾化 → 水蒸气 → 冷却

分级、脱水 → 水/气

氢气 → 还原处理

筛分 → 收尘

抗氧化处理 → 超细铜合金粉

合批

产品

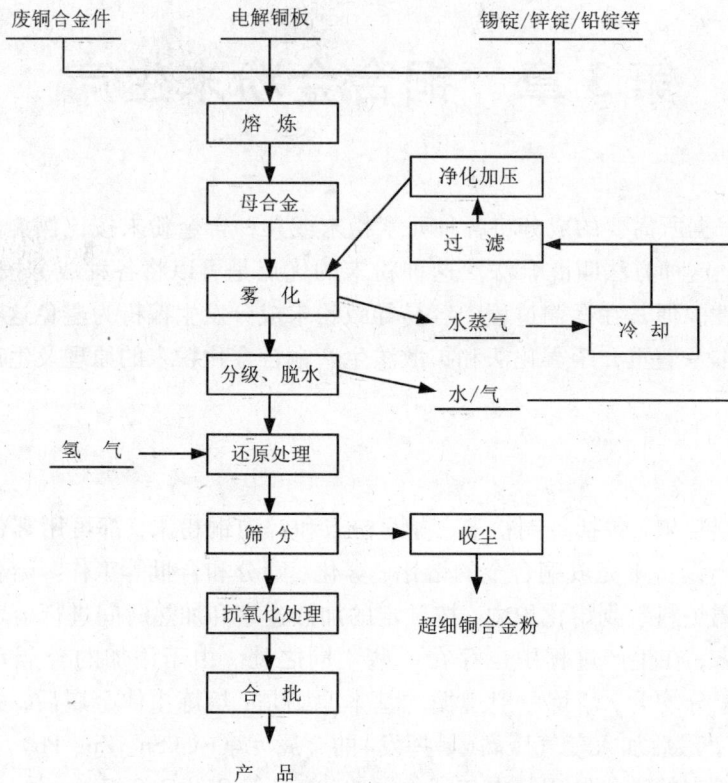

图 3-1　雾化铜合金粉末工艺路线图

的气氛有氢气和分解氨。然后将粉末用振动筛进行筛分,也可以采用气流分级进行筛分。

3.1.1　黄铜粉末

黄铜粉末具有优异的耐腐蚀性、耐磨性等优点,用量较大,种类较多,主要包括 CuZn 系列(CuZnNi、CuZnPb、CuZnSn、CuZnAl、CuZnMn、CuZnFe 等)和 CuPb 系列。一般来讲,CuZn 系列黄铜粉末中含锌量为 10% ~ 40%。这些合金的熔化温度范围可从 CuZn10 合金的 1 045℃ 到 CuZn30 合金的 960℃,锌含量增高,熔化温度降低。CuZn20、CuZn30 作为粉末冶金零部件中常用的粉末原料,一般呈不规则形状,常用水雾化工艺进行生产,粒度为 -100 目(≤150 μm),松装密度为 2.3 ~ 3.2 g/cm³,如图 3-2

80 μm

图 3-2　水雾化 70% Cu - 30% Zn 松装密度为 2.3 g/cm³ 时的显微照片

所示。 -200 目(≤75 μm)和 -300 目(即 ≤48 μm)CuZn 合金粉末主要用于金刚石工具。金刚石工具烧结温度一般在 600℃ 以上,由于 Zn 的熔点只有 419.5℃,Zn 的熔化容易造成尺寸偏差较大,不利于成形,一般采用 CuZn 合金粉末。

黄铜粉末由于具有优异的耐腐蚀性能，而且通过添加微量元素，可以使得其颜色呈黄金色，故称为"仿金粉"，大量应用在印刷包装上面。一般工艺是采用气雾化先制备球形粉，然后进行球磨制备成片状，有利于色泽鲜亮。

CuPb 系列一般含铅 10% ~ 30%，主要应用于双金属轴瓦，可减少对轴的磨损。

3.1.2　青铜粉末

青铜粉末是以 Cu 为主的铜锡合金粉末，包括 CuSn10、CuSn15、CuSn20、CuSnZn、663 等规格。可以用作过滤器、金刚石工具胎体材料和粉末冶金零部件。

由铜锡合金相图(图 3 - 3)可知：α 相是 Sn 固溶于 Cu 形成的固溶体，是面心立方晶格，有良好的塑性。β 相是以电子化合物 Cu_5Sn(电子浓度 3/2)为基的固溶体，只能在高温中稳定，为体心立方晶格，高温塑性很好。温度迅速降低发生共析反应。γ 相是以 Cu_3Sn 为基的有序固溶体，脆而硬，520℃ 下立即发生分解。δ 相是以电子化合物 $Cu_{31}Sn_8$ 为基的固溶体，是复杂立方晶格，在室温下极其脆硬，不能进行塑性加工，在 350℃ 下发生缓慢的共析分解。在实际生产条件下(室温)只能看到 δ 相，很难看到 ε 相。ε 相是以电子化合物 Cu_3Sn 为基的固溶体。

烧结铜锡含油轴承在锡含量为 9% ~ 12% 的时候形成 α 青铜固溶相结构，强度性能高，减磨性能最好。因此，锡青铜含油轴承的组成通常采用 CuSn10 的配比。

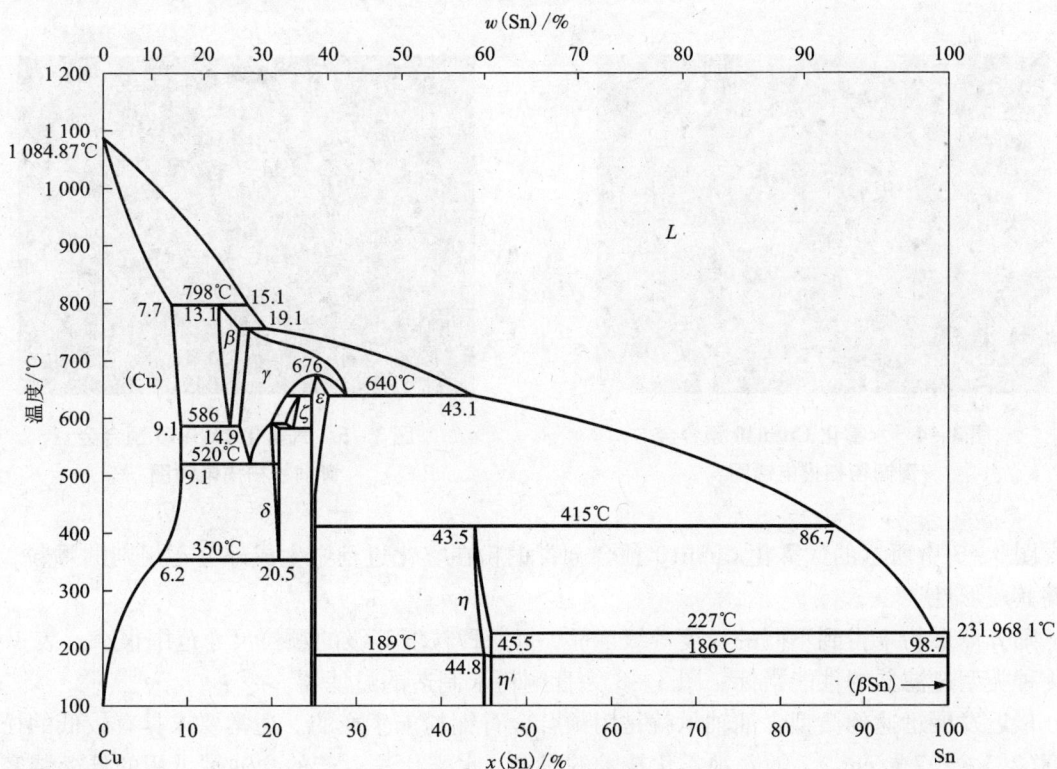

图 3 - 3　铜锡合金相图

预合金青铜粉的工业化生产多采用水雾化工艺，在欧洲这种粉末用量很大。CuSn10 预合金粉和青铜混合粉混合后用于轴承的制造。通过加入低松装密度的铜粉和选择对生坯强度降低影响小的润滑剂解决松装密度高导致生坯强度低的问题。这种粉末的物理性能和空气雾化粉末相似。粉末中可添加 0.1% ~0.2% 磷以促进烧结。图 3 - 4 为水雾化 CuSn10 预合金青铜粉扫描电镜图，粉末呈不规则，近球形。

球形 CuSn11 青铜粉用于制造过滤器。采用水平空气雾化和干燥集粉工艺制粉。气雾化生产时，金属液一般过热 100 ~150℃ 后注入到预热为 600℃ 左右的漏包中。金属液流直径为 4 ~6 mm，空气压力为 0.5 ~1.5 MPa。喷嘴有环孔和环缝两种，生产青铜粉末采用环缝喷嘴，-100 目（≤150 μm）粉末产出率比环孔喷嘴高 30%。雾化粉末喷入下部带有水冷套的干式集粉器，粗粉末直接从集粉器下方出口落到振动筛上进行筛分，超细粉末从集粉器内抽出，经布袋收尘器收集。由于粉末在雾化过程中容易有少量粉末黏在雾化室壁上，因此生产不同品种粉末需要清理雾化室，避免污染，这种方式比较麻烦，适合于单一品种生产。

在雾化前，向熔融的合金中加入 0.2% ~0.45% P（以 Cu/15% P 合金形式加入）可获得球形粉末，同时可以防止气雾化过程中青铜液滴的表面氧化，氧化会使粉末成不规则状。空气中的氧优先与磷发生反应，生成 P_2O_5，在雾化温度下 P_2O_5 易挥发。

气雾化 CuSn10 预合金青铜粉（如图 3 - 5 所示）为球形，过筛后一般应用于过滤器的生产。图 3 - 6 是图 3 - 5 中粉末的更高倍图片，其表面的枝晶结构是在雾化过程中的快速冷却造成的，在进行退火后将会产生均匀的 α 铜结构。

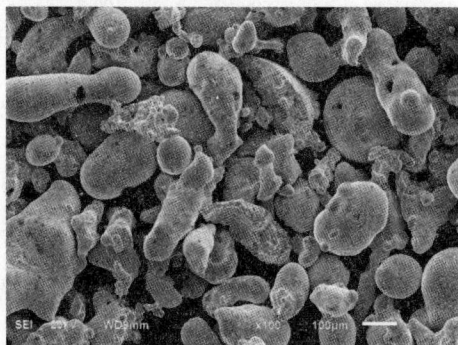

图 3 - 4　水雾化 CuSn10 预合金青铜粉扫描电镜图

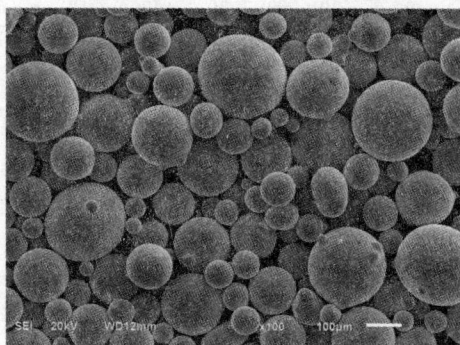

图 3 - 5　气雾化 CuSn10 预合金青铜粉扫描电镜图

图 3 - 7 中所示的气雾化 CuSn10 预合金青铜粉在雾化过程中生成部分不规则的颗粒，可提高其成形性。

筛分球形粉末得到不同的粒度等级产品，每一种粒度等级的颗粒尺寸范围很窄。表 3 - 1 为 4 种类型过滤器的性能指标。图 3 - 8 为青铜粉末制造的过滤器。

最近发展迅速的微型含油轴承就是用预合金青铜粉末生产的。通常要求具有较低的松装密度（2.3 ~2.7 g/cm³），随着水雾化技术的发展，水雾化法生产的含油轴承用的低松装密度青铜粉（CuSn10，CuSn6Zn6）逐步得到应用。图 3 - 9 为水雾化 CuSn10 青铜粉（松装密度 2.7 s/cm³）扫描电镜图。

图 3-6 气雾化 CuSn10 预合金
青铜粉扫描电镜图

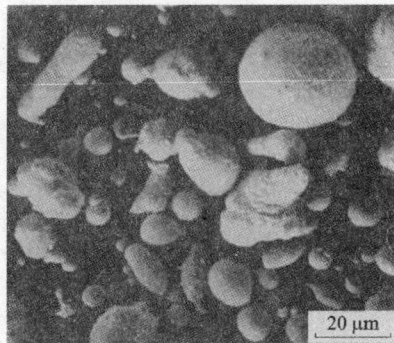

图 3-7 气雾化 CuSn10 预合金
青铜粉扫描电镜图

表 3-1 4 种类型过滤器的性能指标

球形粉颗粒尺寸		抗拉强度 /MPa	推荐的过滤器 最小厚度/mm	滤出颗粒最大 直径/μm	黏性透过系数 /m²
目数	粒度/μm				
20～30	850～600	20～22	3.2	50～250	2.5×10⁻⁴
30～40	600～425	25～28	2.4	25～50	1×10⁻⁴
40～60	425～250	33～35	1.6	12～25	2.7×10⁻⁵
80～120	180～125	33～35	1.6	2.5～12	9×10⁻⁶

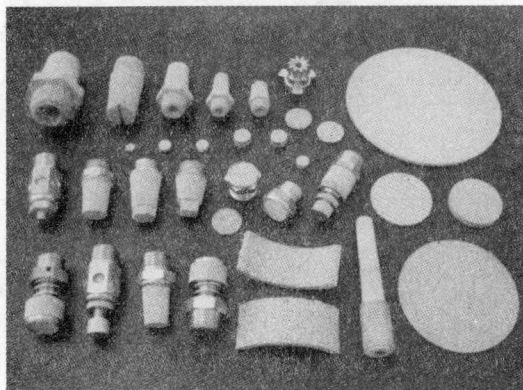

图 3-8 青铜粉末制造的过滤器

图 3-9 水雾化 CuSn10 青铜粉
(松装密度 2.7s/cm³) 的扫描电镜图

  663 青铜粉是指铜、锡、锌、铅含量分别为 85%、6%、6%、3%(均为质量分数)的铜合金粉末。663 青铜粉具有良好的耐磨性、冲击韧性和较高的强度,所以被广泛应用于铜基含油轴承、摩擦与减摩材料、双金属材料、密封材料、金刚石工具等。目前用于铜基含油轴承的 663 青铜粉主要用气雾化法生产,金刚石工具使用的 -200 目(≤75 μm), -300 目(≤48 μm)663 青铜粉主要用水雾化法生产。表 3-2 为采用不同雾化介质的 663 青铜粉的性能比较。

  663 青铜粉按照松装密度可分为两种。松装密度低于 3.5 g/cm³ 的称为低松装密度粉末,这种粉末具有较好的成形性,一般可用于含有轴承、金刚石工具等领域。松装密度高于

3.5 g/cm³ 的称为高松装密度粉末，这种粉末具有较好的压制性和流动性，一般用于自动化程度较高的双金属板、双金属衬套等行业。

表 3 - 2　采用不同雾化介质的 663 青铜粉性能比较

牌号	项　目	氮气雾化	空气雾化	水雾化	水雾化氧化
ZQS - 663	形状	球形	不规则	泪珠长条状	不规则
	含氧量/%	<0.08	0.3 ~ 0.45	0.15 ~ 0.25	0.2 ~ 0.3
	松装密度/(g·cm⁻³)	4.5 ~ 4.8	2.8 ~ 3.2	3.9 ~ 4.3	2.95 ~ 3.15
	颜色	紫铜带黄	古铜略灰黑	古铜色	古铜色

3.1.3　白铜粉末

在粉末冶金工业中一般只用一种锌白铜基合金粉，即 65% Cu - 18% Ni - 17% Zn。这种合金可添加铅来改善切削性。除熔化温度高于 1 093℃外，熔化时的要求与用于黄铜的要求相同。63% Cu - 18% Ni - 17% Zn - 2% Pb 合金粉的光学显微照片如图 3 - 10 所示。锌白铜合金粉的典型的性能列于表 3 - 3。

65 µm

图 3 - 10　空气雾化的锌白铜粉显微照片

表 3 - 3　典型的黄铜粉、青铜粉和锌白铜粉的性能

性　　能	黄铜[①]	青铜[①]	锌白铜[①②]
筛分析/%			
- 100 目	≤2.0	≤2.0	≤2.0
- 100 ~ + 200 目	15 ~ 35	15 ~ 35	15 ~ 35
- 200 ~ + 325 目	15 ~ 35	15 ~ 35	15 ~ 35
- 325 目	≤60	≤60	≤60
物理性能			
松装密度/(g·cm⁻³)	3.0 ~ 3.2	3.3 ~ 3.5	3.0 ~ 3.2
流动性/[s·(50g)⁻¹]	—	—	—
力学性能			
压缩性[③](在 414 MPa 下)/(g·cm⁻³)	7.6	7.4	7.6
生坯强度[③](在 414 MPa 下)/MPa	10 ~ 12	10 ~ 12	9.6 ~ 11

注：①公称目尺寸：黄铜—60 目；青铜—60 目；锌白铜 - 100 目；②不含铅；③加入硬脂酸锂做润滑剂的粉末压缩性和生坯强度的数据。

3.1.4　真空雾化法制备铜基合金粉末

由于钛、稀土等金属活性高，易于氧化，一般采用真空雾化法来制备相应的铜合金粉末。如 CuSn13Ti7、CuSn10Ti3、铜铝等，由于钛对金刚石有良好的浸润性，可以满足金刚石工具的需求。此类合金粉采用水雾化生产，由于在空气状态下熔炼，氧化严重，熔体损耗在 10% 以上，所以最好采用真空雾化，减少氧化，降低损耗。真空雾化法就是将合金在真空状态下，熔炼后喷射成小液滴而制得粉末的方法。图 3 – 11 所示的是真空气体雾化法的示意图。熔融材料被高压气体喷成小液滴，这些小液滴在碰到雾化室壁之前已凝固。雾化介质有氮气、氦气、氩气等惰性气体。在喷嘴处，流体的迅速膨胀可将熔体流线击碎，这是一种用于制取易氧化合金材料粉末的理想方法。设备由炉体、真空系统、线圈、倾转浇注机构、测温加料装置、喷粉机构、收粉罐、水冷系统、工作平台、中频可控硅电源、电控柜、离心除尘器、沉积器等组成。图 3 – 12 为真空气体雾化设备实物图。

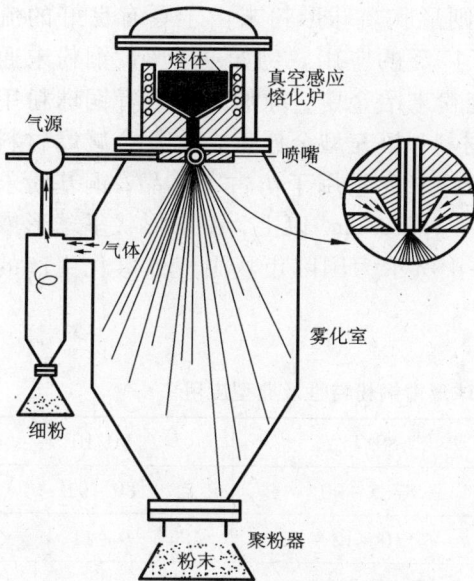

图 3 – 11　真空气体雾化法的示意图

图 3 – 12　真空气体雾化设备实物图

3.1.5　金刚石工具用胎体粉末

金刚石锯切工具以其优异的切割性能和磨损性能在石材、玻璃等许多工业中得到广泛应用。金刚石圆锯片是石材加工业的重要工具，主要由两部分组成：一是起切割作用的刀头；二是起载体作用的钢基体(通常为 65Mn 钢、45Mn2V 钢)。刀头是决定锯片质量优劣的关键部分，因而大部分研究都集中在提高刀头的质量上。金刚石工具常用的胎体材料有铜基、钴基、铁基和陶瓷基等。金刚石工具胎体根据配方的不同，提出了新的成分合金，如 Cu – Fe 合金、Cu – Fe – Sn – Zn 合金等。水雾化制取预合金粉末，因投资少、成本低、污染小、操作简单，在工业生产中占据越来越重要的地位。目前，水雾化 Cu20Fe80、Cu30Fe70、Cu40Fe60 应用较多。

水雾化制备 Cu - Fe 预合金粉末工艺中主要存在的问题是对氧含量和粒度的控制。由于铜铁形成微电池,在空气中容易氧化。熔炼、熔体雾化、脱水、分级等会使氧含量增加,所以氧含量最低在 $3\,000 \times 10^{-6}$,最高达到 $8\,000 \times 10^{-6}$。

在金刚石锯片中,金刚石铜基胎体的硬度较低,Cu 与金刚石的润湿性较差,金刚石的脱落度较大,致使金刚石的利用率较低。为了改善铜基胎体金刚石锯片的切割性能,在 Cu - Fe - Sn 胎体中加入稀土元素,有利于 Cu - Fe - Sn 胎体抗弯强度和硬度的提高。当铜基胎体中 Ce 的含量达到 1.5% 时抗弯强度达到最大值(477.65 MPa),硬度(HRB)也达到最大值 102;从显微分析发现,Ce 容易在金刚石与胎体界面处富聚,从而有利于提高胎体材料对金刚石的黏结强度。切割石材试验表明:在切割寿命相当的情况下,与未含稀土 Ce 元素刀头的金刚石锯片相比,金刚石脱落度降低 6.3%,金刚石锯片的切割速度分别由 3.06 m/min 和 3.5 m/min 提高到 3.9 m/min 和 4.05 m/min。

3.1.6 球形雾化铜及铜合金粉的应用与发展

雾化铜合金粉末根据形状可分为球形和不规则形状。球形粉末由于具有良好的流动性、高的松装密度、良好的后续加工性能,得到了广泛的应用。例如:球形黄铜粉末通过改性处理,可作为加工装饰材料的仿金粉;在传统粉末冶金中,球形紫铜或青铜球粉用于制造多孔元件(如:过滤器)、钢背青铜复合减摩材料、填充型金属聚合物复合减摩材料和有机黏合剂摩擦材料;含铜、锡、锌等金属元素的粉末大量用于仿古工艺品;铜基粉末用于基体表面喷涂或喷砂。这些粉末要求松装密度在 $4.5\ \text{g/cm}^3$ 以上,粉末形状呈球形或近球形,一般都是通过气雾化工艺来生产的。表 3 - 4 所示为国际市场上气体雾化生产的球形青铜粉特性及典型应用。

表 3 - 4　国际市场上气体雾化生产的球形青铜粉特性及典型应用

成分(Cu/Sn)/%	80/20	89/11	90/10
铜含量/%	78.0 ~ 81.5	87.5 ~ 90	89 ~ 91
锡含量/%	18.5 ~ 21.5	10 ~ 12	9 ~ 11
粒径/μm	45 ~ 1 180 μm		
松装密度/(g·cm⁻³)	4.50 ~ 5.50		
流动性/[s·(50g)⁻¹]	≤45		
典型应用	过滤器、冷铸造、聚四氟乙烯化合物、装饰表面、树脂摩擦材料、金刚石工具胎体、钢基轴承、金属喷涂		

众多文献研究表明,水雾化与气雾化制备合金粉末的方法,虽然制粉的原理相同,但制得的粉末的物理性能相差还是很大的,特别是形状。由于气体的热容量要比水小,所以采用气雾化时,合金受到的急冷度低,受到雾化介质冲击时,雾化成细小液滴的合金液不会马上凝固,这给了合金液滴在下落过程中收缩成球的时间,所以容易获得球形粉末。水雾化时情形正好相反,由于水的热容较大,其对雾化成细小合金液滴的激冷作用,几乎是在一瞬间,就凝固成了合金粉末,这使得那些表面张力较小的合金形成的合金粉末,呈不规则形状或类球形。

　　然而从单位合金粉末生产成本来比较，气雾化合金粉末一般要比水雾化的贵一些，气雾化生产成本相对水雾化成本较高。

　　通过调整优化雾化参数，如金属液流的温度 T、金属液流参数（如，直径 D、流量 Q、长度 L）、雾化水的喷射压力 p、雾化水喷射长度 E、喷射顶角 2α 及液滴的冷却速度 v、飞行路程 H 等来控制铜合金粉末的粒度和形状，采用水雾化也能制备球形的铜及铜合金粉末，可以代替成本较高的气雾化，满足市场对球形粉末应用的需要。

　　随着现代科学技术的发展，对粉末材料的品种、质量以及成本等方面的要求越来越高，金属粉末的制备朝着高纯、微细、成分和粒度可控以及低成本的方向发展。在近 20 年来，随着金属注射成形（metal injection molding，MIM）、热喷涂（thermal spraying，TS）、金属快速成形（metal rapid prototyping，MRP）、表面贴装（surface mounts technology，SMT）等电子、陶瓷、薄膜等高科技领域的应用技术的发展，需要平均粒度小于 20 μm 的球形铜粉；在某些领域中的应用需要粒度小于 10 μm 的球形粉。粉末的几何特性对于保证高质量产品的精确性和稳定性已经变得与材料本身的性能同等重要。例如，粉末的粒度及分布不仅影响金属注射成形部件的产量，还有助于保证注射成形过程的可靠性和稳定性。粉末粒度及其分布将显著影响黏度，从而影响黏接剂的使用、脱脂特性、坯件的收缩程度、烧结特性、最终密度和表面质量；为保证等离子喷涂和高速火焰喷涂的涂层质量，粉末的粒度分布要窄，以使得熔融的颗粒在到达基体时处于基本相同的状态，否则，太大的颗粒在达到基体时已处于固态，而太小的颗粒则早已蒸发。另外，球形粉末具有好的流动性，有利于热喷涂工艺的实施；快速成形技术视产品要求而对粉末有不同的粒度要求，比如对精度和表面质量要求高的场合要使用均匀粒度的粉末。

　　球形、微细、低氧含量的高性能合金粉末生产需要发展新的生产技术。国内外最新的技术主要有：高压气体雾化法、超声雾化法、层流雾化法、等离子体雾化法、离心雾化法等，我国这类技术主要以引进为主，并且这些技术的雾化装置相对复杂，成本较高，工业化生产受到一定的限制。

3.2　扩散法

3.2.1　概述

　　工业中用的铜合金粉末有一部分是通过扩散法来制备的，如高精度低噪音含油轴承用的 CuSn10、高档金刚石工具用的 CuSn10、CuSn15、CuSn20 及粉末冶金烧结钢用的渗铜粉等。众所周知，混合法制备的粉末由于原料的密度、粒度及形状差异，在成形或运输过程中不可避免的振动，导致粉末局部出现偏析现象，影响产品性能。雾化法制备的合金粉末硬度高、但成形性差。而扩散法能很好的避免前两种方法的不足，通过扩散可以得到、成分无偏析与形性好的部分合金化粉末。扩散法是把两种或两种以上成分的金属粉末根据一定比例混合均匀后，在还原气氛下烧结扩散，使几种金属发生合金化反应，从而形成一种成分均匀一致、无偏析的部分合金化粉末生产工艺。扩散法制取铜预合金粉末的生产工艺流程如图 3 - 13 所示。该方法工艺流程简单，成本低，所需的设备主要有混料机、扩散炉、破碎机、筛分机、合批机等。

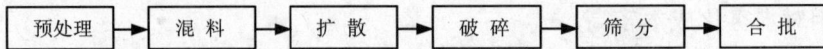

图 3 – 13 扩散法制取铜预合金粉末的生产工艺流程

理论上，根据合金粉末的使用要求，能发生固溶反应的金属元素都可通过扩散法来制备相应的合金化粉末。合金化程度跟粉末的成分、元素润湿性、熔点和粉末粒度等有关，一般润湿性越好、熔点分布范围越宽、粒度越细，越容易得到合金化程度高的粉末。对于具有一定固溶度的金属元素，如 Cu – Sn 粉末可根据需要直接进行扩散，以得到具有一定合金化程度的粉末。而对于相互之间并没有固溶度的金属元素，如 Cu – W – Pb 粉末，可采取化学 + 扩散组合方法，如先用 Cu 包覆 W，再进行扩散，也可得到具有一定合金化程度的粉末。目前工业常用的主要是铜基合金粉末，一般的金属成分为 Cu、Sn、Zn、Mn、Fe、P、Mo 等，最常用的是 Cu – Sn 系列和 Cn – Zn 系列等，比较有代表性的粉末有 CuSn10、CuSn20、渗铜粉及其他复合粉末，这些粉末主要应用于自润滑含油轴承、金刚石工具及烧结钢渗铜等领域，应用效果良好，用量越来越大。

扩散法制备粉末的合金化程度可根据扩散工艺进行调整，区别于雾化法制备完全合金化粉末，扩散法制备的粉末又叫做部分合金化粉末或预合金化粉末。

扩散法制备部分合金化粉末的优点：①合金粉末具有良好的压缩性；②生坯强度高；③减小合金元素的偏聚倾向和粉末混合料在运送过程中的扬尘；④合金化元素分布较均匀；⑤烧结性好；⑥性能稳定。

部分合金化铜合金粉末克服了预混合粉和完全合金化粉两者的局限性，将纯铜粉的易成形性和完全合金化粉的无偏聚性结合了起来，从而使用压制 – 烧结工艺可制造高强度、高韧性的粉末冶金零部件，是烧结铜基合金发展中的一项重要突破。

3.2.2 扩散机理

扩散法制备铜合金粉末是在一定烧结温度下使金属粉末发生固溶扩散，从而得到较为均匀一致的部分合金化粉末。由于高性能自润滑、低噪音含油轴承的需求，工业中对该轴承用扩散 CuSn10 粉末的研究较为成熟。下面以扩散 CuSn10 粉末为例介绍扩散法合金粉末的扩散机理。

部分合金化 CuSn10 粉末是铜粉与锡粉在高温下扩散形成的。Cu – Sn 体系在部分合金化过程中存在两种反应机制，即熔化—溶解—析出机制和扩散—固溶机制。当扩散温度低于锡熔点(231.9℃)时，部分合金化粉末的形成主要是扩散—固溶机制，如

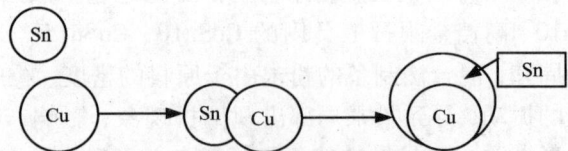

图 3 – 14 铜锡扩散—固溶机制

图 3 – 14 所示，在扩散驱动力的作用下，Cu、Sn 两种粉末颗粒向颗粒内部相互扩散，形成部分合金化粉末；当扩散温度高于锡熔点时，两种反应机制同时存在，但主要以熔化—溶解—析出机制进行，如图 3 – 15 所示。锡粉颗粒高温熔化后，在毛细管力的作用下，迅速流动，

填充粉末颗粒间的毛细管道。由于 Cu、Sn 具有良好的润湿性，使得液态锡在铜颗粒表面迅速铺展开来，包围铜粉颗粒。同时，铜向锡溶液扩散熔解，形成合金相。当合金相在锡溶液达到饱和后，以固相合金的形式在铜粉颗粒表面原位析出，并与铜粉紧密结合在一起，然后依靠扩散—固溶机制，锡元素继续向铜粉颗粒内部扩散，以提高合金化程度。

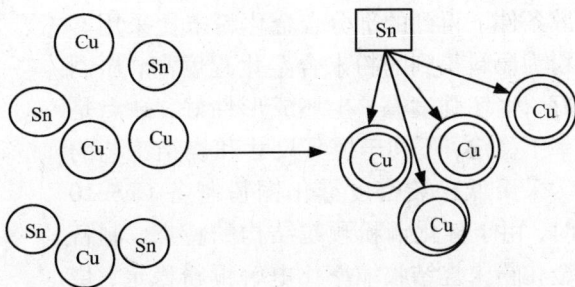

图 3-15　铜锡合金粉末的熔化—溶解—析出机制

扩散—固溶机制依靠表面扩散和体积扩散等方式进行，反应速度慢，短时间内难以获得部分合金化程度较高的粉末；扩散温度高于锡熔点时，主要反应机制为熔化—溶解—析出机制，可以在短时间内获得合金化程度较高的粉末。

不同扩散温度、扩散时间，粉末的合金化程度及粉末的相组成不同。温度越高，合金相组成越复杂，扩散时间越长，合金化程度越高。从图 3-3 所示的铜锡相图和铜锡部分合金化过程反应机制可知：制备 CuSn10 粉末过程中，锡粉在 232.9℃ 熔化，流散在铜粉颗粒空隙间。同时铜向锡的液相溶解，经过共晶反应，生成 η 相（锡含量约 60%）；继续升温，液相又不断溶解铜，达到 415℃，发生包晶反应，生成 ε 相（锡含量约占 38%），液相继续增加；升温过程中随着新相产生，铜仍可继续溶解。

当扩散温度低于 640℃ 时，铜锡固溶相达到饱和后，在铜粉颗粒表面析出，以扩散—固溶机制继续进行合金化过程。随着扩散时间不断增长，扩散粉形成合金相不断增多，当扩散时间超过 120 min 后，扩散粉合金化反应速度减缓。

当扩散温度高于 640℃ 时，铜锡合金发生再熔反应，ε 相转变为 γ 相，液相明显减少。铜在液态锡中溶解极为迅速，特别是铜粉很细时（$<15\ \mu m$），锡熔化几分钟后，就能达到饱和状态。随着温度升高，由于 γ 相的出现，液相很快的减少消失。但在液相减少消失之前，由于铜的溶解，扩散反应进行很快。

由此可知，扩散粉末的扩散机理跟粉末成分、元素润湿性、熔点和粉末粒度有关，不同合金粉末扩散机理不同，在研究制备新型扩散合金粉时，应根据合金粉的用途，结合相应相图，从以上几个方面综合考虑，从而进一步制定相关扩散工艺。

3.2.3　原料对扩散粉性能的影响

利用扩散法制备部分合金化粉末时，原料的选择、成分的设计、粒度的搭配等对扩散粉的合金化程度及应用性能有重要影响。在制备扩散粉时要从应用的角度综合考虑，以便得到理想性能的合金粉末。

在制备含油轴承用 CuSn10 粉末的过程中，要从含油轴承的成形性、收缩率、含油率、压溃强度等方面综合考虑，选用合适的原料。制备 CuSn10 时，原料铜粉可以采用电解铜粉或低松装密度雾化铜粉，锡粉的粒度一般要求较细。电解铜粉具有发达的树枝状结构，单个颗粒的比表面积大，在和锡粉扩散时，毛细通道发达，能使锡较好的填充颗粒空隙，并均匀的分布在铜粉颗粒表面，形成稳定的铜锡相。同样扩散条件下得到的部分合金化粉末比采用雾化铜粉为原料得到的粉末合金化程度高，压制性能好，生坯强度高，生坯成形性好，缺点是收缩率不稳定，不利于模具尺寸和烧结工艺的确定。采用低松装密度雾化铜粉制备 CuSn10 粉末时，由于雾化铜粉颗粒结构的特点，制备的合金化粉末烧结收缩率比电解铜粉稳定，烧结性能好，但是成形性差，在保证孔隙率的压制条件下，生坯脱模破损率高。图 3 - 16 和

图 3 - 16   以电解铜粉为原料制得的 CuSn10 形貌

图 3 - 17 所示为以雾化铜粉为原料制备 CuSn10 粉末 SEM 形貌照片。为了解决这一矛盾已开始以不同比例的电解铜粉和雾化铜粉为原料制备 CuSn10 粉末的研究，并取得一定进展。图 3 - 18 所示为同时以电解铜粉和雾化铜粉为原料制备的 CuSn10 粉末照片。如图 3 - 19 和图 3 - 20 所示，在相同的压制、烧结条件下，随着部分合金化 CuSn10 粉末中电解铜粉比例的增大，粉末树枝状形貌趋于发达，轴承的压溃强度明显增大，含油轴承的烧结收缩率呈增大趋势，收缩稳定性变差。

图 3 - 17   以雾化铜粉为原料制得 CuSn10 形貌

图 3 - 18   以电解铜粉和雾化铜粉为原料制得 CuSn10 的形貌

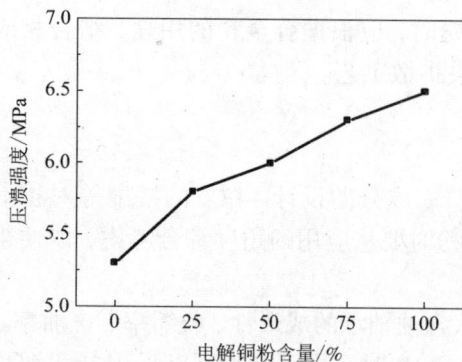

图 3 - 19   电解铜粉含量对含油轴承压溃强度的影响

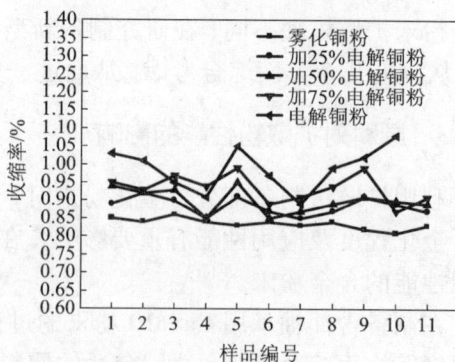

图 3 - 20   含油轴承收缩率

　　同样，在制备粉末冶金烧结钢用高性能渗铜粉的过程中，要求烧结钢渗铜后表面无残留、无腐蚀现象，且能显著提高烧结钢力学性能。因此渗铜粉原料添加方式及原料的比例对渗铜粉的应用性能有重要影响。一般采用铜粉和铁粉为主要原料制备渗铜粉，往往还添加Mn、Zn、Sn 等元素，成分及含量对渗铜粉性能有很大影响。以 Fe 元素为例，若渗铜粉中铁含量较大，会在材料表面形成难以去除的残留物，如图 3 - 21，影响熔渗效果，若渗铜粉中铁含量较少，由铁铜相图可知（图 3 - 22），在 1 120℃时，铁在铜中有一定固溶度（3.8% ~ 4.0%），局部范围内铜富集，没有足量的铁使之与铜饱和并形成铜铁合金相，此时，熔融铜会渗入基体孔隙中时，在一个局部范围内，铜液与周围基体中的铁发生反应，导致基体上原来位置的铁熔入铜液中，并与铜形成合金，在铁颗粒原来位置上形成空位，会在零部件表面形成了沟壑状的腐蚀裂纹或孔洞等缺陷，如图 3 - 21 所示。

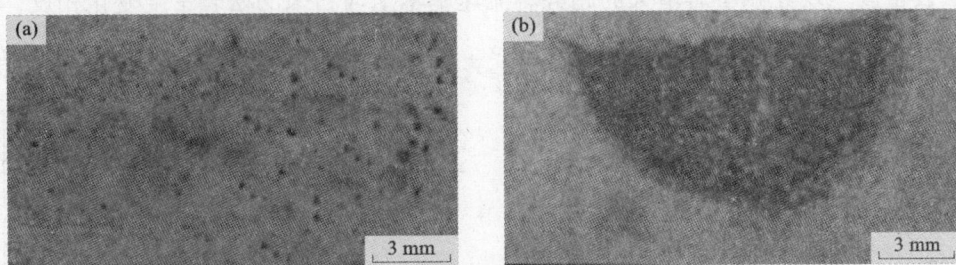

图 3 - 21　残留形貌(a)和腐蚀(b)

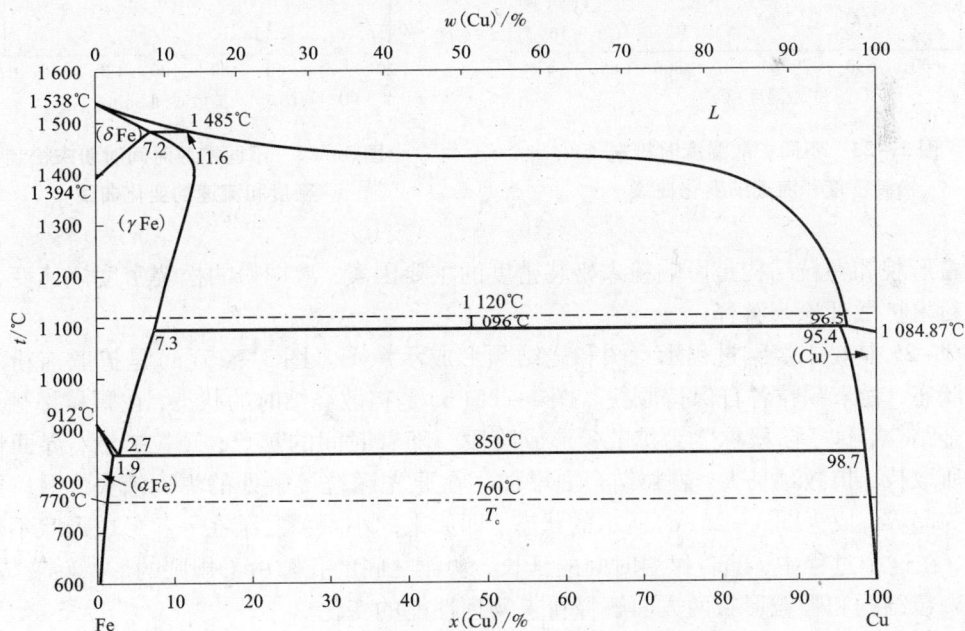

图 3 - 22　铁铜相图

　　因此，利用扩散法制备铜合金粉末时，原料的添加方式（比如以单质形式或者合金形式加入）、原料的成分及含量、粒度差异等对合金粉末的影响较大，应从使用角度综合考虑，以得到性能优异的部分合金化粉末。

3.2.4 扩散工艺对扩散粉物理性能的影响

粉末松装密度是粉末在规定条件下自然填充容器时单位体积内的粉末质量，是粉末的自然堆积的密度，它取决于颗粒形貌、颗粒间的黏附力、相对滑动的阻力以及粉末体孔隙被小颗粒填充的程度。流速等于 50 g 粉末从霍尔流量计自然流下所需的时间，一般松装密度越小流动性越差。

粉末的松装密度、流动性是粉末粒度分布、粉末表面状态的函数。而粒度分布、粉末表面状态与扩散温度、扩散时间有很大的关系。以雾化铜粉为原料制备的渗铜粉为例，图 3 - 23、图 3 - 24 分别为不同扩散温度和不同扩散时间得到的渗铜粉末松装密度和流速的变化曲线。预混合粉末在氢气还原炉内进行扩散处理，随着扩散温度的提高，扩散时间的延长，其松装密度呈现先减小后增大的趋势。流速基本上与粉末的松装密度变化相反，在松装密度最小时流动性最差。

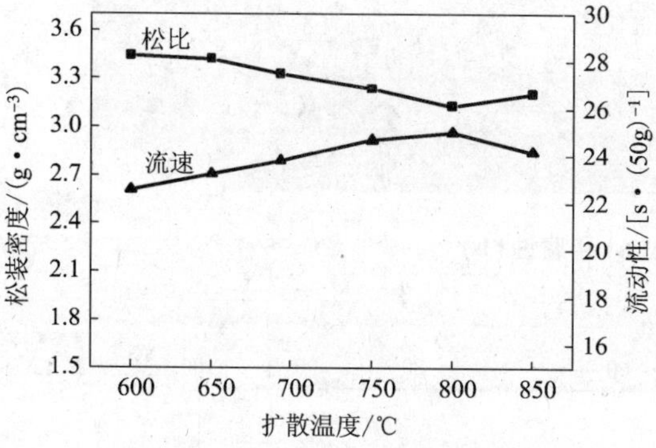

图 3 - 23 不同扩散温度时粉末
松装密度和流速的变化曲线

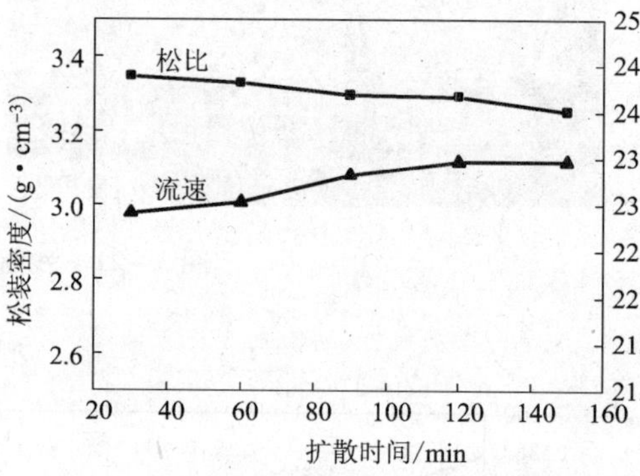

图 3 - 24 不同扩散时间时粉末松装
密度和流速的变化曲线

颗粒形貌和颗粒结构是影响粉末松装密度的主要因素，渗铜粉的松装密度流速变化规律可通过粉末扩散理论来解释。

图 3 - 25 是粉末烧结过程示意图和烧结颈形成示意图。图 3 - 25(a)是扩散前粉末的自然接触状态，粉末颗粒各自保持原貌。图 3 - 25(b)是扩散烧结时的状态，在颗粒接触点开始形成冶金结合，这一阶段称之为扩散颈形成阶段。随着时间的延长，颗粒扩散，界面慢慢地为晶界所取代，扩散颈长大，颗粒结合面增加。在原先颗粒接触处的界面消失，颗粒界面最后转变为晶界，成为图 3 - 25(c)所示的状态，即原来的小颗粒黏结在一起形成形状不规则的大颗粒，在这个过程中，随着保温时间的延长，颗粒之间的孔隙由不规则的形状转变成球形。下面从颗粒结构和颗粒形貌两方面解释粉末物理性能的变化。

图 3 - 26 是不同扩散温度渗铜粉末金相照片，低温扩散时，由于驱动力较小，颗粒接触处形成的烧结颈比较小，粉末间结合力小，如图 3 - 26(a)所示，粉末容易破碎，雾化铜粉颗粒保持原貌，颗粒形貌起主要作用，松装密度较大。但随着温度的升高，时间延长，如图 3 - 26(b)、(c)所示，烧结颈同比增长较大，接触处变得越来越平滑，在足够高的扩散驱动力下相邻几个颗粒会紧密结合成一个形状不规则的大颗粒，通过破碎也不容易打断。这种

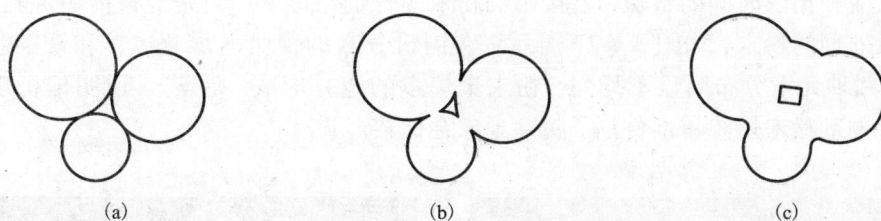

图 3 - 25　扩散过程示意图

(a)扩散前颗粒接触状态；(b)颗粒之间的扩散；(c)扩散后颗粒的结合及孔隙球化状态

结构不规则的大颗粒，相互搭桥，颗粒间摩擦力大，从而使松装密度降低。在这个过程中，这种颗粒结构的变化是影响松装密度的关键。随着扩散温度的进一步升高，时间进一步延长，如图 3 - 26(d)所示，粉末表面发生球化，形貌变得规则，粉末搭桥少，粉体中孔隙少，松装密度增大，流动性变好。这个过程颗粒形貌对松装密度的影响起主要作用。可以设想，若温度达到合金熔点，粉末熔化形成致密体，会基本达到致密体密度。

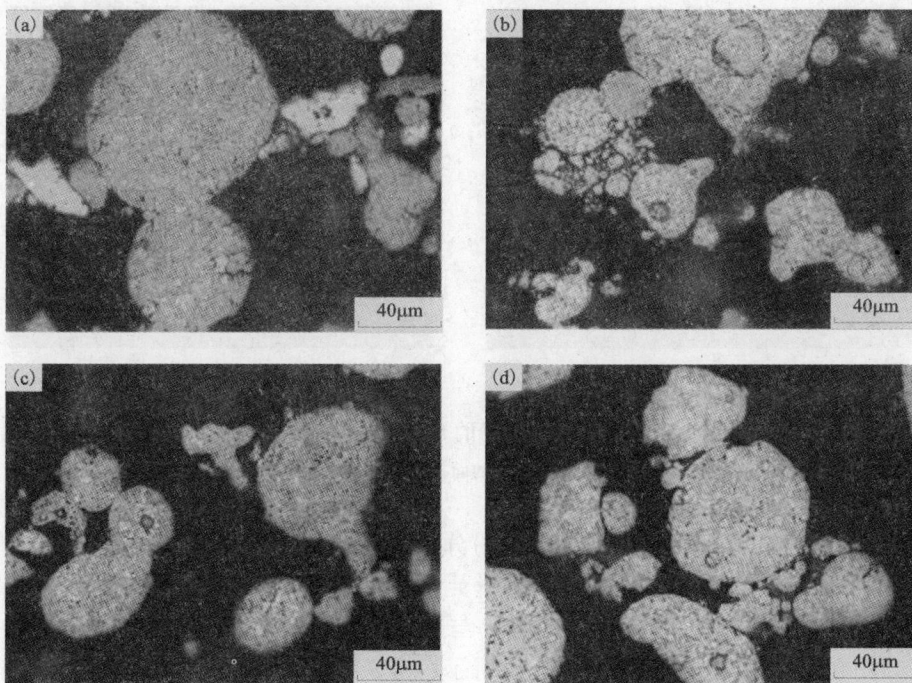

图 3 - 26　不同扩散温度渗铜粉末的金相照片(扩散时间 70 min)

(a)600℃；(b)700℃；(c)800℃；(d)850℃

3.2.5　扩散工艺对扩散粉合金化程度的影响

在用扩散法制备渗铜粉的过程中，混料工艺对粉末混合是否均匀至关重要，但是混料后的扩散过程是使各成分扩散分布均匀并防止偏析的更为关键的步骤。而扩散工艺中扩散温度和扩散时间两个参数是决定粉末各成分是否均匀分布的主要因素。

扩散温度和扩散时间的长短，直接影响粉末的合金化程度。只是经过简单混料机混合而未经过扩散处理的粉末，如图 3 - 27 所示，在铜粉分布的视野区域里，锌和铁［见图 3 - 28 （c）、（d）］两种元素分布明显不均匀，粉末聚集多的地方形成"亮点"，说明偏析现象严重。用这样的渗铜剂粉末熔渗零部件后，腐蚀现象会比较严重。

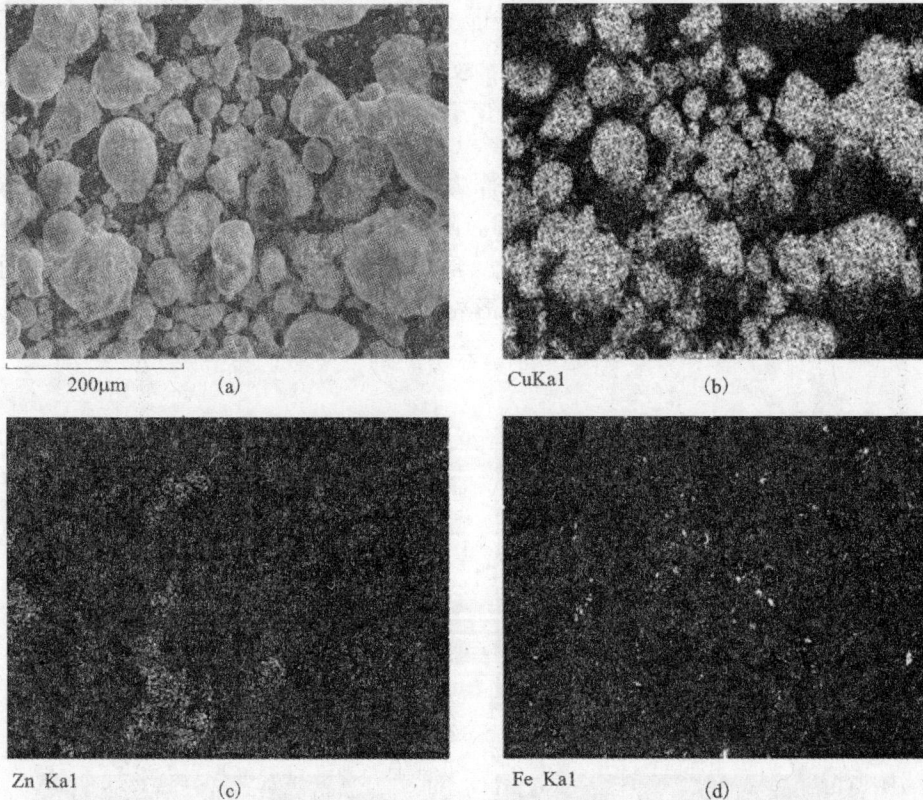

图 3 - 27　预混合渗铜粉的 SEM 形貌及面扫描照片
（a）预混合渗铜粉及 SEM 形貌；（b）铜的面扫描；（c）锌的面扫描；（d）铁的面扫描

经过低温扩散处理后的合金粉末，在铜粉分布的区域里，锌和铁两种元素的分布均匀性提高，偏析现象有所减轻，和铁元素相比，锌元素的偏析程度降低较大，这是因为锌的熔点比较低，在低温扩散时比铁的活性高，更容易与铜发生冶金反应形成预合金。

随着扩散温度进一步提高，如图 3 - 28 所示，粉末的偏析现象已经大大降低，锌元素的分布基本均匀［见图 3 - 29（c）］，没有明显的成分聚集，即突出的"亮点"。图 3 - 28（d）中反应铁元素分布的"亮点"较预混合的粉末大大减少，成分更加均匀，基本无偏析。经过扩散处理的粉末比未扩散处理的粉末成分分布均匀，经过高温扩散的粉末比低温扩散的粉末成分均匀。扩散时间对粉末扩散程度的影响和扩散温度对粉末扩散程度的影响规律类似，扩散时间越长，粉末各成分分布越均匀。

一般来讲，粉末扩散需超过一定温度，保持一定时间，扩散反应才能充分进行，且扩散温度越高，扩散时间越长，粉末扩散反应越充分，各成分分布越均匀，偏析程度越小，部分合金化粉末的性能越好。

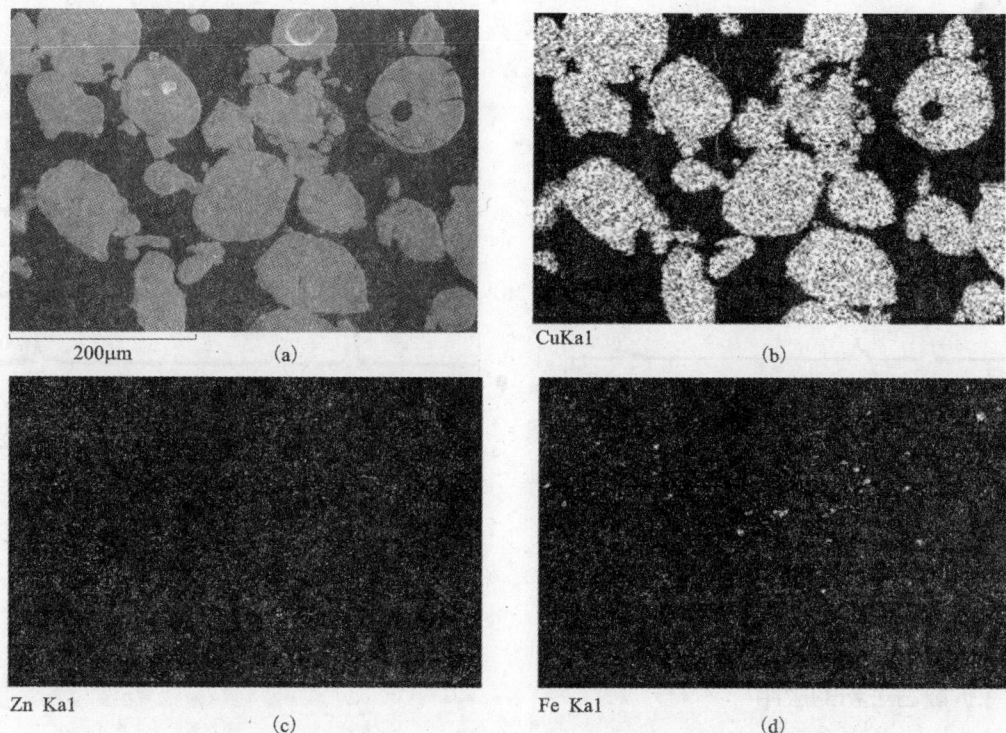

图 3 - 28　850℃预合金化渗铜粉的 SEM 形貌及面扫描照片

(a)预合金化渗铜粉的 SEM 形貌；(b)铜的面扫描；(c)锌的面扫描；(d)铁的面扫描

3.2.6　扩散工艺对扩散粉末合金相的影响

以扩散 CuSn10 粉为例，扩散温度和扩散时间对铜锡相的影响较大，如图 3 - 29 和图 3 - 30 所示。当扩散温度为 550℃时如图 3 - 30 所示，部分合金化 CuSn10 粉末中主要存在相为单质铜相和 Cu10Sn3 合金相。随着扩散时间的增长，部分合金化 CuSn10 粉末中铜锡固溶相增多，单质铜减少。当扩散温度为 700℃时(见图 3 - 31)，部分合金化 CuSn10 粉末中存在多种相。主要两种相为单质铜相和 Cu10Sn3 固熔相，随扩散时间增长，固溶相增多，单质铜相减少。

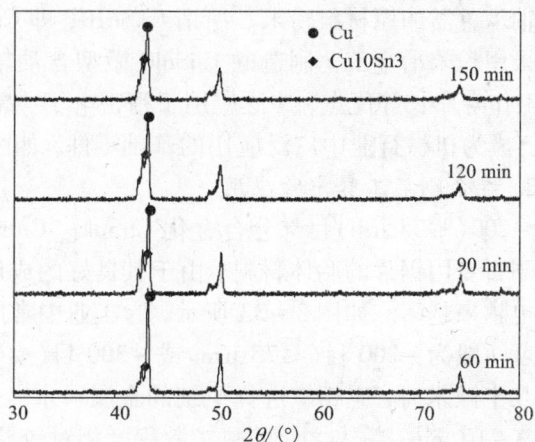

图 3 - 29　550℃时 CuSn10 相分析

扩散时间相同时，如图 3 - 31 所示，部分合金化 CuSn10 粉末合金化程度随着扩散温度升高而增大，合金相增多。当扩散温度为

700℃时，合金相达到最多。随着温度升高，部分合金化 CuSn10 粉末产生新的合金相。Cu10Sn3 相随着温度升高而增多，单质铜相减少。

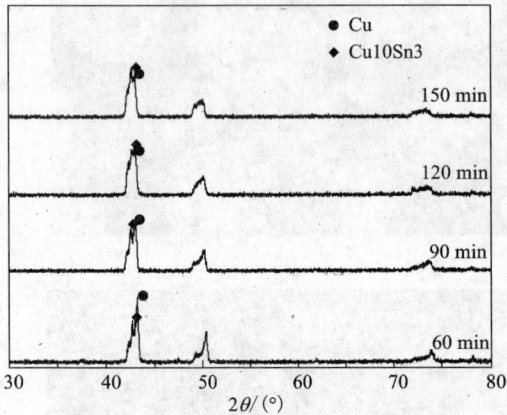

图 3 - 30　700℃时 CuSn10 粉末相分析

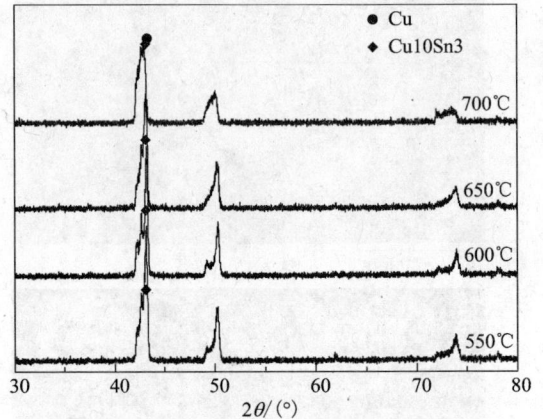

图 3 - 31　扩散温度（扩散时间 150 min）
不同 CuSn10 粉末相分析

3.2.7　扩散合金粉的应用

随着粉末冶金技术的发展，扩散铜基合金粉末作为一种不可或缺的基础材料也越来越多地应用到电工电子、机械、汽车及建筑等领域。

目前工业中应用较多的扩散铜基合金粉末主要有 CuSn10、CuSn15、CuSn20 及渗铜粉等。主要应用在含油轴承、金刚石工具、烧结钢渗铜等领域。

1. 在含油轴承中的应用

－100 目（≤150 μm）部分合金化 CuSn10 扩散粉末是国内生产微型高精度低噪音自润滑含油轴承急需的原材料粉末。所谓 CuSn10，即 Cu 含量 89% ~91%，Sn 含量为 9% ~11%。

采用粉末冶金工艺制造的 CuSn10 微型含油轴承具有耐腐蚀性强、机械强度高、导热率高、工作寿命长等优点，广泛应用于精密电子、高档家用电器、通讯设施、汽车和 IT 等领域中，已成为机械行业中广泛应用的基础零件，如图 3 - 32 所示。

2. 在金刚石工具中的应用

－200（≤75 μm）目部分合金化 CuSn10、CuSn15、CuSn20 粉末是较为理想的用来生产高档金刚石专用锯片的胎体材料，由于其良好的成形性及对金刚石颗粒的把持性，在工业中的应用也越来越多。如图 3 - 33 所示，为工业中常用的高档金刚石锯片。金刚石工具胎体粉末的粒度一般为 －200 目（≤75 μm）或 －300 目（≤48 μm），对于超细金刚石工具，如金刚石粒度为几十微米时，应相应选择更细的金属粉末。热压方法制造金刚石工具保温时间很短，一般为 3 ~10 min，粉末之间的热扩散程度相对较差，一般均未能达到完全合金化，采用扩散部分合金化粉末，可使胎体性能明显提高，如表 3 - 4 所示。

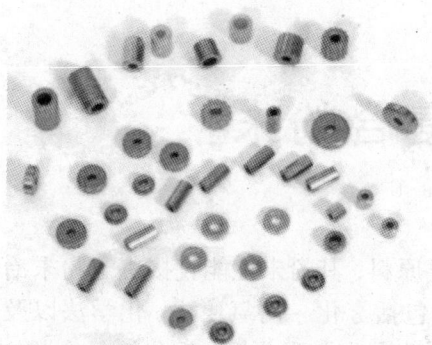

图 3 – 32　低噪音自润滑含油轴承

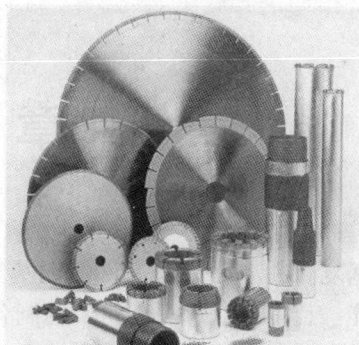

图 3 – 33　高档金刚石锯片

表 3 – 4　热压温度 950℃时预合金化粉末与预混合金属粉末对胎体性能的影响

胎体粉末成分	粉末处理	抗拉强度/MPa
Cu – 10% Sn – 3% Mn	预合金化	94
Cu – 10% Sn – 3% Mn	预混合粉末	58

3. 在烧结钢渗铜中的应用

众所周知,粉末冶金方法制备的烧结钢零部件不可避免地存在一些孔隙,存在密度低、强度低等缺点,渗铜是一种有效解决这一问题的方法。如图 3 – 34 所示,随着渗铜量的增加,密度和强度也相应增加。渗铜粉的主要成分是 Cu,其中含有 Zn、Mn、Fe、P 等成分,也是将铜粉和其他粉末混合,通过扩散方法制备的。渗铜粉主要用来对粉末冶金烧结钢零部件进行渗铜处理,以提高零部件的密度、强度、冲击韧性等力学性能,改善零部件的导电导热性、可切削加工性等等。渗铜是粉末冶金行业中一种非常重要的提高零部件性能、成本较低的方法。烧结钢渗铜后的一般性能如表 3 – 5 所示,需要渗铜的铁基结构零件典型的应用实例有齿轮、自动变速器零件、阀座圈、汽车门枢等,如图 3 – 35 所示。

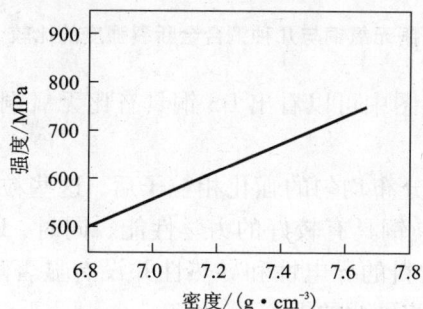

图 3 – 34　烧结钢零部件密度

图 3 – 35　烧结钢零部件

表 3 – 5　烧结钢零部件一般渗铜指标

渗铜烧结钢	渗前密度/(g·cm^{-3})	渗后密度/(g·cm^{-3})	渗铜量	渗铜后抗拉强度/MPa
力学性能	6.6 ~ 6.8	7.2 以上	10% ~ 25%	483 ~ 620

第4章　铜基复合粉末

　　铜基复合粉末是制备高性能铜基复合材料的主要原料，其粉末性能直接决定粉末冶金制品的性能。目前，铜基复合粉末的制备方法比较多，包括雾化－内氧化法、化学法以及其他物理化学方法。综合起来说，在工业生产中取得应用的有弥散强化铜、铜包铁复合粉末、银包铜复合粉末、铜包石墨粉末等。

4.1　弥散强化铜用复合粉末

　　弥散强化铜是将超细弥散相加入到铜基体中，从而起到强化作用的铜基复合材料，简称 DS 铜。20 世纪前半叶，ThO_2弥散钨以及烧结铝（Al + Al_2O_3）的发明，使人们开始对弥散强化材料进行研究，并且逐渐扩展到铜、镍等材料的弥散强化。1973 年美国 Scovil Copper Metal 公司以氧化剂为氧源，与低铝铜合金粉末混合、进行内氧化处理生产弥散强化铜，DS 铜开始进入工业生产实用阶段。图 4－1 是弥散强化铜无氧

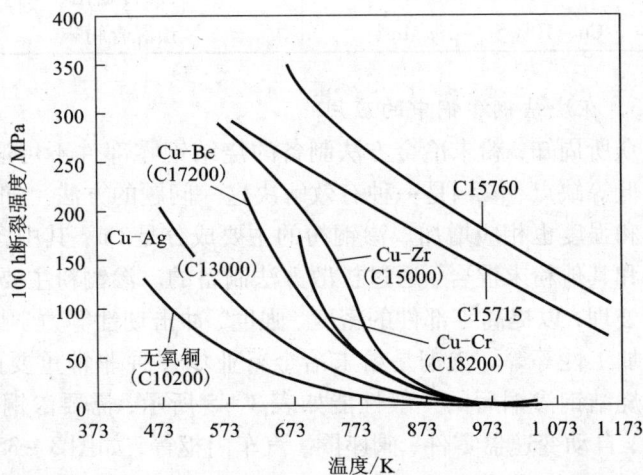

图 4－1　弥散强化铜无氧铜与几种铜合金断裂强度的比较

铜与几种铜合金与氧化铝弥散强化铜性能的比较。从图中可以看出 DS 铜具有比无氧铜和其他铜合金更加优异的高温力学性能。

　　弥散强化铜的原理是，铜基体中添加颗粒细小、分布均匀的强化相粒子后，这些粒子阻碍位错运动、提高材料的屈服强度，从而使 DS 铜比纯铜具有较好的力学性能。同时，DS 铜在高温下长时间工作仍能够保持较高的强度，并且材料的导电性和导热性并没有显著降低。以上特性使 DS 铜的性能明显优于一般固溶强化或沉淀硬化的铜合金。

　　各种弥散强化铜中的弥散相以金属氧化物为主，以氧化物为弥散相的弥散强化铜称为 ODS 铜，其中又以 Al_2O_3 作为弥散相的制备工艺最为广泛。常用的氧化铝弥散强化铜的牌号及化学成分如表 4－1 所示。

　　ODS 铜原料粉末的制备方法可以简单地用金属粉末和氧化物粉末机械混合方法制取，也可以采用机械合金化、共沉淀和内氧化等工艺制备。混合法是铜粉和氧化物粒子进行单纯混合，所得的弥散强化铜性能受铜粉和氧化物粒子粒径的影响较大。机械合金化法是将氧

表 4 - 1　美国 DS 铜的牌号和化学成分

牌号	$Cu^①$ 不小于	$Al^②$	Fe 不大于	Pb 不大于	$O^③$
C15710	99.71	0.08 ~ 0.12	0.01	0.01	0.07 ~ 0.15
C15715	99.62	0.13 ~ 0.17	0.01	0.01	0.12 ~ 0.19
C15720	99.52	0.18 ~ 0.22	0.01	0.01	0.16 ~ 0.24
C15725	99.43	0.23 ~ 0.27	0.01	0.01	0.20 ~ 0.28
C15735	99.24	0.33 ~ 0.37	0.01	0.01	0.29 ~ 0.37
C15760	98.77	0.58 ~ 0.62	0.01	0.01	0.52 ~ 0.59

注：①包括银在内；②所有铝均以 Al_2O_3 形式存在；③有 0.04 的氧以微量溶于铜中或以 Cu_2O 的形式存在。

化铝和铜进行高能球磨，使氧化铝粒子细化并进入铜基体中，从而得到弥散强化铜基复合粉末。共沉淀法是在铜、铝和钇的硝酸盐水溶液中加入氨水产生共沉淀，经还原得到 Cu 和 Al_2O_3、Y_2O_3 的复合粉末。内氧化法是将 Cu 和比 Cu 更易氧化的元素如 Al、Si 等通过雾化法制成粉末，然后使氧通过扩散从粉末表面到内部氧化 Al、Si 等元素。其中弥散相的弥散程度和制造成本随着制备工艺有较大差别。采用内氧化法制备的 ODS 铜，其氧化物颗粒最小，弥散相分布最均匀、性能较优，并且已实现规模化生产。由于内氧化法制备的 Cu - Al_2O_3 粉末溶质原子有向外扩散的趋势，在粉末颗粒表面上氧化物粒子易于集中析出，因此粉末固结成形较为困难，粉末之间难于烧结，主要是靠热挤压等热加工方法进行固结成形。内氧化法制备弥散铜的工艺流程如图 4 - 2 所示。以下介绍 ODS 铜粉末的主要制备方法。

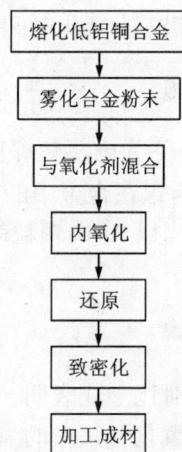

图 4 - 2　工艺流程

4.1.1　内氧化法制备 ODS 铜粉末

ODS 铜用铜铝合金粉末的制备方法主要是雾化法，包括气雾化和水雾化法。铜铝合金粉末的铝含量通常为 0.1% ~ 1.0%（质量分数）。

气雾化和水雾化设备已经在第 2 章详细阐述，此处只对制备工艺进行阐述。

内氧化法制备氧化铝弥散铜以气雾化为主。气雾化制取铜铝合金粉末，一般保持铜铝合金液态过热 100 ~ 150℃，然后注入预热到 600℃的中间包中，金属液流直径控制在 4 ~ 6 mm，空气压力为 0.5 ~ 0.7 MPa，可以采用环孔或环缝喷嘴。空气雾化后的铜铝合金粉末，表面少量氧化，可以在 300 ~ 600℃下进行还原处理。为降低铜合金表面的氧化和铝的烧损，可以采用氮气雾化的方法生产合金粉末。但该氮气雾化法的生产成本相对较高。此外，氮气雾化使粉末颗粒的冷却速度减小，而铜铝熔滴中铝倾向于向液滴表面聚集，以降低液体的表面张力。因此，其颗粒表面会出现不同程度的铝偏析现象。铝的这种非均匀分布将加剧铝氧化物弥散微粒的非均匀分布，不利于弥散铜力学性能的提高。

应用水雾化法制备的铜铝合金粉末，熔滴的冷却速度很大，可以得到铜铝分布均匀的合金粉末，但该方法制备的粉末球形度不高。

1. 内氧化

(1)内氧化过程中的热力学

内氧化过程中的主要化学反应有

$$2CuO \rightleftharpoons Cu_2O + 1/2O_2$$

$$Cu_2O \rightleftharpoons 2Cu + 1/2O_2$$

$$2Al + 3/2O_2 \rightleftharpoons Al_2O_3$$

在内氧化过程中，为使 Al 氧化成 Al_2O_3，而防止 Cu 的氧化。根据热力学计算，可以得到气氛中氧分压（Pa）应保持的范围

$$10^{-58\,345/T + 15.91} < p_{O_2} < 10^{-17\,611/T + 12.91}$$

(2)内氧化过程中的动力学

内氧化存在两个过程：①氧由颗粒表面向颗粒内部扩散；②Al 由颗粒内部向颗粒表面扩散。

当以氧向颗粒内部扩散为主，而 Al 不向外扩散时，合金颗粒内部发生原位氧化反应生成氧化铝，内氧化时间与内氧化深度的关系式如下

$$\xi = \left(\frac{4}{3} D_0 \frac{N_O^{(S)}}{N_{Al}^{(0)}} t \right)^{1/2}$$

式中：ξ 为内氧化深度；D_0 为氧在金属铜中的扩散系数；$N_O^{(S)}$ 为氧在 CuAl 合金表面的浓度；$N_{Al}^{(0)}$ 为铝在合金中的初始浓度。上式表明内氧化深度与内氧化时间的平方根成正比。

当以 Al 向颗粒表面扩散（D_{Al}）为主要控制因素时，内氧化深度与内氧化时间的关系可简化如下

$$\xi = \frac{2\pi^{1/2} N_O^{(S)} D_0}{3 N_{Al}^{(0)} D_{Al}^{1/2}} t^{1/2}$$

对比上式表明，当 Al 扩散为内氧化反应控制因素时，容易造成外氧化的发生，应通过降低内氧化气氛中的氧分压来尽量避免内氧化向外氧化的转化。

(3)内氧化过程中 Al_2O_3 的形核、长大和粗化

Al_2O_3 弥散强化铜的性能与氧化铝在铜中的形态、分布的均匀性有密切关系。内氧化过程中 Al_2O_3 的形核、长大和粗化过程直接决定着 Al_2O_3 在铜中的状态，从而对最终弥散强化铜的性能影响较大。

在内氧化过程中，Al_2O_3 的形核、长大和粗化同时存在。当内氧化前沿通过时，内氧化物形核。一般地，形核粒子长大的时间越长颗粒越大，初始形核的质点数量越多颗粒越小。当相邻点又出现形核质点，并使溶质耗尽为止时，内氧化前继续向纵深发展。而随后颗粒发生粗化，即在弯曲界面驱动下，小质点溶解，大质点长大。因此，有利于提高形核率的因素会降低颗粒尺寸、有利于提高长大速率的因素会增加颗粒尺寸。

温度对 Al_2O_3 的形核、长大和粗化的影响较为复杂。一般情况下，温度对粒子长大速率的影响高于对形核率的影响。由于温度升高，溶质与氧的反应速率加大，粒子长大速率快，最终尺寸较大。

内氧化通常在保护气氛电阻炉中进行。内氧化温度通常在850～1 050℃之间，内氧化时间控制在 4～12 h 内。根据氧源的不同，内氧化的方法可以大致分为以下几种。

①Cu_2O 粉末分解内氧化。Cu_2O 粉末供氧内氧化法的原理是利用 Cu_2O 在高温下分解产生的氧向粉末颗粒中扩散使铜铝合金中的 Al 氧化成 Al_2O_3。其具体制备工艺是将一定比例的 Cu_2O 与铜铝合金粉末混合装在密闭容器中，然后加热到一定温度，Cu_2O 分解并释放活性

氧。内氧化过程中，Cu_2O 分解产生的氧分压与温度具有对应关系，从而可最大限度地发挥内氧化供氧能力，缩短实现内氧化所需的时间。该方法的缺点是需要密闭容器，为工业化大批量生产带来困难。

②氮氧混合气体内氧化。该方法的关键是控制氧分压，由于超低氧分压的精确控制较为困难。因此一般情况下，为防止铜的氧化，实际介质氧分压小于氧分压的上限值。在内氧化过程中，N_2 浓度高，占据了大量的吸附位置，因此内氧化的速度较慢。

③高纯氮气氛围下 Cu_2O 粉末内氧化。该方法实际上是以上两种方法的综合，利用高纯氮气起到隔离、密封的作用。

④工业氮气内氧化法。工业氮气中含有少量的氧气，但是相对于铜内氧化工艺，其中氧分压仍然较高，在操作过程中容易发生过氧化，需要增加后续的还原时间。

2. 还原

内氧化后的粉末，破碎后在高纯氢气或分解氨气氛中进行还原处理。通常还原温度控制在 400 ~ 600℃，还原时间以装炉量而定。

内氧化和还原阶段对于材料的力学性能和电导率起决定性作用。导入的氧量不足，将导致未被氧化的铝和其他杂质与铜形成固溶体，材料的电导率就会显著下降。要使材料得到较好的电导率，必须将铜固溶体中的杂质含量降至最低限度。如果氧太多，就会导致生成 Cu_2O 残留而降低材料的电导率和伸长率。

4.1.2　金属醇盐法制备 ODS 铜粉末

为了克服内氧化法制备弥散强化铜粉末烧结相对困难的问题，近年来文献报道了一种新的弥散强化铜的制备方法，即采用金属醇盐（如铝醇盐）溶解在溶液中并和电解铜粉混合，干燥后在氢气中进行热处理，生成表面附着几十纳米氧化铝粒子的 $Cu - Al_2O_3$ 粉末，通过烧结和冷锻得到弥散强化铜。采用这种制备工艺，铜粉的粒径对弥散铜的硬度具有较大影响。铜粉粒径愈小，则合金退火后的硬度愈高。当铜粉原料粒径小于 1 μm 时，其弥散铜可以达到与内氧化法相同的基体强度。

为进一步提高金属醇盐法制备的复合粉末中的 Al_2O_3 在铜中的均匀分布，可将干燥和热处理后的粉末进行机械合金化处理。经过机械合金化处理后的复合粉末，具有良好的烧结性能。机械合金化过程可以在空气气氛和保护气氛（如 Ar 气）下进行。空气气氛下处理的复合粉末，其弥散相和铜基体的润湿性优于 Ar 气气氛下处理的复合粉末，其烧结性能也优于后者。此外，机械合金化制备的 Al_2O_3 弥散强化 Cu 的另一个优点是，其延伸率较内氧化法制备的弥散强化铜有较大提高。图 4 - 3 为机械合金化法与内氧化法制备弥散铜的各种性能比较。可以看出，采用机械合金化法在一定条件下制备的弥散铜的延伸率、抗拉强度以及硬度等性能超过了内氧化法制备的弥散铜。

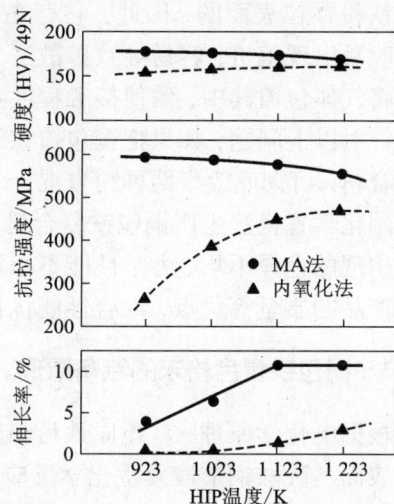

图 4 - 3　采用机械合金化方法制备的 $Cu - Al_2O_3$ 粉末经热静压后的材料性能

4.1.3 弥散强化铜的应用

弥散强化铜具有高的导电、导热性能，优良的抗腐蚀性能以及良好的高温强度，使其在高温环境中具有优良的电流承载能力和散热能力。其主要的应用有以下几方面。

电阻焊电极：弥散强化铜电极主要用于汽车等工业中电阻焊接的电极，其使用性能优于 Cu – Cr、Cu – Cr – Zr 和 Cu – Zr 电极，并且在焊接镀锌钢板时避免产生严重的黏连问题。弥散强化铜电极的使用使焊接时不必经常增大电流，从而大大节约电能，同时还可以减少因停机更换电极的时间，提高电极的可靠性和工作效率。

引线：作为白炽灯引线的弥散强化铜，其高温强度保持能力便于玻璃芯柱的压制，同时引线不会过分软化，因此可以替代钼丝引线。同时高温下弥散强化铜的刚性减少较小，因此可以将引线直径减小，节约材料，并且也可以减小热损失，从而可以提高白炽灯的发光效率。

整流子：利用弥散强化铜的高强度，减小高旋转速度相关的高变形应力，用于直升机起动机马达的整流子。

继电器和触头支座：弥散强化铜可以替代磷青铜和铍铜合金用于继电器刀闸和触头支座上。

4.2 铜包铁复合粉末

4.2.1 铜包铁复合粉末产品的发展

在粉末冶金制品中，铁粉和铜粉是用量最大的两种粉末。传统粉末冶金零件制备常常将铜粉、铁粉混合使用，两者混合不均匀往往成为影响零件质量和性能的关键因素。另外一种铜铁复合粉的生产方法采用的是扩散法，它是把铜粉和还原铁粉按一定的比例混合均匀，然后加热到一定的温度，使铜粉包覆在铁粉颗粒表面，由于该方法是一种以物理的方式把铜包覆在铁粉颗粒表面的，因此，它存在如下的不足：①由于铜粉和铁粉的松装密度存在差异，混合时易出现偏析，容易导致扩散法生产的粉末不均匀；②由于铜与铁之间是物理性接触，容易将气体包覆其中，致使接触程度降低，造成铜膜鼓泡和脱落。

针对以上问题，如果把铜包覆在铁粉外面，使铜在铁粉外面形成一层包覆层，得到铜包铁复合粉，可彻底改变两种粉末混合不均匀的问题。日本早在 20 世纪 70 年代末，使开始研究利用化学置换法生产铜包铁复合粉。化学法生产的铜铁复合粉，克服了其他粉末生产制品时常出现的色泽不均、力学性能不稳定、制品合格率低的缺点，具有无铅、低成本、降低粉末冶金产品的质量等优点，综合性能优良。

4.2.2 铜包铁复合粉末的制备原理

根据电化学原理，将还原铁粉和硫酸铜溶液在常温、pH 为 $0.5 \sim 4.8$ 的条件下，使铁粉颗粒表面与硫酸铜溶液发生化学反应，其反应方程式如下

$$Fe + CuSO_4 = Cu + FeSO_4$$

使铁粉颗粒表面均匀、紧密地包覆一层铜膜，再通过洗涤、干燥还原而得到浅玫瑰红色或棕红色的不规则形状的包覆粉末。

一种理论认为铜不是沉积在铁的表面，而是形成"铜树"现象。利用光电子能谱和 X 射线衍射等现代分析技术对"铜树"进行分析发现，"铜树"完全是氧化亚铜，而不是单质铜。试验证明，若不采用特殊措施，置换反应的产物基本上是氧化亚铜，而很难获得单质铜。主要反应过程可表示为

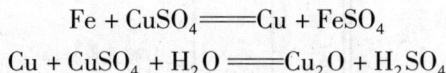

$$Fe + CuSO_4 \Longrightarrow Cu + FeSO_4$$

$$Cu + CuSO_4 + H_2O \Longrightarrow Cu_2O + H_2SO_4$$

前一反应符合金属活动顺序，但生成的新生态铜具备很高的反应活性，迅速与 Cu^{2+} 发生氧化还原反应生成氧化亚铜，实际反应为

$$Fe + 2CuSO_4 + H_2O \Longrightarrow Cu_2O + H_2SO_4 + FeSO_4$$

由于生成氧化亚铜使镀层粉末化，与基体和后续镀层均无结合力，所以不能在铁粉表面形成牢固致密的镀层，而形成"铜树"，这是铁置换铜反应不能用于工业镀铜的主要原因。除此之外，还可能发生以下副反应

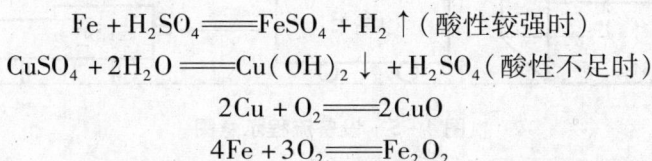

$$Fe + H_2SO_4 \Longrightarrow FeSO_4 + H_2 \uparrow （酸性较强时）$$

$$CuSO_4 + 2H_2O \Longrightarrow Cu(OH)_2 \downarrow + H_2SO_4（酸性不足时）$$

$$2Cu + O_2 \Longrightarrow 2CuO$$

$$4Fe + 3O_2 \Longrightarrow 2Fe_2O_3$$

这些副反应的客观存在，都对铜镀层产生破坏性的影响。

研究表明，置换法镀铜能对上述副反应进行有效的抑制。抑制副反应的措施包括 3 个方面：①用适当的配位剂与 Cu^{2+} 形成具有适度稳定性的配合物，使其具有适当的电极电位，防止单质铜发生氧化还原反应，这是最关键的措施；②使用酸碱缓冲剂控制溶液 pH 在适当的范围，抑制生成 H_2 和 $Cu(OH)_2$ 的副反应；③加入抗氧化剂除氧，保护铁表面和铜镀层不被氧化。采取这些措施以后，就可以通过置换反应获得符合要求的铜镀层。

4.2.3　铜包铁复合粉末的生产工艺

工艺流程介绍：配置一定浓度的硫酸铜溶液→pH 调整→加入适量添加剂→加入经过预处理的还原铁粉并搅拌→沉淀→去除上清液并洗涤→脱水处理→干燥还原→筛分→防氧化（钝化）处理→混粉、检验→制备粉末冶金产品→优化粉末制备参数。其工艺流程如图 4 - 4 所示，图 4 - 5 为设备流程示意图。

图 4 - 4　制备工艺流程

1. 典型的制备步骤

①根据铜包铁粉的用途不同，选择不同性能的铁粉并进行预处理。

②用去离子水配置一定浓度的硫酸铜溶液，并调整溶液 pH，加入特定的适量的添加剂，搅拌均匀。

③根据设计，取一定量预处理后的铁粉，在一定的温度下，搅拌反应一定时间后，所得沉淀物用去离子水洗涤数遍，将粉末清洗干净。

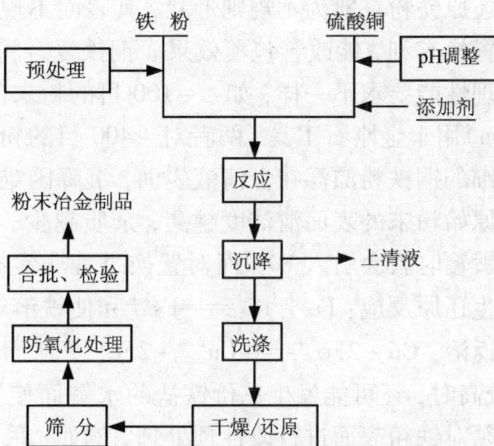

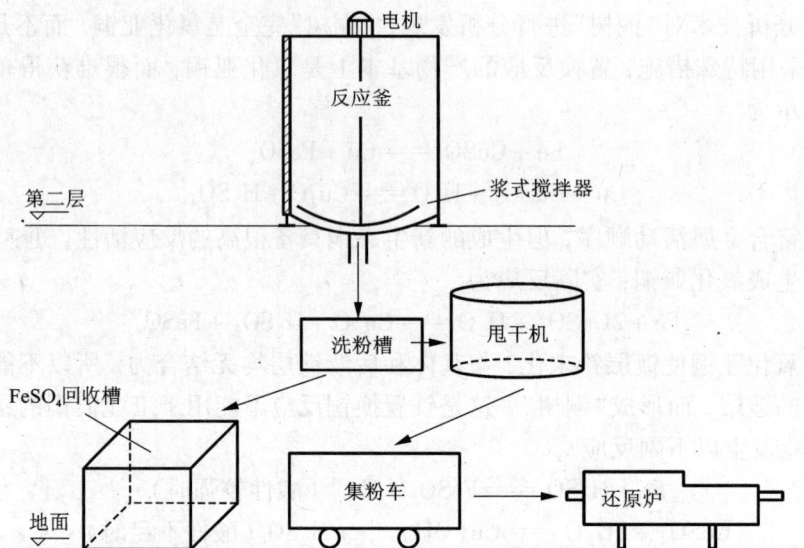

图 4 – 5　设备流程示意图

④硫酸亚铁上清液回收处理。

⑤洗净后的粉末经脱水后，真空干燥或还原处理。

⑥粉末进行轻微破碎，根据需求进行筛分，并进行防氧化处理，然后合批、检验、包装、入库。

2．生产过程中各种影响因素分析

（1）铁粉的选择及预处理

还原铁粉一般为不规则形状，其表面不规则，比表面积大，金属颗粒与镀液的接触面积大对置换有利，能改善包覆效果。铜铁复合粉应用不同，还原铁粉的粒度组成以及松装密度等物理性能要求不一样，如：–100目的粉末（≤150 μm）用于含油轴承，–200目的粉末（≤75 μm）用于金刚石工具，两者对–400目的粉末（≤38 μm）都要求<15%，以防止制备过程中较细的铜铁粉漂浮在上清液表面，沉降困难，降低铜的收率。

原始粉末的表面清洁度越高，杂质越少，包覆效果越好，例如原始铁粉表面被氧化，在置换镀覆时就会引入 Fe^{3+} 而对置换过程非常有害。在 Cu^{2+}/Fe 置换系统中就有可能在阴极区发生还原反应：$Fe^{3+} + e \Longrightarrow Fe^{2+}$ 和使铁溶解：$Fe + 2Fe^{3+} \Longrightarrow 3Fe^{2+}$。此外已析出的铜也可发生返溶：$Cu + 2Fe^{3+} \Longrightarrow Cu^{2+} + 2Fe^{2+}$，从而增大置换剂消耗。此外如果有 Fe^{3+}，当溶液的pH 较高时，还可能发生三价铁盐的水解而使置换剂表面钝化，降低置换速度。因此在置换前必须对铁粉表面进行改性预处理，例如：采用有机化合物对铁粉去油等去除有害杂质，再进行退火处理。

（2）硫酸铜溶液浓度的影响

在定量包覆试验中，随着硫酸铜浓度的升高，抗氧化程度增加。当硫酸铜浓度高时，加入铁粉后，铁很快失去电子变成亚铁离子进入溶液，而溶液中的铜离子也迅速得到电子在铁粉表面沉积。因此，沉积速度过快，大量铜离子得到电子生成铜原子后，在一定时间内，在有限的不平的铁粉表面，来不及紧密堆积，致使在反应初期(2~3 s)少量铜原子长大形成小颗粒晶体，而大量的铜原子则分散聚集在表面形成许多极微小晶体。到了反应中期，由于大量铜原子的沉积，在铁粉表面形成蓬松的铜镀层。只有适量的铁原子失去电子生成铁离子而进入溶液，同时也只有适量的铜离子得到电子生成铜原子在铁粉表面沉积。因生成的铜原子数量要适中，当铜原子在铁粉表面生成晶核后，由 Lamer 的结晶过程理论可知，以后生成的铜原子在晶核边紧贴铁粉表面迅速沉积，晶核很快长成大的晶体，并且晶体间紧密连结在一起，很快覆盖了铁粉的表面，因此铜离子浓度一般控制在 0.08~0.48 mol/L。

(3)pH 的影响

在酸性溶液中用负电位金属作置换剂时，会发生析氢副反应。并且 H_2 在金属表面解吸缓慢将使置换剂有效表面减小。由热力学分析可知，在其他条件不变时，金属与置换剂和镀液接触面积减小就会导致置换速度下降。溶液酸度越大上述趋势越明显，但是如果溶液酸度过低就会使某些金属离子水解，析出的碱式盐或氢氧化物将使置换剂钝化和结团，从而也使金属与置换剂与镀液接触面积减小，降低置换速度。因此，在酸性置换过程中应控制适当的pH。对于 Cu^{2+}/Fe 置换系统，最佳 pH = 3~4。若 pH < 3，则 H_2 析出增多；若 pH > 4，则在金属表面形成水解产物膜，而使置换速度下降。

(4)添加剂对粉末微观形貌的影响

一般添加剂有两个作用：①防止结团，调整粉末粒度；②有利于沉淀均匀。

为了降低溶液中铜离子的反应活性，多采用添加配位常数适当的配位体。在加入配位常数相当、用量相同的不同配位体时，所得镀层的结合力却有很大差别，这说明镀层结合力的好坏不仅受配位常数大小的影响，还受配位体的分子结构即空间位阻的影响。另外，选择具有协同效应的配位体搭配使用也可以提高镀铜层的性能。选择吸附强度适当的、具有吸附可逆性的吸附剂，如某些能在金属表面形成膜的有机添加剂，不仅可以降低置换反应速度，还可以抑制析氢反应，避免了铁粉表面活性丧失，降低镀层表面的孔隙率，提高镀层的抗蚀能力。

如前所述，新生的铜容易被氧化而使铁基上形成褐色的氧化亚铜沉积物，最后导致镀层质量和结合力差。因而，加入抗氧化剂防止铜的氧化对提高镀层质量至关重要。从目前的研究情况来看，所用的配位体主要有：酒石酸钠、柠檬酸、磺基水杨酸、EDTA、卤素化合物(其中溴化物的效果较好)等一种或几种的组合。吸附剂主要有：硫脲(同时也是配位体)及其衍生物(如丙烯基硫脲、乙撑硫脲)、亚砜类吸附剂(如二甲基亚砜、二苯基亚砜)、含硫或氮的杂环化合物(如巯基丙骈咪唑、四氢基噻唑硫酮等)、炔醇类物质(如甲基丁炔醇、己炔醇或几种炔醇的混合物)。

图 4-6 所示为加入添加剂前后粉末的 SEM 形貌图。从图中可以看出，未加入添加剂，Fe 粉外的 Cu 包覆层不完整，厚度不均匀，表面缺陷处出现 Cu 包覆层的堆积[见图 4-6(a)]；加入添加剂后，Fe 粉周围被一层致密的 Cu 层所包围[见图 4-6(b)]。局部放大观察，Cu 层厚度约为 1 μm[见图 4-6(c)]。

(5)反应温度、反应时间、搅拌速度对粉末的影响

在反应过程中随着温度的升高，沉淀速度增大。低温时还原过程为化学反应所控制，而在高温时，还原过程为扩散所控制。在较低的温度下通过置换反应易得到较完整的包覆层，而在较高的温度时，易形成碎片。这表明在较高的温度下反应速度较快，在一些活性点上形

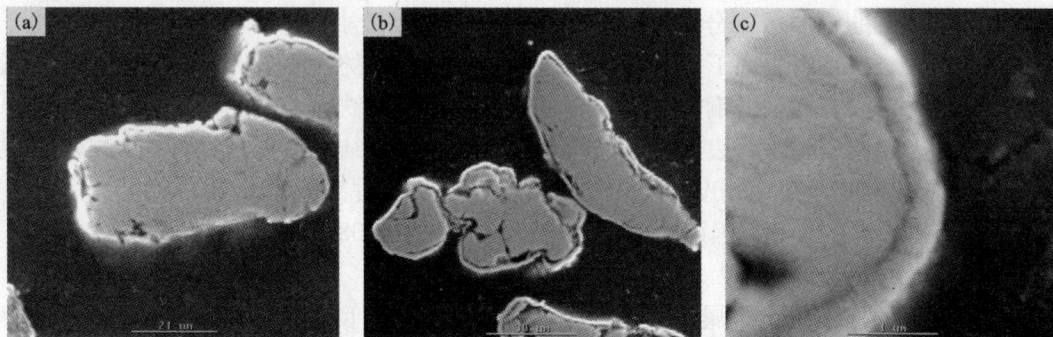

图 4 - 6　添加剂对粉末微观形貌的影响

(a)未使用添加剂（低倍）；(b)使用添加剂（低倍）；(c)使用添加剂（高倍）

成的结晶长大也快，因而不易形成完整的包覆。Cu^{2+}/Fe 置换体系，当温度在 35℃ 以下时，置换过程将由扩散环节控制变为化学反应步骤控制。如果反应温度过高，反应速率过快，粉末包覆不完全，所制备的粉末颜色较暗，铁粉部分裸露在外；但反应过慢，会影响生产效率。

铁置换铜的反应为放热反应，随着反应的进行，溶液温度逐步上升，反应一段时间温度开始下降，温度下降时，说明反应不再进行。

铁粉和含铜液的反应属于固液反应，置换包覆过程主要是受扩散过程控制，搅拌速度对置换包覆粉末质量影响很大，搅拌好坏直接影响着铁粉和溶液反应是否充分，在包覆过程中应控制适当的搅拌速度。

（6）还原温度与含氧量的关系

图 4 - 7 为还原温度与含氧量的曲线。从图中可以看出，随着还原温度的升高，粉末中氧含量降低，在 500℃ 时，氧含量降低最明显，为 0.4%，650℃ 为 0.23%。温度过低，粉末氧含量较高，外观颜色较暗，但温度高于 650℃ 时，粉末烧结成块，破碎困难。因此，较合适的还原条件应为：温度为 500 ~ 650℃，时间为 1 ~ 3 h，氢气流量为 5 ~ 10 m^3/h。

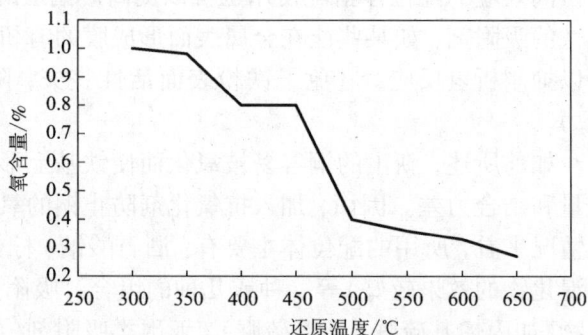

图 4 - 7　还原温度与氧含量的曲线

（7）铜包铁粉末钝化处理

试验结果表明：未加抗氧化剂，在 45℃，相对湿度为 88 RH 时，10 min 粉末颜色便出现暗红，发生氧化，氧含量达到了 2.3%；加入抗氧化剂后，60 min 粉末未见明显的氧化，氧含量由 0.23% 变为 0.3%。

抗氧化剂的加入可以防止粉末在运输、储存时被氧化，尤其是南方潮湿的气候环境条件下，可以保存 6 个月到 1 年。

（8）硫酸亚铁上清液的处理

根据反应方程式：$Fe + Cu^{2+} \rule[0.5ex]{2em}{0.4pt} Cu + Fe^{2+}$，生产 1 t 铜包铁粉，副产品 $FeSO_4 \cdot 7H_2O$ 量约为 868 kg，上清液的量为 2.6 ~ 3 m^3，硫酸铜溶液中铜离子浓度越小，上清液的量越多。目前，国内较简单的处理方法是将石灰水絮凝中和后排放，上清液中的 $FeSO_4$ 无法再利用，并且造成水资源的污染。

硫酸亚铁上清液回收再利用有以下方案：

①硫酸亚铁上清液蒸发浓缩结晶为 $FeSO_4 \cdot 7H_2O$ 产品，直接销售；

②硫酸亚铁溶液 + 豆饼就是矾肥水，作为植物肥料使用；

③将上清液通过强化中和氧化过程生产铁红，工艺较复杂，处理成本较高，硫酸铵母液还需要处理；

④有研粉末新材料（北京）有限公司提出了一种较经济有效的处理方法，即将硫酸亚铁上清液作为原料，以草酸（$H_2C_2O_4$）作为沉淀剂，采用化学共沉淀法，生产粒径小于 10 μm 高品质金刚石工具用的超细 Fe 基预合金粉末。此种预合金粉末对金刚石工具有良好的浸润和黏结作用，能显著提高工具的切割效率，延长工具使用寿命。此种方法优点在于：上清液可以全部利用，处理简单，成本低，环保、产品附加值高。

4.2.4　以含铜废液为原料制备铜包铁复合粉工艺

在印刷电路板生产工艺流程中，磨板、腐蚀、电镀铜等工序排放的废蚀刻液含有大量铜离子。据统计，我国现有印刷电路板企业 1 000 多家，平均日产含铜废蚀刻液 2 500 ~ 3 000 m^3，每立方含 140 ~ 150 kg 的铜，每日最多可从废液中回收金属铜 450 t，一年能回收铜 13.5 万 t，相当于十几个年产万吨铜厂的年生产量。以含铜废液，如含铜废蚀刻液、电解铜、铜加工生产中排放的废水等为原料，通过一定工艺步骤和参数控制，用铁粉置换反应来回收废液中铜离子，制得用于粉末冶金用的包覆型铜铁复合粉。可以实现铜资源回收利用，并且得到附加值高的产品，较以硫酸铜或氯化铜配置的溶液为原料成本低。

工艺流程如下：废液预处理→酸碱中和→加入某种有机酸并调整 pH→加入还原铁粉并搅拌→沉降→去上清液并洗涤→脱水处理→干燥还原→筛分→防氧化处理→合批、检验→制备粉末冶金产品。

典型步骤如下：

①还原铁粉预处理；

②将酸性和碱性铜盐废液分别过滤，去除固体杂质，将两者中和，根据废液中铜离子的浓度及体积，称取一定量的铁粉；

③加入某种有机酸，调整溶液的 pH 为 3 ~ 4；

④化学置换反应，即取一定量的预处理后的铁粉，一次性加入到铜盐废液中，室温下搅拌反应一定时间后，所得沉淀物用去离子水洗涤；

⑤洗涤后的粉末脱水后，进行干燥还原；

⑥粉末进行轻微破碎，根据需求，按一定的粒度筛分，并进行钝化处理，然后合批、检验、包装、入库。

4.2.5 铜包铁复合粉末的性能

1. 产品分类及化学物理性能

产品按在含油轴承、金刚石工具及摩擦材料领域的不同，其物理性能和用途见表 4-2。以 $CuSO_4$ 溶液体系作为原料来制备的铜铁复合粉元素分析见表 4-3。Cu 含量（10%～60%）及粒度组成可根据用户需要进行调配。

表 4-2 产品的物理性能和用途

牌号	颜色，形状	松装密度 /(g·cm⁻³)	流动性 /[s·(50g)⁻¹]	压缩性 /(g·cm⁻³)	粒度组成/%				用途
					+100 目	+200 目	+325 目	-325 目	
FTTF1	玫瑰红，不规则，包覆致密	2.0～2.5	≤40	>6.0	<1	55～57	24～28	余量	含油轴承
FTTF2		1.5～2.0	—	—	—	<1	35～40	余量	金刚石工具
FTTF3		1.5～2.0	—	—	—	<1	20～30	余量	摩擦材料

表 4-3 产品元素分析表

元素	Cu	Fe	O	Si	Al	Co	Ca	V	Mo
含量/%	20±2	80±1	<0.35	0.05	0.05	0.005	0.05	<0.001	0.02

元素	Mn	Mg	Pb	Cr	Ni	Ti	Sn	Zn	
含量/%	0.056	0.028	0.006 8	0.02	0.03	0.002 5	0.002 5	<0.001	

2. 铜包铁复合粉末 X 射线衍射图谱分析

图 4-8 和图 4-9 所示分别为粉末的 X 射线衍射图谱和粉末的能谱图。

从 X 射线衍射图谱可以看出，铜包铁复合粉末由 Cu 和 Fe 两相构成，没有其他杂质相。能谱分析更进一步说明了成分由 Cu 和 Fe 组成，铜的含量为 19.53%。

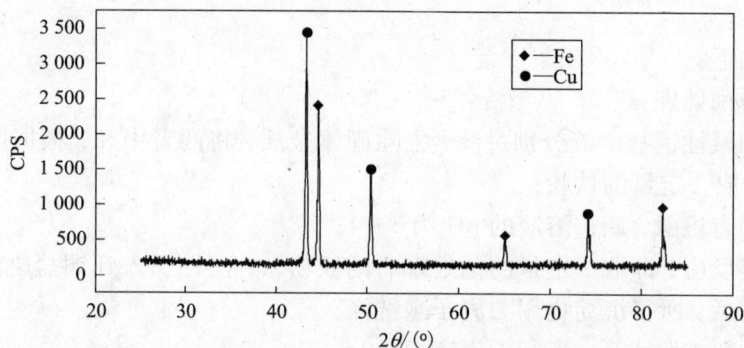

图 4-8 铜包铁复合粉末的 X 射线衍射图谱

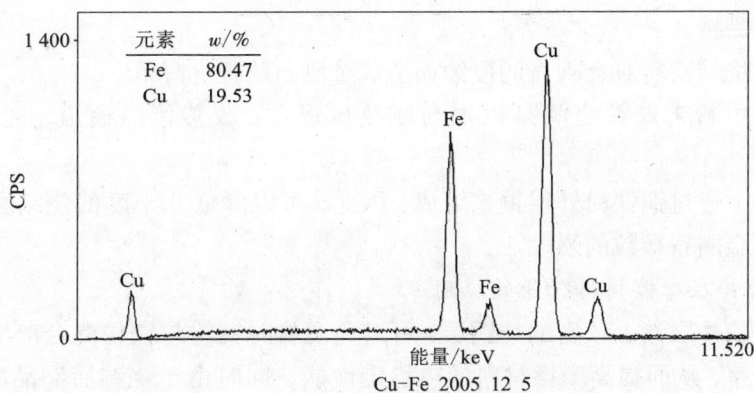

图 4-9　铜包铁复合粉末的 EDS 成分分析

4.2.6　铜包铁复合粉末的应用领域

铜包铁粉产品具有包覆完整，色泽亮丽、抗氧化性能优良的特点，铜铁金属间结合良好，使被保护的核心金属铁颗粒按特定要求组成并且无偏析。图 4-10 所示为铜包铁粉三大市场的应用。

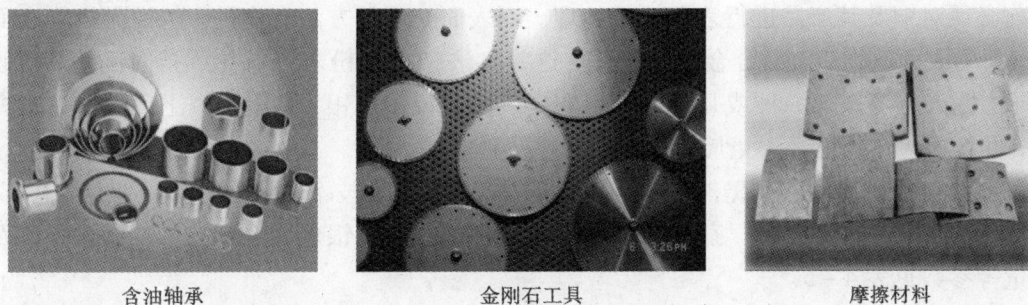

含油轴承　　　　　　　　金刚石工具　　　　　　　　摩擦材料

图 4-10　铜包铁粉三大市场应用

1. 在含油轴承中的应用

铜铁复合粉是近几年开发的含油轴承的理想材料，它是以铁粉为基础，在其颗粒表面包覆一层铜膜，形成一种外观颜色与铜粉相同的铁基复合粉。用铜铁复合粉生产的含油轴承与用青铜粉制作的含油轴承相比，不仅符合环保要求，而且价格低得多，可以得到广泛应用和推广。

2. 在金刚石工具行业的应用

由于铜铁复合粉末成本低，压制性能好，在金刚石工具制造领域得到了较好的应用，它是将铜铁复合粉末同其他粉末，如电解铜粉、钴粉、羰基铁粉及金刚石等混合，经热压制成金刚石切割锯片。其应用具有以下特点：

①铁粉外层均匀包覆铜后，就不存在铁粉与铜粉混合的成分偏析，经过烧结或热压后 Fe-Cu 合金化程度提高，从而增加胎体的力学性能。

②通过铜层的过镀，使胎体材料中的各种粉末在烧结或热压后形成更多共融区，能更好地与金刚石浸润黏接。

③可以避开烧结铁粉对金刚石的侵蚀而造成金刚石的强度降低。

④胎体材料中粉末颗粒之间是以铜与铜热压焊合，改善传热通道，提高胎体材料导热率。

⑤热压实际上通过铜铁粉外层铜来完成，因此，可以降低几十度的烧结温度，从而降低能耗及有效保护金刚石颗粒的强度。

3. 铜铁复合粉在摩擦材料行业的应用

由于该种铁粉外层镀上致密的纯铜层，可避免混料时铜粉与铁粉混合产生偏析，提高摩擦材料的热传导率，从而提高摩擦材料的热稳定性能。同时由于烧结后制品的 Fe – Cu 合金化程度增加，可以提高制品的耐磨性和高温抗冲击性。降低铁基摩擦材料的压制压力和烧结温度，同时还可大幅度降低原料成本。

4.3　银包铜粉末的制备

铜具有较好的导电性、导热性以及延展性等优点，广泛应用于电子工业。但铜自身的抗氧化性相对较差，随着使用时间的延长，铜表面会形成氧化膜，从而失去导电性。因此，在使用前必须对铜及其产品进行表面改性处理。铜表面处理的方法有多种，包括无机物表面改性、有机物表面改性、表面合金化等方法。这些方法存在着粉末抗氧化维持时间短、耐候性差、导电性大幅降低等一种或几种缺陷。在铜表面包覆一层银，是解决以上问题的有效方法之一，并且银包铜粉已经大量应用于国内外电子工业中。

目前银包铜粉末大部分仍然依靠进口，其中产量最高、技术力量最好的企业是美国 Ferro 公司，银包铜粉末主要生产厂家及其产品特点见表 4 – 4。其银包铜系列粉末的银含量以及杂质含量等参数见表 4 – 5。

表 4 – 4　银包铜粉末主要生产厂家及其产品特点

公司名称	国家	产品情况	优点	缺点
菲洛 Ferro	美国	美国第一大银粉生产商，银包铜粉相关产品主要有：AC40C、AC25CI、AC25H、AC35M、AC10F	最早的生产厂家，技术力量强，产品质量好	价格贵
三星	韩国	主要生产导电涂料，可以生产银包铜粉并使用	技术力量强	价格贵
昆明理工恒达科技有限公司	中国	目前产品规格有 PAC 系列规格	产品稳定	产品性能有待进一步提高

表 4 – 5　美国 Ferro 公司产品参数

牌号	AC40C	AC25CI	AC25H	AC35M	AC10F
银含量/%	6 ~ 8	9 ~ 11	11 ~ 13	13 ~ 15	19 ~ 21
松装密度/$(g \cdot cm^{-3})$	0.8 ~ 1.1	0.85 ~ 1.1	0.85 ~ 1.1	0.85 ~ 1.1	0.9 ~ 1.1
杂质含量(≤)/%	AC40C	AC25CI	AC25H	AC35M	AC10F
Fe	0.02	0.02	0.02	0.02	0.02
Pb	0.05	0.05	0.05	0.05	0.05
As	0.005	0.005	0.005	0.005	0.005
Sb	0.01	0.01	0.01	0.01	0.01
Bi	0.002	0.002	0.002	0.002	0.002
Ni	0.003	0.003	0.003	0.003	0.003
Sn	0.005	0.005	0.005	0.005	0.005
Zn	0.005	0.005	0.005	0.005	0.005
杂质总和≤	0.1	0.1	0.1	0.1	0.1

4.3.1　银包铜粉末的制备方法

银包铜粉制备方法有机械球磨法、雾化法以及化学法等，但是目前实现工业应用的均使用化学方法制备。

化学法制备银包铜粉主要是利用化学镀的原理。若在无配合剂的条件下，将铜粉加入硝酸银溶液中后，则铜很快将银置换出来，反应剧烈，并且发生团聚现象。最终得到的粉末是银颗粒松散地附着在铜颗粒表面，形成点缀性疏松状结构。因此，用简单置换的方法无法使铜粉表面均匀沉积一层致密银层。为得到性能良好的银包铜粉末，必须控制反应速率，保证银的均匀沉积。

在银包铜粉末的制备过程中，其镀液组成一般包括以下几种组分：

①主盐：主盐作用是提供银源，在制备过程中，溶液中的银离子逐渐被还原成单质银，并附着在铜颗粒的表面。主盐一般使用 $AgNO_3$。

②还原剂：主要作用是还原溶液中的银离子，使银离子不断沉积。由于银的标准还原电位较高，因此很多还原剂均可将银离子还原成单质银。但是还原剂种类与银离子的反应速度却差别较大，在选用还原剂时应充分考虑到反应动力学的因素。目前比较常用的镀银还原剂有甲醛、葡萄糖和酒石酸钾钠三种。相同条件下，它们与银的反应速率大小依次是甲醛 > 葡萄糖 > 酒石酸钾钠。对于制备银包铜粉末的反应体系中，除还原剂对还原银的反应过程外，同时还存在铜直接置换银的反应过程，反应终了的溶液呈蓝色。

③配合剂：主要作用是与银离子结合成配合离子，降低银离子被还原的速度，稳定镀液。为得到包覆效果较好的银包铜粉末，一般情况下均需要在溶液中加入配合剂。常用的银配合剂有氨和胺类化合物、EDTA、氰化物等。氰化物有剧毒，而且排放导致环境污染严重，其使用量逐渐减少。某些还原剂(例如：酒石酸钾钠)既是还原剂，又是银离子的配合剂。

④其他组分：主要是改善银沉积层的状态。比如在镀液中加入少量润湿剂，使粉末在溶液中能够充分被溶液润湿并实现良好分散，从而提高银在铜粉表面分布的均匀性。同时，表

面活性剂的加入还可以改善镀银层的致密性，减少银层中出现针孔的几率，提高粉末的耐蚀性。

化学法制备银包铜粉末的工艺流程如图 4-11 所示。

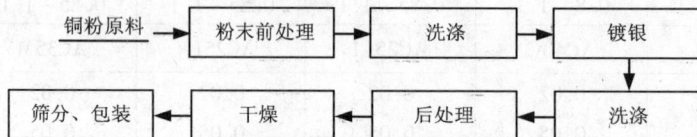

铜粉原料 → 粉末前处理 → 洗涤 → 镀银

筛分、包装 ← 干燥 ← 后处理 ← 洗涤

图 4-11　化学法制备银包铜粉末的工艺流程图

针对不同用途，要求银包铜粉末的微观形貌不同，因而原料金属铜粉的形貌要求也不相同。作为导电黏结材料、电子浆料、导电填料等使用的银包铜粉，要求粉末的球形度高导、电性好，因此需要以气雾化铜粉为原料。此类银包铜粉的粒径为 $1\sim20~\mu m$。图 4-12 是 Ferro 公司生产的球形银包铜粉末的显微电镜照片。

对于导电涂料、电磁屏蔽用银包铜粉通常使用片状银包铜粉。片状银包铜粉具有较大的径厚比，可以使用较少的量而获得较大的遮盖面积，而且颗粒之间相互交错有利于提高涂层的电导率。作为此种类型产品的原料，通常是电解铜粉或雾化铜粉通过卧式球磨机进行球磨处理，然后进行分级，得到相应粒径及粒径分布的片状铜粉。图 4-13 是片状银包铜粉微观形貌。

图 4-12　球形银包铜粉末的显微照片

图 4-13　片状银包铜粉的显微照片

1. 粉末前处理

粉末前处理主要是去除铜粉表面的有机物及氧化物膜。通常的处理工艺为碱洗后进行酸洗。碱洗条件通常为：$NaOH(30\sim50~g/L)+NaCO_3(10\sim20~g/L)$，室温下搅拌处理 $15\sim30$ min，然后用去离子水洗净；酸洗条件为 $5\%\sim20\%~H_2SO_4$ 溶液，室温下浸泡 $15\sim30$ min，然后用去离子水洗净后镀银。

2. 不同镀银配合体系对镀银铜粉反应过程的影响

（1）氨水配合体系

此类配合体系使用最多，成本相对较低。反应体系中，氨既与银离子形成配合物，又和溶液中的铜离子形成配合物。氨的加入，形成银氨配合离子，一定程度上降低了银的沉积速度，同时还能起到调节反应体系的 pH 值的作用。对于碱性体系下制备银包铜粉末，溶液的 pH 对还原剂的还原电位有较大影响，在很大程度上影响了还原反应的速度。

在氨及胺类化合物反应体系中，还原剂将银离子还原为单质银，与铜置换银的反应同时进行，反应后形成的铜离子与溶液中的氨配合形成 $[Cu(NH_3)_4]^{2+}$。生成的铜氨配合离子吸附在铜颗粒表面，阻碍了银在铜颗粒表面的沉积，通常情况下只能形成点状分布在铜颗粒的表面，无法得到相对连续的银层。研究表明将一次镀银后水洗，然后进行重复镀银，可以得到理想的包覆效果。

(2)EDTA 配合体系

以 EDTA 作为配合剂与以 NH_3 作为配合剂相比，可以在用银量较少的情况得到镀层均匀、导电性较好的银包铜粉末。EDTA 在反应过程中的作用机理可能是：一方面 EDTA 与 Ag^+ 形成配合离子，控制银的沉积速度；另一方面 EDTA 能与置换反应生成的 Cu^{2+} 结合形成螯合物，从而可以使沉积的 Ag 更容易均匀地分布在铜颗粒表面。

在 EDTA 配合体系中，EDTA 的浓度需要严格控制，浓度较低时，其配合效果较小，Ag^+ 沉积速度较快；如果 EDTA 浓度较高，则使 Ag^+ 的沉积速度过慢，先沉积在铜表面的银与铜形成微电池，从而增加 Ag 在点缀镀层部位沉积的几率，最终导致镀层不均匀、粉末抗氧化性弱等缺陷。

为了抑制包覆过程中的铜置换银的反应，可以增强铜颗粒表面化学镀银的催化活性，从而使溶液中的银优先被溶液中的还原剂还原并且均匀沉积在铜颗粒的表面。此类活化方法可以参考化学镀银工艺中基体的表面处理工艺。一般的活化方法是用 $SnCl_2$ 敏化粉末颗粒表面，然后浸入 $PdCl_2$ 溶液中，利用 $SnCl_2$ 水解物的还原性将 Pd^{2+} 还原成金属 Pd 微粒，附着在铜颗粒表面，形成化学镀银的沉积中心。这种方法可以制备表层均匀的银镀层。然而却存在敏化活化成本相对较高的问题。

3. 粉末后处理

镀银后的粉末，其表面吸附有表面活性剂、各种离子等需要充分去除，否则对粉末的颜色、导电性、抗氧化性产生较大影响。

镀银铜粉的后处理方法之一是和粉末前处理方法大致相同，即先经过稀碱溶液处理，然后用稀酸溶液处理，去除吸附在镀银铜粉表面的吸附杂质。洗净后的粉末，其表面较为洁净，但容易在储运的过程中氧化而变色，因此在粉末干燥筛分前需要进行抗氧化处理。为不影响粉末在导电涂料中的使用性能，大都使用有机抗氧化剂，例如 BTA 等。为了使干燥过程尽量减少 Ag 的氧化并且保证干燥质量，也可以将洗净后的镀银铜粉用酒精洗涤，然后进行干燥处理。

4. 粉末干燥、分级

通常使用真空干燥的形式，以防止高温还原过程中银－铜的相互扩散。同时低温干燥也避免了成品粉末表面有机保护膜在高温下分解而失去保护作用。经过分级后的粉末即可成品包装运输。

4.3.2 银包铜粉末的应用

1. 银包铜粉在电磁屏蔽中的应用

随着电子科技产品在日常生活中应用的逐渐增多，电磁辐射造成仪器设备间的相互干扰以及对人身的危害受到日益重视。电磁屏蔽是减少电子器件向外辐射电磁波的主要方法之一，也是企业通过"3C"认证的主要内容之一。银包铜粉末的主要用途之一是用于电磁屏蔽涂料。银包铜电磁屏蔽涂料由丙烯酸树脂、银包铜导电粉、溶剂和助剂组成。成膜后漆膜的电阻值范围为 $0.6 \sim 4\Omega$，主要应用于手机、移动硬盘等电子元件内壁。

漆膜的导电性能(电阻值的高低)和导电填料的电阻值有关，也和金属导电粉末在漆膜中的浓度有关。电磁屏蔽填料的性能是影响电磁屏蔽涂料电磁屏蔽性能的主要因素之一，因此作为导电涂料的填料能提供良好的导电性能也成为配方设计关键之一。银包铜粉末含银量的不同也会造成导电性能的差异，随着含银量的下降，导电填料的导电性会逐渐下降。

在粉末粒径方面，一般来说，选择平均粒径相对小的导电填料品种更有利于施工喷涂。因为在添加量相同的情况下，平均粒径小的导电填料可以比平均粒径大的导电填料提供更大的表面积，使其在颗粒之间产生电接触。涂装过程中，平均粒径小的导电填料可以使涂料雾化的液滴粒径范围较窄，均匀地喷涂在工件表面形成均匀的漆膜，施工较为方便。

2. 银铜浆料在印刷板中的应用

随着计算机、网络电子、家电音响等的高速发展，其设备中印刷板的生产不断更新发展。如传统的金属化孔板，不但其成本高，而且要满足产品的配套，在印刷板生产中会产生大量金属化孔及电镀中的三废，污染地球环境，前途堪忧。如今采用低温热固化型导电浆料跨线、贯孔的印刷板已成功取代了传统的金属化孔板。其最大优越性是低成本、高生产率、小的辐射噪声、高可靠性及低污染。

导电浆常用的导电填料要求使用 $1 \sim 10 \ \mu m$ 的球状粉以及厚度为 $0.1 \ \mu m$ 的片状金属粉末。由于金属粉末的活性，加工性以及价格等因素，使用最普遍的是银包铜粉。银包铜粉的开发可以在很大程度上替代银，以降低制造成本。导电镀银铜粉油墨是在对现有的网印导电油墨配方的改进基础上研制开发的新型导电油墨。铜－银双金属粉末不仅兼有铜粉的耐高温迁移性和银粉的良好导电性，而且明显提高了铜粉的抗氧化性，并在不影响粉末导电性的前提下降低银的用量，使银包裹的铜颗粒一个接一个连成导电网。镀银铜粉与透明网印油墨混合研磨即可制成导电镀银铜粉油墨。

很多不同形式的电子器件采用有导电性油基组合物的印刷电路板。导电性油墨组合物是用丝网印刷的，用来形成电子用途上的导电元件。例如，利用导电油墨作为透孔连接、跨接、印刷板布线和类似电子用途上的丝网印刷电子电路，以提供稳定的电连接。大多数当前可得的导电油墨一般由酚醛树脂组成。一些当前使用的导电油墨也含有环氧树脂或树脂混合物，例如乙酰丙酮与氰酸树脂或丙烯酸树脂与蜜胺树脂。

4.4 铜包石墨粉末的制备

铜－石墨复合材料具有许多特殊的性能和用途。它既具有铜的导电性、导热性和高强度等优点，同时也具有石墨的润滑性、耐化学腐蚀和耐高温等特点，在许多高技术领域得到广泛的应用。目前，铜－石墨的复合可通过以下几种途径实现：①传统的机械混合方法，即将铜粉和石墨粉末通过机械混合过程实现复合；但因铜和石墨的密度差异较大，该方法难于使铜和石墨混合均匀，不能形成良好的铜－铜连续网络结构，使铜－石墨复合材料的性能受到很大限制；②金属熔体浸渗法，即在高温和高压等特殊条件下，铜熔体受压渗入石墨坯体，但须使用专用设备,设备投资大,费用昂贵,难以推广;③在石墨粉颗粒的表面镀覆一层铜,形成石墨表面均匀附着铜层的结构,从而实现了铜与石墨间的紧密结合,逐渐受到人们的重视。由包覆方法得到石墨－铜复合粉末,经烧结得到石墨－铜复合材料,与机械混合法制成的材料相比,具有更佳的导电、导热及润滑、耐磨等性能。

石墨的密度为 $2.36\ g/cm^3$,石墨粉的松装密度一般为 $0.3\sim1.0\ g/cm^3$。在粉末冶金制品的生产中,往往需要添加 $1\%\sim10\%$(质量分数)的石墨。由于石墨与金属粉末密度差异较大,导致混料时出现偏析,从而导致产品性能波动较大。为改善混料的均匀性,提高产品的稳定性,铜包石墨粉加入到原料粉末中可以在较大程度上改善以上问题。

4.4.1　铜包石墨粉末的应用原理

石墨密度较小,而且由于其层状结构,表面平滑,因此不易与金属紧密的结合。石墨的以上特点使得石墨粉和金属粉末在混合过程中,石墨粉和金属颗粒难以混合均匀,而且在压制、烧结阶段,金属与石墨之间的结合状态较差,最终使制品中石墨分布不均匀,导致制品的强度较差。

铜包石墨粉是石墨粉表面均匀包覆一层铜,形成“核－壳”结构。因此,包覆型粉末作为原料进行压制、烧结或者和其他粉末混合时,都能够保证铜与石墨的良好结合。铜包石墨粉利用特殊的制备工艺,使铜与石墨表面紧密结合,一方面增大了铜与石墨的接触面积和结合强度;另一方面铜的密度较大,可以增加包覆粉末的松装密度,从而缩小包覆粉末与金属粉末间的密度差,提高与其他金属粉末混合的均匀性。利用“核－壳”结构的特点,使石墨在制品用均匀性以及与基体的结合强度都有较大提高,从而改善制品的综合性能。

4.4.2　铜包石墨粉末的制备原理

铜包石墨粉主要以湿法工艺为主。其制备原理是将石墨粉均匀悬浮于含铜溶液中,利用还原剂的作用或电能(化学镀或电镀),将溶液中的铜离子还原为单质铜,并且沉积在石墨粉表面,从而形成铜包石墨粉。

1. 化学镀铜法

化学镀铜法制备铜包石墨工艺中,还原剂不同,其镀铜原理和制备工艺稍有差异。化学镀铜常用的还原剂可大致分为金属粉末还原剂(Fe、Zn、Al 等)和其他还原剂(甲醛、次亚磷酸钠等)。

工业上多用金属粉末作为还原剂,其化学镀铜的原理是

$$M + Cu^{2+} = M^{2+} + Cu$$

即金属粉末与硫酸铜发生置换反应。在该反应体系中,金属颗粒作为单独的相与硫酸铜溶液接触,因此置换反应在界面处发生。作为还原剂的金属界面逐渐与溶液中的 Cu^{2+} 反应而逐渐溶解,溶液中的 Cu^{2+} 逐渐在还原剂颗粒表面析出。事实上在合理的工艺条件下,置换反应生成的单质铜附着在石墨颗粒的表面,形成均匀的包覆层。

而应用其他还原剂作为制备铜包石墨时,其反应机理可能与上述置换反应具有较大的区别。根据化学镀理论,化学镀液是热力学上不稳定的体系,当体系界面处存在反应活性点时,镀液中的 Cu^{2+} 被还原成单质铜,并且沉积在活性点处。新生成的铜界面又继续诱导铜的沉积,从而使溶液中的 Cu^{2+} 不断被还原,并且不断沉积在石墨颗粒的表面,最终形成连续的铜层。

2. 电镀镀铜法

在硫酸铜溶液中安装正、负电极，当电极上通过直流电流时，阳极上的铜原子失去两个电子成为 Cu^{2+} 进入溶液中，溶液中的 Cu^{2+} 在负极周围的石墨粉上获得电子形成单质铜，并沉积于石墨粉表面。镀铜电源为直流电源，槽电压一般在 $3 \sim 4V$。电镀镀铜法制备铜包石墨应用相对较少，因此本章不作重点介绍。

4.4.3　铜包石墨粉末的制备工艺

1. 原料对粉末性能的影响

铜包石墨粉的主要原料之一是石墨粉。根据结晶状态和性能的不同，石墨又分鳞片石墨、人造石墨和土状石墨。其中鳞片石墨晶体发育比较完整，石墨化度高，抗氧化能力强；人造石墨以石油焦、沥青焦等易石墨化炭素为原料制成，灰分极低；土状石墨是晶化较差的天然石墨，抗氧化性和抗侵蚀性远不如鳞片石墨；炭黑是有机物不完全燃烧的粉状产品，颗粒极细且呈球状，难以石墨化，抗氧化和侵蚀能力差。粉末冶金制品中的铜包石墨要求材料具有良好的抗侵蚀性和较长的使用寿命，因此铜包石墨粉末一般选用天然鳞片石墨。

铜源一般选取水溶液中溶解度较大的铜化合物，如硫酸铜、氯化铜等。对于一定的还原剂，其铜盐的种类往往对制备工艺具有较大的影响。例如，以铝作为还原剂时，不能选取硫酸铜作为铜源，因为铝与硫酸铜反应后产生铜和硫酸铝，而硫酸铝非常易水解，生成氢氧化铝附着在颗粒表面，导致反应非常慢，往往无法得到包覆良好的铜－石墨粉末。

2. 粉末预处理

石墨的表面往往吸附了许多杂质，只有在前处理工序中除去这些表面杂质，才能得到好的镀层。化学镀的还原剂在具有催化活性的表面被氧化而放出电子，这种电子不在电极表面加速，不具备很高的能量势垒，所以化学镀要通过前处理获得具有非常清洁和均匀活性的表面。同时，清洁的石墨表面与生成的单质铜具有较好的亲和性，并且能够形成良好的结合，提高铜－石墨界面结合强度。

工业应用中，石墨表面的预处理方法有化学除油和高温除油两种，主要目的是去除石墨表面吸附的油等有机物。化学除油工艺主要有除油和洗涤等步骤，以得到洁净的表面。化学除油常用的配方和处理工艺如下：Na_2CO_3，$30 \sim 40$ g/L；Na_3PO_4，$50 \sim 70$ g/L；温度，$60 \sim 70℃$；时间，$3 \sim 5$ min。

粉末处理时需要进行充分搅拌，以使粉末充分分散在除油溶液中，应特别避免一些粉末在除油过程中没有完全润湿，而导致在后续镀铜时无法得到包覆完整的复合粉末。除油完毕后的粉末进行过滤，并且充分洗涤。化学除油溶液根据粉末的原始状态决定用量，不能无限次数的重复使用。当除油液中杂质浓度过高而无法充分分散时，化学除油效果将急剧下降。高温除油原理是，将粉末经过高温煅烧，使粉末表面的有机物分解或烧除。处理工艺以表面有机物充分分解，并且避免石墨自身的烧损为原则，根据实际需要和试验确定。

洁净的石墨表面具有较高的活性，一般在化学镀铜工序前无须敏化/活化处理。使用氯化亚锡和氯化钯进行敏化、活化处理固然能够提高镀铜的均匀性，但是却大大增加了生产成本。有些学者将石墨粉的预处理和镀铜在同一步骤进行，即在镀铜溶液中加入表面活性剂（如烷基苯磺酸钠、烷基磺酸钠、脂肪酸钠等），这些表面活性剂在溶液中起到了乳化、润湿、分散等作用，提高石墨表面镀覆的均匀性。

3. 化学镀液及镀覆工艺

若采用甲醛、次亚磷酸钠等作为还原剂的化学镀铜，其镀液与镀覆工艺可以在常规化学镀铜的基础上稍加改进，工艺配方较多，这里不加详细讨论。但是对于粉末的化学镀铜，需要注意镀覆过程中装载量的控制。一般情况下，石墨的装载量以 5~6 g/L 为宜。装载量过小时，石墨颗粒表面包覆效果较好，但是溶液中容易出现单质铜颗粒；装载量过大时，石墨颗粒表面的包覆效果逐渐变差。

采用金属还原剂生产的特点是，反应速度较快，成本较低。常用的还原剂有铁粉、锌粉、铝粉等。现以铁粉为例，介绍铜包石墨粉制备过程中各参数的控制。

将经过前处理的石墨粉加入反应器中充分搅拌，然后加入一定比例的铁粉，再充分搅拌，使铁粉能够悬浮于溶液中。在搅拌的条件下，逐渐加入固体硫酸铜。反应结束后，将粉末过滤、洗涤即可得到铜包石墨粉末。作为还原剂的铁粉可用 -100 目(≤150 μm)的电解铁粉，粒度过细，则粉末的比表面积较大，反应生成的铜在铁粉颗粒表面吸附力较大，最终形成了铜包铁细粉夹杂在粉末中；粉末粒径较大，在包覆过程中铁粉不容易在溶液中悬浮，造成大量单质铜沉积在溶液底部而无法实现在石墨粉表面的良好包覆。按照与铁反应的计量加入硫酸铜晶体，并且应保证包覆过程在酸性条件下进行，通常在溶液中加入少量硫酸、醋酸等，一方面可以抑制生成的硫酸亚铁水解和氧化，另一方面可以去除溶液中少量铁的残留，提高粉末的纯度。

铁与硫酸铜的反应是放热反应，在制备过程中溶液的温度逐渐升高，因此在生产的过程中，应严格控制反应器中原料的投入速度，以免反应器中的反应产物喷出造成安全事故。反应完毕后，将反应产物过滤，避免容器中温度过低，以降低硫酸亚铁结晶物析出而影响粉末纯度和抗氧化性的风险。洗涤过程应遵循先用酸性水洗涤后用纯净水洗涤的原则，防止硫酸亚铁在洗涤的过程中发生水解而附着在铜包石墨颗粒的表面，导致粉末的颜色和抗氧化性达不到要求。

4. 粉末后处理

铜包石墨粉在空气中较容易氧化，因此在粉末洗涤后，需要进行抗氧化处理。三唑类和噻唑类有机物都是优良的铜缓蚀剂。洗净后的铜包石墨粉经过 0.1% 苯骈三氮唑(BTA)浸泡 30 min，然后甩干、真空干燥可以得到抗氧化性优良的粉末。

4.4.4 铜包石墨粉末的应用

1. 触头材料

电触头材料包括开闭用电触头材料和在电气接触的同时伴随机械滑动的滑动触头材料。滑动触头材料在使用中出现的主要问题是机械、电气磨损和接触电阻。铜-石墨复合材料(CGCMs)兼备了铜优良的导电、导热性能和石墨的润滑性能，是一种较为理想的滑动触头材料，近年来得到了广泛研究。研究和使用证明，铜-石墨复合材料制作的滑动触头在运行过程中性能明显优于一般材料的滑动触头，且在磨损过程中由于石墨在接触面上形成石墨转移层，使摩擦副保持低的摩擦系数和磨损率，具有自润滑的功能，可用作电力机车受电弓和电机、发电机等，较其他的电触头材料表现出较好的性能。

以铜包石墨粉为原料制备铜-石墨材料的性能改善主要表现在：①石墨的分布更加弥散均匀，促进了材料的烧结过程，提高材料的密度、抗弯强度、抗拉强度和冲击韧性等力学性能；②消除石墨大颗粒团聚现象，形成铜的连续空间三维网络，提高材料的导电性；③增强了铜与石墨间的界面结合性能，摩擦磨损过程中所形成的转移层与基体间黏附性好，结合更紧密，具有低的摩擦系数和磨损率以及高的承载能力。石墨的化学镀铜包覆处理对铜－石墨滑动触头材料性能的提高是显而易见的，但点触头材料使用的石墨要求粒径较小。石墨粒径越小，其比表面积越大，实现铜均匀包覆石墨的技术难度加大，施镀质量也较难控制。因此，开发相对简单易行、能够实现细石墨粉（特别是小于 5 μm 的石墨粉）均匀镀铜工艺，将是今后研究的重点方向之一。

2. 石墨炭刷电极

制造金属石墨电刷的传统方法是，用铜粉和石墨粉经过混料－压型－烧结及机械加工等工序制得。但是，这种方法制备的铜－石墨材料中的铜呈孤立岛屿状分布，不利于铜导电性的发挥，又恶化了铜－石墨材料的滑动磨损性能。金属组分如能连接成连续的三维网络，并保持石墨颗粒均匀分布在网络之间，将能更有效地利用金属石墨材料中金属的导电性和石墨的润滑性，因而可以制取石墨含量高、强度高、导电性好的铜－石墨复合材料。

在石墨含量较低的情况下，普通铜－石墨复合炭刷中铜也能形成连续相，镀铜－石墨粉对制品中铜的组织形态分布影响较小，电阻率差别较小，电阻率的略微差别主要是由镀铜－石墨复合材料的膨胀引起的。随石墨含量的增加，普通铜－石墨复合炭刷中铜的三维连续网状结构很快就被石墨破坏。特别是在石墨含量高于20%的情况下，铜很难再形成三维连续网状结构，制品的电阻率增加较快，石墨含量每增加10%，电阻率会增加4倍左右。

铜包石墨复合炭刷中，铜是基体相，石墨是增强相，石墨被包裹在铜层之中，不易脱落，能充分发挥其减磨润滑功能，因此磨损量相应的减少。铜包石墨炭刷基体的硬度相应较低，电机运行过程中，其电火花和噪音远低于普通铜/石墨复合炭刷，这可较好解决电机运行过程中电火花以及噪音较大的难题。

3. 自润滑轴承

随着电动工具、家用电器、电声器件、信息产业（打字机、复印机、计算机）等行业的迅速发展，使得与之配套的粉末冶金自润滑轴承的需求量不断增加，技术要求（运行噪声、使用寿命、零件尺寸及尺寸精度等）越来越高，进而对制造轴承的粉末原料也提出了更高的要求。传统的含油轴承原料采用混合粉体，不可避免地产生成分及金相组织偏析，造成硬质相及性能的不均匀性，导致轴承运行噪音升高和使用寿命缩短，使得在大规模自动化生产过程中，不利于保证产品性能的一致性和稳定性。以铜包石墨粉为原料制造的器件，从很大程度上克服了传统的机械混合粉体不均匀的缺点，有效地解决了含油轴承产品的化学成分及组织偏析问题。

第 5 章　铜基含油轴承

5.1　概述

烧结金属含油轴承是指金属粉末或金属与非金属粉末用粉末冶金方法制造的滑动轴承。几乎所有的机械都需要用轴承、轴瓦或轴套来支撑。烧结含油轴承现已成为汽车、家电、音响设备、精密机械等领域必不可少的一类基础零件。

烧结金属含油轴承是利用粉末冶金制品的多孔性，在孔隙中含有 10% ~40% 润滑油（体积分数），在自行供油状态下使用的一类滑动轴承。

烧结含油轴承与熔铸轴承相比有以下优点：

①不需要从外部补加润滑油，不需要特殊供油机构。

②材料利用率高，可省去加工作业。

③成分可调，可制成一般熔铸法无法制造的几种金属或金属与非金属的复合材料，改善轴承的性能。

④耐磨性比铸造轴承好，使用寿命长。

⑤减震性好、噪音低。

含油轴承与其他类型轴承相比，最显著的优点是其给予工程师很大的设计空间。例如，如果不能实现从油池里供油，可以用油瓶、油毛毡芯、以及润滑脂等。在这些情况下，需要在轴承卸载的一端钻一个油孔，与进料点排列成行。有的还需要槽沟，尤其是应用润滑脂的情况下。此外，如果轴承负载的一端旋转或者在多个方向上滑动，卸载的一端要持续地变动它的位置。在使用烧结金属含油轴承时，这些设计可以完全省略。烧结金属含油轴承的表面都是孔，任何方向的变动都不会影响。使用滴油润滑轴承，在机器不用的时候需要封住油瓶，避免其滴空。而烧结金属含油轴承随着轴心的转动可以自动调节。烧结金属含油轴承的另一个优点是标准型号覆盖范围广，价格低。

虽然烧结含油轴承强度不及相应的熔炼轴承，但由于以上优点，在不需要高载荷的地方，烧结含油轴承正逐步取代熔铸轴承。

烧结金属含油轴承按照组成合金不同可划分为：铁基含油轴承、铜基含油轴承、铝基含油轴承、其他特殊含油轴承。本书主要介绍铜基含油轴承。

长期以来铜在粉末冶金轴承材料中处于十分重要的位置，这主要归功于它有如下一些优点：

①铜在空气中受热后容易形成一层保护性的氧化膜，可防止由于内部进一步氧化导致产品失效；

②当铜浸于含有痕量硫化物油中的时候容易形成一层保护性的硫化膜，使轴承内部仍保持原有性能；

③铜的导热率很高，能够快速散发摩擦过程中产生的热量，降低轴承表面的温度，可以使轴承保持一个温度相对稳定的工作环境；

④铜基合金大部分为面心立方结构，与体心立方结构相比（铁基合金一般为体心立方结构），轴承的表面更不容易发生啮合，具有良好的抗卡性能。

与铁基含油轴承相比，铜基含油轴承承载能力略低，仅适用于中、低负荷的工作环境，但是铜基含油轴承具有良好的耐腐蚀性能和抗卡性能，所以在工业中有十分广泛的应用。

5.1.1　铜基含油轴承的发展历程

现代的烧结青铜轴承是 1910 年在德国的一篇专利中提出的。美国通用电气公司的 Gilson E G 成功使之商品化，并于 1916 年获得了美国专利。在工业上，美国的克莱斯勒公司在 1930 年前后首先制造并应用了烧结青铜 – 石墨含油轴承，当时的商品名称是 Oilite。

20 世纪 50 年代初期，我国吴自良等研究了青铜轴承的压制与烧结。1953 年，上海纺织机械厂开始生产烧结青铜 – 石墨轴承。

经过几十年的发展，我国含油轴承制造业有了明显的提高。近年来，国内含油轴承的生产原料有了明显进步，如生产微型含油轴承所用的部分合金化 CuSn10 粉末，部分厂家已经达到了欧美发达国家的水平。此外，大量国外知名企业在我国设立分公司也从客观上促进了我国含油轴承制造业的进步。

粉末冶金含油轴承，特别是青铜基含油轴承，一般质量比较轻。最小的只有 0.005 g，一般用于精密设备或机器中，因此，青铜含油轴承对粉末原料以及生产工艺的要求十分严格。图 5 – 1 所示是几种常见的铜基含油轴承。

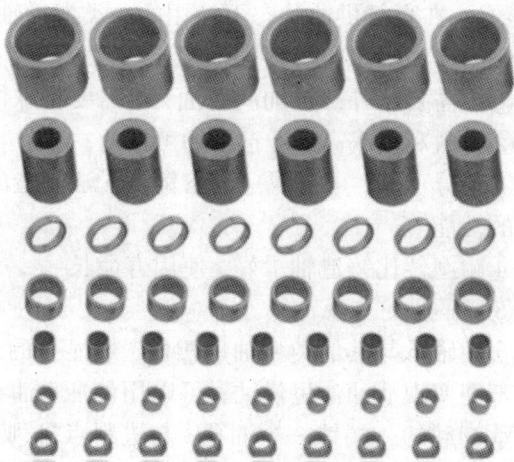

图 5 – 1　铜基含油轴承

5.1.2　烧结含油轴承的工作原理

烧结含油轴承的润滑方式与熔铸轴承不同。烧结含油轴承由于本身存在大量的孔隙，润滑油含浸在其中的连通孔隙中，所以是自动供油保持运转，而一般的滑动轴承必须用持续滴加润滑油的方法从外部供油。

当轴承处于静止状态时，润滑油存储在轴承内部的连通孔隙中。当轴或轴承开始转动时，两者之间产生摩擦，温度迅速升高。轴承与内含的润滑油同时受热膨胀，由于润滑油的膨胀系数比轴承用金属高，油从含油轴承内部的孔隙中挤出，进入轴与轴承的接触面。当轴承载荷与速度都处于某一限度之内时，由于泵吸作用，含油轴承内部的油被吸出。油从油压低的上部流向油压高的滑动部，经由油的流动形成油膜将轴与轴承隔开，从而起到润滑作用。轴与轴承停止转动时，摩擦停止，环境温度逐渐降低，存在于轴与轴承之间空隙的润滑油经过毛细作用重新回到轴承内部的孔隙中。

轴承转动时，内径面的油压分布状况如图 5 - 2 所示。

烧结含油轴承的孔隙大小与数量决定了轴承的透过性。透过性指黏性流体透过多孔性轴承材料流动的性能，由于通常用空气作为试验流体来测定透过性，所以，透过性又称透气性。烧结含油轴承的透气性好时，润滑油在轴承体内容易流动，即使在高转速低载荷下，润滑油仍容易被压入轴承内部，而一般流体润滑是不可能的，从而出现边界润滑的情况，降低轴承的使用寿命。

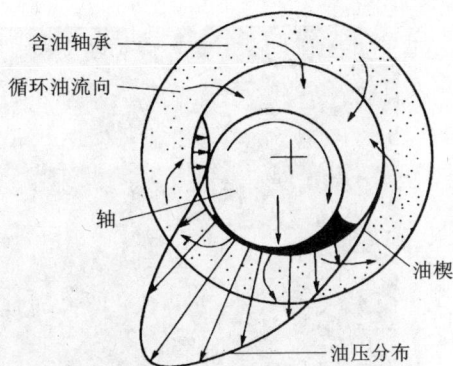

图 5 - 2　润滑油在多孔含油轴承中的流动情况示意图

烧结含油轴承的主要原理如下：

①轴承运转需要最少的含油量以使轴承形成一个完整的油膜量，如果供油速率比形成油膜的速率快，可以加快轴承的冷却；如果供油速率比形成油膜的慢，轴承的余隙空间就会有一部分空隙，负荷的油膜也就会不完全。

②油在轴承滑动过程中通过传热使温度升高，而油在轴承中流动的过程中温度降低，在轴承运行过程中，油的传热就趋于一个平衡值。

③余隙空间中油的含量（在轴承温度下）和油池中油量（在油池温度下）的比例不仅决定油的重复使用频率，还决定油多长时间会变质，何时需要添加新鲜的没有被氧化的干净油。

④油的氧化寿命。它会随着温度逆对数的变化而改变。此外，环境温度每上升 10℃，油的寿命就会减半。

因此，使用该类轴承的一个极端是提供大量的高稳定性的油，这样轴承会循环得到适量冷却的供油。另一个极端是应用少量的油。它的供给速度被调到可以避免磨损和轴承咬死的最低限度。

5.2　铜基含油轴承的判定因素

铜基含油轴承的优劣主要取决于以下因素。

（1）合金成分的选取

铜基含油轴承有很多种合金类型，最常见的添加元素是 Sn、Zn、Pb 以及 C 等。添加 1% 石墨的多孔青铜（CuSn10）是最为常见的类型。

（2）含油轴承的孔隙数量

含油轴承的孔隙数量（主要指开孔孔隙率），既决定油的容纳能力，又决定它本身的力学性能。轴承的孔隙率越高，其压力以及导热率就越低。因此孔隙率的选择应该充分平衡轴承的含油率，承载能力和散热能力。图 5 - 3 是高孔隙率和低孔隙率的含油轴承金相显微组织图。

（3）含油轴承的孔隙质量

孔隙率相同的含油轴承，可以是大量的小孔隙，也可以是少量的大孔隙。较小的孔隙会造成较低的渗透率和比较严重的毛细现象，也就是说会造成更大的流动阻力和毛细管力。孔隙率大则会起相反的作用，甚至影响轴承的含油能力。因此，孔隙大小的选择应充分考虑各

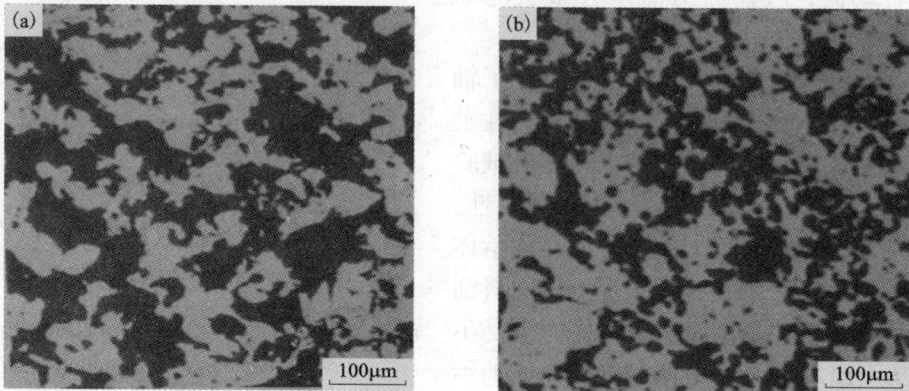

图 5 - 3　高孔隙率和低孔隙率的含油轴承金相显微组织图
(a)高孔隙率；(b)低孔隙率

个方面的因素。孔隙越小，进入孔隙的油压力的损失就越小，但是在边界条件下表面孔隙的废屑容易引起孔隙堵塞。

(4)润滑油的选取

首先，含油轴承中的润滑油必须具有很强的抗氧化能力，因为含油轴承的工作环境一般温度较高，润滑油持续地保持在此温度中，并且和金属表面以及大气中的氧密切接触，抗氧化能力差会导致润滑油氧化失效，甚至产生有机酸腐蚀含油轴承，造成轴承失效。由于需要长时间的运行以及频繁地开始运行与终止，含油轴承中的润滑油需要有很高的界面润滑性能（油润性）。为了提高润滑油的抗氧化能力，一般需要对其进行精炼，去除其中含有的一些极性分子，但这些极性分子能够提高它的润滑性能。因此如何平衡两者之间的矛盾是精炼过程中的一个重要问题。

(5)含油轴承的生产因素

含油轴承的生产工艺对轴承性能的影响也十分明显。具体影响因素包括压制、烧结条件，复压过程中加工硬化的减少，表面精整和轴承的圆柱度（如与标准圆柱的偏差度）等。

5.3　铜基含油轴承的生产标准

铜基烧结含油轴承应用十分广泛。不仅日常生活中的电动工具、真空吸尘器、光盘驱动、打印机等设备的微、小型电动机离不开这种轴承，而且在许多大型机械中也有大量的应用。美国金属粉末工业联合会（MPIF）和美国材料试验学会（ASTM）于1966年发布了多孔性烧结青铜含油轴承的技术规范。

最新北美生产的轴承的性能及 MPIF 标准 35 列出的部分微型青铜烧结含油轴承性能见表 5 - 1。

国际上含油轴承生产采用的统一标准为 ISO 发布的粉末冶金材料标准 ISO 5755。表 5 - 2 是部分含油轴承的性能标准。

表 5 −1　北美微型含油轴承 MPIF 35 标准中微型青铜烧结含油轴承的部分性能

密度(干) /(g·cm⁻³)	密度(湿) /(g·cm⁻³)	MPIF 标准 35	
		开孔孔隙率最小值/%	径向压溃强度最小值/MPa
6.6	6.8	15.5	220
7.0	7.2	10.5	270

表 5 −2　国际微型含油轴承 ISO 5755 标准中含油轴承的部分性能

密度(干) /(g·cm⁻³)	密度(湿) /(g·cm⁻³)	ISO 5755	
		开孔孔隙率最小值/%	径向压溃强度最小值/MPa
6.6	6.8	22	140
7.0	7.2	15	180

由上述两个标准可以看出，北美烧结含油轴承径向压溃强度远高于国际标准。当今的 ISO 5755 标准主要反映欧洲青铜轴承生产工艺的性能。欧洲生产的青铜轴承比北美制造的青铜轴承，开孔孔隙率高，径向压溃强度低。导致这种差别的原因，除了压制、烧结工艺与北美不同外，粉末原料制备工艺不同也有很大关系。欧洲与北美生产微型含油轴承所用铜粉主要为低松装密度雾化铜粉，两地采用不同工艺降低雾化铜粉松装密度，造成原料粉形貌及物理性能有所差别，导致生产的微型含油轴承性能不同。青铜基微型含油轴承所应用领域不同，对轴承性能要求也有区别。

5.4　烧结青铜系含油轴承

烧结青铜系含油轴承在工业中应用十分广泛。该类轴承中，应用最早最广泛的是烧结 CuSn10 含油轴承。20 世纪后期，又相继出现了铝青铜、磷青铜等系列的含油轴承。我国从 20 世纪 50 年代开始生产用雾化 663 青铜粉制造的青铜含油轴承，现在正逐步被烧结 CuSn10 青铜含油轴承取代。

5.4.1　烧结 CuSn10 系含油轴承

20 世纪中期欧美地区以及日本对该系列轴承进行了深入的研究，其中代表人物是日本的渡边侁尚教授，经过 7 年(1952—1958 年)的研究，他掌握了控制烧结青铜含油轴承制造技术的核心——含油孔隙形成机理，为日本及世界烧结金属含油轴承生产技术与产品开发奠定了坚实的基础。

根据含油轴承中石墨的添加量不同，可分为低、中、高石墨含量的烧结青铜含油轴承。

低石墨含油轴承中石墨含量不大于 0.3%，这种轴承耐腐蚀性好。低密度(6.4 g/cm³)产品可以保证一定的韧性，同时也能承受振动载荷，可应用于办公机械、农用机械等领域。高密度(6.8 g/cm³)产品含油量相对减少，但是具有更高的韧性和承载能力，可适用于转速较低的环境中。

中等石墨含量的烧结青铜含油轴承中石墨含量为 0.5% ~ 1.8%。这些轴承适用于重载荷与高速和一般磨损条件下。

　　高石墨含量的烧结青铜含油轴承中石墨含量大于 2.5%。这种轴承运转十分平静，一般应用于较少的现场补加油或环境温度较高的条件下。它们通常适用于摆动或间歇转动的工作环境。表 5 - 3 所示是部分代表性含油轴承的物理性能 - 力学性能。

表 5 - 3　烧结青铜系含油轴承材料的物理 - 力学性能

材料	材料牌号代号	化学组成 w/%			最小值[①]			密度 $D_{湿}$[②] /(g·cm^{-3})	
		元素	最小	最大	强度常数		含油量[③] /%	最小	最大
					/10^{3}psi	/MPa			
低石墨青铜轴承	CT - 1000 - K19	铜	87.2	90.5	19	130	24[⑤]	6.0	6.4
		锡	9.5	10.5					
		石墨	0	0.3					
		其他[④]	0	2.0					
	CT - 1000 - K26	铜	87.2	90.5	26	180	19	6.4	6.8
		锡	9.5	10.5					
		石墨	0	0.3					
		其他[④]	0	2.0					
	CT - 1000 - K37	铜	87.2	90.5	37	260	12	6.8	7.2
		锡	9.5	10.5					
		石墨	0	0.3					
		其他[④]	0	2.0					
	CT - 1000 - K40	铜	87.2	90.5	40	280	9	7.2	7.6
		锡	9.5	10.5					
		石墨	0	0.3					
		其他[④]	0	2.0					
中等石墨青铜轴承	CTG - 1001 - K17	铜	85.7	90.0	17	120	22[⑥]	6.0	6.4
		锡	9.5	10.5					
		石墨	0.5	1.8					
		其他[④]	0	2.0					
	CTG - 1001 - K23	铜	85.7	90.0	23	160	17	6.4	6.8
		锡	9.5	10.5					
		石墨	0.5	1.8					
		其他[④]	0	2.0					
	CTG - 1001 - K30	铜	85.7	90.0	30	210	9	6.8	7.2
		锡	9.5	10.5					
		石墨	0.5	1.8					
		其他[④]	0	2.0					
	CTG - 1001 - K34	铜	85.7	90.0	34	230	7	7.2	7.6
		锡	9.5	10.5					
		石墨	0.5	1.8					
		其他[④]	0	2.0					

续表 5 – 3

材料	材料牌号代号	化学组成 w/%			最小值[①]			密度 $D_湿$ [②] /(g·cm^{-3})	
		元素	最小	最大	强度常数		含油量[③] /%	最小	最大
					/10^{3}psi	/MPa			
高石墨青铜含油轴承	CTG – 1004 – K10	铜	82.8	88.3	10	70	11	5.8	6.2
		锡	9.2	10.2					
		石墨	2.5	5.0					
		其他[④]	0	2.0					
	CTG – 1004 – K15	铜	82.8	88.3	15	100	[⑦]	6.2	6.6
		锡	9.2	10.2					
		石墨	2.5	5.0					
		其他[④]	0	2.0					

注：①该数据基于成品轴承；②假定油密度为 0.875 g/cm³；③随着密度升高，最小含油量将减小，表中数值给出的密度上限都是有效的；④含铁量的最大值为 1%；⑤最小含油量为 27% 时，密度范围为 5.8～6.2 g/cm³，压溃常数为 105 MPa；⑥最小含油量为 25% 时，密度范围为 5.8～6.2 g/cm³，压溃常数为 90 MPa；⑦当石墨含量与轴承密度均达到最高值时，轴承只含有微量油，石墨含量少，轴承密度低时，轴承中含油量可达到 5%～10%。

含油轴承烧结过程主要是液相烧结，大致可分为以下三个界限不十分明显的阶段。

1）液相流动与颗粒重排阶段。烧结过程中，富锡区熔化，产生液相，颗粒受液相表面张力的推动发生位移。颗粒间孔隙中液相所形成的毛细管力以及液相本身的黏性流动，使颗粒调整位置、重新分布以达到最紧密排布。

2）固相溶解和再析出阶段。本阶段铜粉颗粒表面原子逐渐溶解于液相，小颗粒以及颗粒表面棱角和凸起部位优先溶解。同时，液相中一部分过饱和铜原子在大颗粒表面沉析出来，使大颗粒趋于长大。

3）固相烧结阶段。固溶铜锡颗粒之间靠拢，接触面产生固相烧结，颗粒彼此黏合，形成坚固的固相骨架。

前两个过程中，富锡区铜锡固溶相熔化产生液相，流出孔隙使周边的缝隙状孔隙粗大化。同时，液相向铜粉骨架中扩散形成强韧的青铜合金，浸入粉末颗粒间的 Sn – Cu 液相具有黏结剂的作用，从而使材料强度提高。

含油轴承在氢气或分解氨保护气氛下烧结，液相内溶解的氢气急剧排除，在合金中留下许多气孔。因此，在包晶温度下进行预烧结，使铜锡扩散充分反应，同时也可以烧除润滑剂，这时再超过包晶温度烧结体积就会有一定收缩，提高含油轴承的密度，增强轴承承受载荷能力。

影响液相烧结的因素包括：颗粒尺寸、颗粒形状、颗粒内部的孔隙、添加剂的多少与均匀度、生坯密度、烧结工艺等，这些因素对液相烧结的速度、最终的烧结密度和显微组织有重要的影响。其中，颗粒形状在含油轴承压制成形阶段和液相烧结的颗粒重新排列阶段具有重要作用。使用球形粉末的轴承生坯强度比较低，在很多情况下是不适用的；使用不规则形状的粉末，由于颗粒间摩擦力比较大，生坯密度比较低，会造成轴承的烧结密度比较低。

烧结含油轴承的显著特点是含有一定的孔隙率，轴承本身孔隙处于含油状态，在工作状态时，轴承与轴摩擦产生热胀，将轴承中的润滑油挤压到摩擦面，起到润滑作用，因此，烧结含油轴承也叫自润滑含油轴承。孔隙大小直接影响多孔性烧结含油轴承的供油性能和贮油量，进而影响其减磨性能和使用寿命。

单一金属做原料生产的含油轴承，孔隙由粉末颗粒间的缝隙形成，在相同压制、烧结条件下，孔隙大小只能靠粉末粒度、颗粒形状等调节，可调节范围小。因此，铜基含油轴承通常加入一定量锡，烧结过程中，由于锡熔化，流到铜粉颗粒之间，从而形成了大量粗大的流出孔，并且在其周围铜粉颗粒间构成了许多微细孔隙结构，趋向于向粗大孔隙变化，构成由粗大锡粉流出孔隙和在其周边形成的微细孔隙的连通孔隙网络。

图 5 - 4 所示是铜锡粉末压坯烧结过程中孔隙与合金状态变化示意图。从图 5 - 4 可以看出，铜锡粉末压坯烧结过程中流出孔隙形成机理如下：铜锡粉末在压坯烧结过程中，除 Sn 在 232℃熔化时生成液相外，在 415℃时由于 $\eta \rightarrow \varepsilon + L$ 和在 730 ~ 755℃时因 $\gamma \rightarrow \gamma + L$ 与 $\gamma \rightarrow \beta + L$ 等中间合金产生的相变也都会产生液相。因此，锡粉流出孔隙不只是发生在 232℃锡熔化时，在 415℃与 730 ~ 755℃时产生的液相，都会使已形成的流出孔隙与周边的铜粉颗粒间缝隙形成的孔隙进一步粗大化。实验证明，锡流出孔隙由于液态锡对其周边铜粉颗粒的侵蚀，其大小比原来的锡粉颗粒约大 1.2 倍。

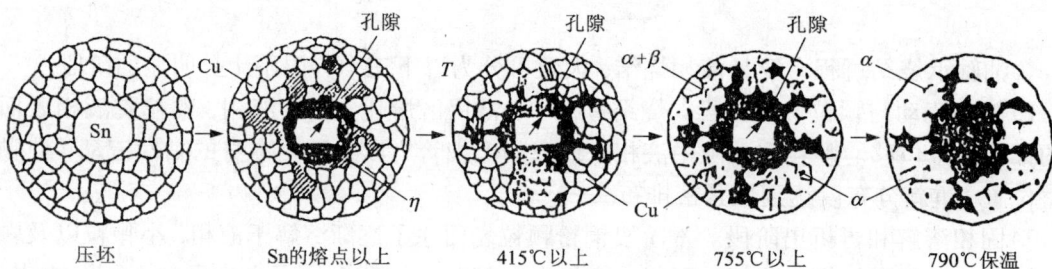

图 5 - 4　Cu - Sn 混合粉末压坯烧结过程中孔隙与合金状态变化示意图

锡熔化后形成流出孔隙和经 415℃与 730 ~ 755℃的中间合金产生的液相，会使孔隙粗大化，从而减低材料基体的强度。但是，锡经过液相向铜粉骨架中扩散形成强韧的 α 青铜合金和浸入铜骨架颗粒间的铜锡液相具有黏结剂的作用，从而使材料的强度性能增高，弥补了因孔隙结构粗大化而导致的强度性能降低。结果，Cu - Sn 压坯在烧结过程中随着烧结温度升高，压溃强度大幅度增高。

微型含油轴承压坯烧结温度过高会产生过多液相，轴承收缩率增大，严重影响轴承的烧结产品形状，增加含油轴承后续加工工艺成本。同时，轴承开孔孔隙率降低，导致轴承含油率降低，影响轴承使用寿命。烧结温度过低，轴承产生液相过少，会使轴承产生流出孔较少，开孔孔隙率小，含油率低。微型含油轴承烧结不完全还会降低其径向压溃强度，难以达到轴承使用要求。

下面讨论石墨对烧结 CuSn10 含油轴承的影响。

（1）石墨的添加量对轴承密度的影响

含油轴承的密度主要取决于含油轴承的生坯密度和烧结尺寸变化率。图 5 - 5 所示是石墨粉添加量对含油轴承生坯密度的影响。从图可以看出，石墨的添加量对轴承生坯密度影响甚微。在压坯密度大致相同的情况下，含油轴承的密度随着石墨添加量的增大直线性减小。随着石墨粉添加量增多，含油轴承的密度趋于降低。

青铜含油轴承中石墨的添加量对轴承烧结收缩率的影响十分明显。实验证明：当原料铜粉为 -250 目（≤58 μm）时，在 300 MPa 和 400 MPa 下压制成形时，除添加石墨量在 0～0.5% 时收缩率略有增大外，收缩率随着石墨添加量的增加而减小。其中，在石墨添加量较少时，轴承的轴向收缩率和径向收缩率相差不大。随着石墨添加量的增大，轴向收缩率减小程度增大。当石墨的添加量为 2.5% 时，轴向收缩率与径向收缩率相差可达 4%。

（2）石墨添加量对轴承强度的影响

由于石墨添加量不同会导致含油轴承收缩率不同，因此，比较石墨添加量对含油轴承压溃强度的影响时，采用不同压制压力将含油轴承调整到同一密度情况下测定。

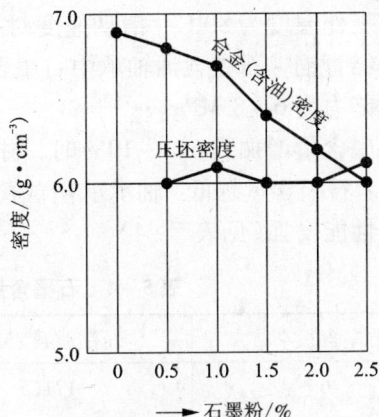

图 5 - 5　石墨粉添加量与烧结 90Cu - 10Sn - C
含油轴承密度的关系

[Cu 粉 - 100 目（≤150 μm）、压制压力 200 MPa]

图 5 - 6 所示是石墨的添加量对含油轴承硬度和压溃强度的影响。当合金中石墨的添加量超过 0.5% 时，含油轴承的硬度和压溃强度随着石墨粉添加量的增大而减小。

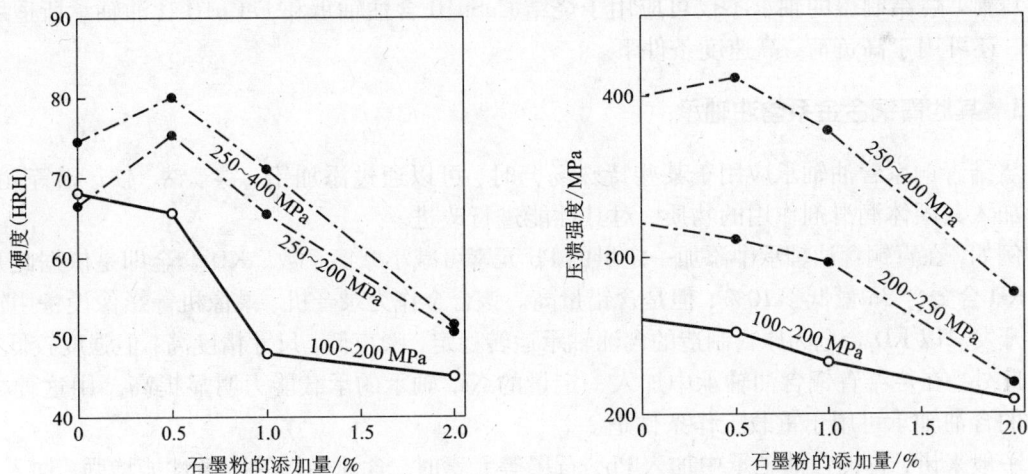

图 5 - 6　石墨粉的添加量与烧结 90Cu - 10Sn - C 合金的硬度（HRH）和压溃强度的关系

石墨在烧结过程中既不与铜发生作用又不与锡发生作用，所以，青铜含油轴承中石墨添加量增多时，可将轴承中含有的石墨看作是固体润滑剂。其中，石墨的添加量根据轴承的工作条件进行调整，范围在 1%～25% 之间。该类轴承称为烧结青铜 - 石墨含油轴承。

烧结青铜 - 石墨含油轴承运行时，在摩擦面可形成一层石墨膜，起到润滑作用。另外，摩擦表面产生机械损伤时，石墨膜可以起到修复作用。

烧结青铜 - 石墨含油轴承的容许负荷很大程度上取决于材料的孔隙率与滑动速度

（见表 5 - 4）。随着孔隙率和滑动速度增高，烧结青铜 - 石墨含油轴承承载能力降低。极限容许的工作温度为 80℃。滑动速度对其摩擦系数值也有很大影响。

烧结青铜 - 石墨含油轴承中石墨含量低于 4% 时，推荐的 pv 值为 2.0 MPa/$(m·s^{-1})$。最高承载能力为 6 ~ 8 MPa。

石墨含量增加到 6% ~ 10% 时，材料的强度性能急剧降低。石墨对轴承的减摩性能有特殊影响：石墨含量越低，轴承承担载荷的能力越强。石墨含量增大，轴承承载能力降低，但是减摩性能增强（见表 5 - 4）。

表 5 - 4 石墨含量对烧结青铜 - 石墨材料性能的影响

石墨含量/%	压溃强度/MPa	硬度(HB)/MPa	线膨胀系数/($10^{-6}℃^{-1}$)
6	171.5	800	18
8	138.5	720	17
10	126.6	680	16

5.4.2 烧结铝青铜系含油轴承

铝青铜是铜合金系中强度最高，耐蚀性较好的一类合金。铝青铜不仅用于制造机械零件，还应用于制造过滤器和高负荷含油轴承。烧结铝青铜含油轴承是一种新开发的轴承零件，适用于速度和载荷都较高的工作环境中或有腐蚀性的环境中。

例如，烧结 Cu - 8.5Al - 4Ni 合金是较为常见的一种制作铝青铜含油轴承的材料。该种材料压制、烧结制得的轴承不仅可应用于烧结 CuSn10 含油轴承和 FeCu10 含油轴承所适用的场合，还可用于高负荷、高速度条件下。

5.4.3 其他青铜合金系含油轴承

烧结青铜系含油轴承应用于某些特殊场合时，可以通过添加铅、镍、钴、铁、铝等元素，或者加入其固体润滑剂作用的物质，对其性能进行改进。

例如，在青铜含油轴承中添加一定量的 Pb 元素可减小摩擦系数。KD 合金即是依据此开发的。KD 合金含 Sn 量低于 10%，但是含铅量高。该合金作为录音机、录像机等影像设备用轴承材料开发。以 KD 合金为原料制造的含油轴承运转稳定，噪声低，尺寸精度高，但强度较低。

此外，在烧结青铜含油轴承中加入一定量的 Ni，轴承的承载能力明显提高。用这种材料制造的含油轴承可用于重载工作条件下。

一般来讲，青铜含油轴承中加入 Pb、石墨等元素时，含油轴承的减摩性能增强；加入 Ni、Fe、Mo、V、Cr、W 等元素时，含油轴承的承载能力增强。

5.5 铜基含油轴承制备工艺

含油轴承的制造过程大体可分为制粉、压制、烧结。

5.5.1 粉末原料制备工艺

我国最早的铜基含油轴承基本上是以雾化 663 青铜粉为原料，根据轴承的需要添加适量的石墨粉或其他金属粉末，并加入 0.5% ~1% 的润滑剂（如硬脂酸锌等），在混料机中混合均匀后压制成生坯密度不低于 6.5 g/cm³ 的轴承，在氨分解保护气氛下烧结。欧美日等发达国家生产的轴承大部分是以电解铜粉或雾化铜粉为原料，混入 10% 左右的锡粉或者根据需要加入一定量的锌、镍、铅、石墨等元素，然后加入 0.5% ~1% 的硬脂酸锌作为润滑剂进行压制、烧结。

鉴于铅的有害性，国内外生产含油轴承的主要原料逐渐变为铜锡粉末或者根据轴承要求加入一定量的石墨、锌、镍等元素。

青铜基含油轴承按照轴承的质量可分为普通含油轴承和微型含油轴承。普通含油轴承对原料的要求相对不太严格，一般为铜粉与锡粉（或按照需要添加适量的石墨粉以及其他粉末）的混合粉或雾化铜锡合金粉。其中，含油轴承用锡粉一般由雾化法制得。铜粉按照制备工艺不同可分为电解铜粉和雾化铜粉。两者物理性能不同，对含油轴承的压制、烧结工艺也有不同要求。电解铜粉为树枝状结构，易于压制成形，但是烧结收缩率大。雾化铜粉为球形或类球形，烧结收缩稳定，但是成形性差。使用铜粉原料不同，含油轴承的压制、烧结工艺有很大区别。

微型含油轴承要求运转稳定、无噪声，因此对粉末有以下几点要求：
①粉末成分无偏聚、偏析，保证轴承成分均匀，运转产生噪音小；
②粉末具有良好流动性能和压制性能，保证轴承具有良好的精度和强度；
③粉末具有良好烧结性能，保证轴承收缩稳定性好，开孔孔隙率高。

微型青铜烧结含油轴承所用原料粉末，最初为铜粉和锡粉的混合粉和直接雾化铜锡合金得到预合金粉。两种粉末均存在缺点，难以满足微型含油轴承的使用要求。混合粉压制的微型含油轴承铜锡成分分布不均匀，轴承运转稳定性差，噪音大，使用寿命短；预合金粉成形性差，在烧结过程中无孔隙流出过程，开孔孔隙率低，轴承含油率难以达到含油轴承的使用要求。20 世纪 90 年代初，国外许多公司（如美国 SCM 公司，日本福田公司等）相继开发出了部分合金化 CuSn10 粉末，解决了混合粉的的偏析问题和雾化合金粉的含油率低等问题，成为制造铜基微型烧结含油轴承的主要原料。部分合金化 CuSn10 粉末一般经过高温扩散工艺制得，又称扩散粉，主要生产流程如图 5-7 所示。

国内部分合金化 CuSn10 粉末大规模生产始于本世纪初。目前，国内对部分合金化 CuSn10 粉末的研究主要集中在以下方面：

对部分合金化 CuSn10 粉末进行基础研究，比较预合金粉、混合粉、部分合金化 CuSn10 粉末的优缺点，检测部分合金化 CuSn10 粉末的压制性能、烧结性能，通过粉末物理性能对部分合金化 CuSn10 粉末进行研究分析。对部分合金化 CuSn10 粉末的扩散工艺进行研究改进，如调节扩散温度、控制保温时间等，控制铜锡粉末的部分合金化程度。

国内生产的部分合金化 CuSn10 粉末存在的主要问题是收缩率不稳定。对部分合金化 CuSn10 粉末所使用的铜粉，一般采用电解铜粉，研究种类比较单一，且对铜粉粒度、松装密度的研究也比较少，而粉末的制备工艺、粒度及分布对粉末的部分合金化过程及轴承的压制、烧结性能影响较大。

扩散法最早应用于制备微型含油轴承用部分合金化 CuSn10 粉末。现在，国内对扩散法制备预合金粉工艺应用于其他方面也有许多研究，并取得许多成果，这些成果对研究部分合

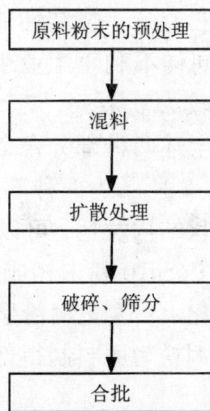

图 5-7　铜锡扩散粉末制备工艺流程图

金化 CuSn10 粉末有很大的借鉴意义。

目前，微型含油轴承生产厂家用 CuSn10 粉末主要为部分合金化 CuSn10 粉末，包括以电解铜粉与锡粉为原料制得部分合金化 CuSn10 粉末和以低松装密度雾化铜粉与锡粉为原料制的部分合金化 CuSn10 粉末，微型含油轴承用 CuSn10 粉末性能比较如表 5 - 5 所示。此外，国外公司采用特殊工艺雾化制得低松装密度铜锡预合金粉末也有应用。

表 5 - 5　微型含油轴承用 CuSn10 粉末性能比较

粉末扩散用 铜粉原料	轴承生坯		含油轴承			
	破损率	压坯强度	收缩稳定性	含油率	压溃强度	pv 值
低松装密度雾化铜粉	较低	低	好	好	一般	较低
电解铜粉	低	较高	差	一般	好	低

以电解铜粉与锡粉为原料制备的部分合金化 CuSn10 粉末压制性能好，生坯强度高，生坯的成形性好。缺点是收缩率不稳定，不利于模具尺寸和烧结工艺的确定，在要求精度高的微型含油轴承生产领域难以应用。

以低松装密度雾化铜粉与锡粉为原料制备的部分合金化 CuSn10 粉末烧结收缩率比电解铜粉稳定，烧结性能好，但是成形性差，在保证孔隙率的压制条件下，生坯脱模破损率高，同样不利于工业生产。该压机属于简单的机械加压模式。目前生产所用的大部分压机结构较为复杂。

上述两种部分合金化 CuSn10 粉末压制、烧结性能的差异，主要由粉末形貌不同所导致。图 5 - 8 所示为两种部分合金化 CuSn10 粉末的 SEM 形貌图。从图 5 - 8 可以看出：电解铜粉树枝状结构发达，可以保证成形性，但是容易产生搭连现象，以电解铜粉为原料制得部分合金化 CuSn10 粉末相成分比较复杂，高温烧结时，富锡区熔化，粉末颗粒重新排列，烧结收缩率变化大；雾化铜粉呈球形或近球形，高温扩散过程中形成简单铜锡合金相和单质铜相。以雾化铜粉为原料制得部分合金化 CuSn10 粉末在烧结时，相组成变化较小，收缩率稳定。

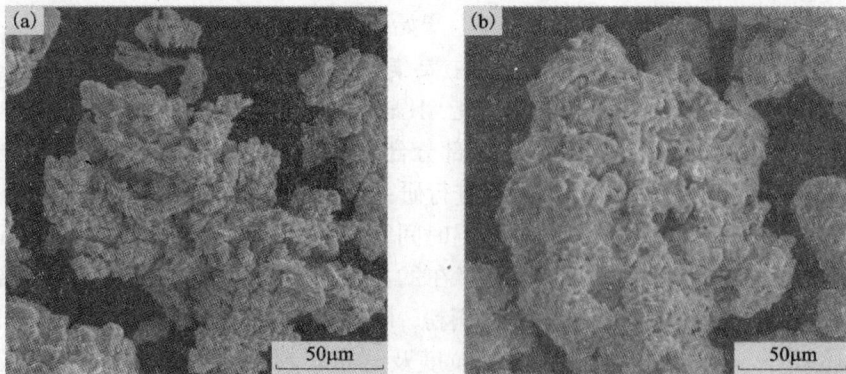

图 5 - 8　部分合金化 CuSn10 粉末的 SEM 形貌图

(a)以电解铜粉为原料制得粉末的 SEM 形貌；(b)以雾化铜粉为原料制得粉末的形貌

目前，微型含油轴承生产厂家主要根据所生产含油轴承的形状、尺寸决定使用部分合金化 CuSn10 粉末的类型。部分厂家采用几种部分合金化 CuSn10 粉末混合使用的方法满足不同含油轴承的生产要求。

5.5.2　含油轴承的压制工艺

微型含油轴承要求具有适当的开孔孔隙率（含油率），并能承受一定载荷。因此，微型含油轴承所采用的压制、烧结条件有十分严格的要求。粉末压制之前添加一定量的润滑剂，在混料机中混料一段时间，使得润滑剂混合均匀，方便脱模，保护模具。含油轴承要求有一定的孔隙率，因此压制压力不宜过大。根据生产轴承的大小，一般将轴承的生坯密度压制到 $5.8 \sim 6.7$ g/cm^3。

粉末冶金轴承的压制一般在专用的粉末冶金压机中进行。该类型压机具有连续压制能力，用于含油轴承的工业生产。

有些压机为了追求更大压制压力，采用了液压技术，如图 5-9 所示。

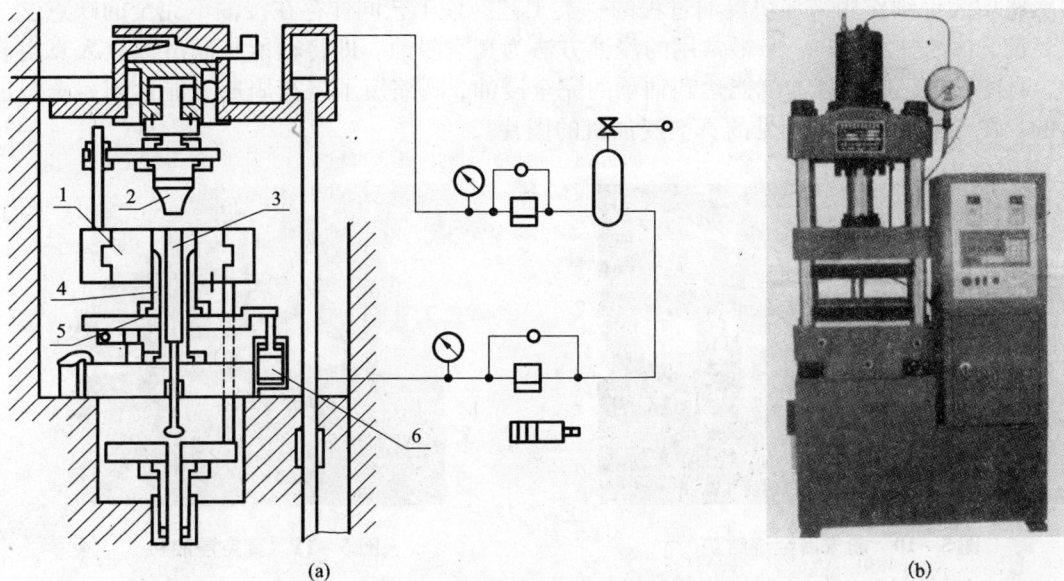

(a)　　　　　　　　　　　　　(b)

图 5-9　粉末冶金用液压机的结构示意图和外观图
（a）结构示意图；（b）实物图
1—模架；2—上冲头；3—芯棒；4—下一冲头；5—下二冲头；6—油泵

5.5.3　烧结工艺

铜基含油轴承的烧结在专用的带式烧结炉（如图 5-10 所示）中进行。一般在高温区前有一段相对低温的加热区，主要目的是烧除润滑剂。含油轴承的烧结一般在保护气氛中进行。工业中最常采用的保护气氛是分解氨气氛。

根据原料和尺寸的不同，铜基含油轴承的烧结温度一般在 $750 \sim 850$℃，烧结时间为 $15 \sim 45$ min。

5.5.4 后处理工艺

由于烧结后轴承的尺寸存在一定的变化，同时烧结件表面变粗糙，所以轴承烧结后必须进行精整，使之具有适当的尺寸精度或所要求的形状。烧结件出炉后，为了防锈（含铁轴承）以及整形时润滑，需进行浸油处理。整形的原则是，不得将表面的孔隙堵死，但是可以适当的调整内径表面的孔隙多少。在必要的时候，需要对轴承进行精加工作业，使轴承的粗糙度达到要求。在小批量或者形状特殊的情况下，可对轴承进行切削加工以达到精整的目的。之后，要将含油轴承在生产过程中为防锈或者润滑而吸附的油清洗干净，然后进行浸油。按照含油轴承的使用用途，添加的润滑油的种类包括机油、液压油、平透油 等矿物油以及其他各种合成油等。铜基含油轴承的成品密度一般在 $6.3 \sim 7.4$ g/cm³ 之间，含油率为 $12\% \sim 30\%$（体积分数）之间。

含油轴承的浸油方式主要有普通浸油、加热浸油、真空浸油等。普通浸油是将轴承放在润滑油中长时间静置以达到充分浸油的目的。该方法工艺简单，但是存在工艺周期长，浸油不充分等缺点。加热浸油是指在加热条件下，通过增加润滑油的流动性以及利用润滑油和轴承的膨胀增大毛细作用来加快浸油过程的一类工艺。该工艺同样存在浸油不完全的缺点。

目前，含油轴承生产厂家最常用的浸油方法为真空浸油。即将轴承与润滑油放入真空装置中，通过较短时间的浸油就能达到轴承的完全浸油，既缩短了工艺周期又能达到完全浸油的目的。图 5-11 所示是常见的真空浸油机的图片。

图 5-10 粉末冶金烧结炉　　　　　图 5-11 真空浸油机

5.6 钢-烧结铜合金双金属轴承

钢-烧结铜合金双金属轴承是指将各种青铜合金粉末轧制或烧结在钢背上制成的一类轴承材料。其中，组成钢背的材料最好为镀铜钢带。

钢-烧结铜合金双金属轴承一般为滑动轴承，主要用于内燃机中。该轴承通常在油膜压力较大，温度较高的环境中运行，该情况下轴承中润滑油由于高温氧化，易生成有腐蚀性的有机酸。因此，内燃机中的滑动轴承应具有高的承载能力、良好的抗烧结性、良好的镶嵌性和磨合性、高的耐腐蚀性、良好的热传导性（散热性）。上述要求十分苛刻，有些甚至是相互矛盾的，如硬度高的材料具有高的疲劳强度和承载能力，但是表面性能较差。

为在同一轴承上解决以上问题，就发展了多层结构的轴承：薄的表面镀层使得轴承具有所需的表面性能；中间的减磨合金提供较高的疲劳强度和承载能力；高强度的钢背不仅能提供所需的刚度和强度,同时还将轴承与轴套之间的热膨胀系数不同的问题减至最小。

该类双金属轴承并不是多孔性的含油轴承,而是结构致密的材料。具体说来,该类轴承有以下主要特点:

①采用粉末冶金工艺,将铜合金粉末直接烧结在钢带上制造而成。相对于铸造材料,其质量稳定,生产成本低。

②铜合金直接烧结在带材上,机械强度高。同时,双金属轴承壁薄,铜合金消耗少,节约材料,降低了制造成本。

③双金属轴承一般采用连续成形法生产制造,生产效率高,易于保证轴承的尺寸和精度,减少机加工难度。

5.6.1　钢 – 烧结铜 – 镍合金 – 巴氏合金复合轴承材料

内燃机的主轴承与连杆轴承材料应具有以下性能:轴承合金层的疲劳强度高、塑性好;与轴的磨合性好,轴与轴承的磨损小;能嵌藏磨料颗粒;抗烧结性能好;导热率高;在含有高分子有机酸的润滑油中耐腐蚀性好;材料成本低,工艺性能好。

20 世纪 30 年代末,美国的 Corp G M 开发了钢 – 烧结铜 – 镍合金 – 巴氏合金复合轴承材料,成功解决了以上难题。

Corp G M 开发的其中一类轴承材料制造过程如下:将镍粉 30% ~40%(质量分数)与铜粉 60% ~70%(质量分数)的预混合粉均匀平铺在软钢带上,在保护气氛中进行高温烧结,烧结温度在 1 100℃左右。此时,铜熔化,将镍粉颗粒紧紧烧结在钢带表面。在常温和 70 MPa 压力下将烧结合金轧制到厚度为 0.025 ~0.075 mm,然后在巴氏合金中进行真空浸渍。残留于烧结合金层表面的巴氏合金厚度为 0.005 ~0.025 mm。巴氏合金浸熔于烧结合金层的孔隙中,与烧结合金紧密的结合在一起。从而制成了负荷能力与疲劳强度均优异的双金属带材。

5.6.2　钢背 – 烧结铜铅合金双金属轴承材料

烧结钢背 – 铜铅合金双金属轴瓦于 20 世纪 60 年代诞生。这是粉末冶金自润滑轴承技术的新进展。它与三层复合轴承相比,能承受更高的负荷,可用作重型柴油机的底盘等的滑动轴承和发动机连杆小头轴瓦,在东风重型货车 EQ1141 系列汽车上大量使用。

铜铅合金一般是由铜构成连续的骨架,铅填充其中。这种硬度相差很大的两种组分组成的结构是铜铅合金适用于做减磨材料的一个重要条件。铅青铜是指含铅 24% ~40%(质量分数),含锡 0.5% ~10% 的铜基三元合金。通常将含有少量锡的铜铅合金称为铅青铜,加入锡的主要目的是提高材料的疲劳强度。表 5 – 6 所示是部分铜铅合金和铅青铜的化学成分及物理 – 力学性能。

表 5 – 6　部分铜铅合金和铅青铜的化学成分及物理 – 力学性能

化学成分 $w/\%$			抗拉强度/MPa	硬度(HV)/MPa
Cu	Pb	Sn		
60	40	—	64	320
70	30	—	78	370
74	22	4	109	500
80	10	10	164	700

钢－烧结铜铅合金双金属轴承材料可采用铸造或粉末冶金方法制造。铸造法生产的该类合金材料利用率低、容易产生成分偏析、铸造过程中产生应力，导致出现微裂纹。因此，目前钢－烧结铜铅合金双金属轴承材料主要采用粉末冶金方法制造。工业生产中具体工艺流程如下：

冷轧钢带经过洗净、调平，用布粉机将铜铅合金（或铅青铜）粉末散布的钢带上，在还原气氛中进行高温烧结，烧结温度为 800～900℃，时间为 15～30 min，这时粉末颗粒会烧结在钢带上（见图 5－12）；然后对烧结合金层进行冷轧密实，进行第二次烧结，目的是使铜铅合金（或铅青铜）层达到最高强度；最后用抛光的精轧辊轧制，然后经过压弯、整形、机加工等工序制成各种轴承轴瓦材料。

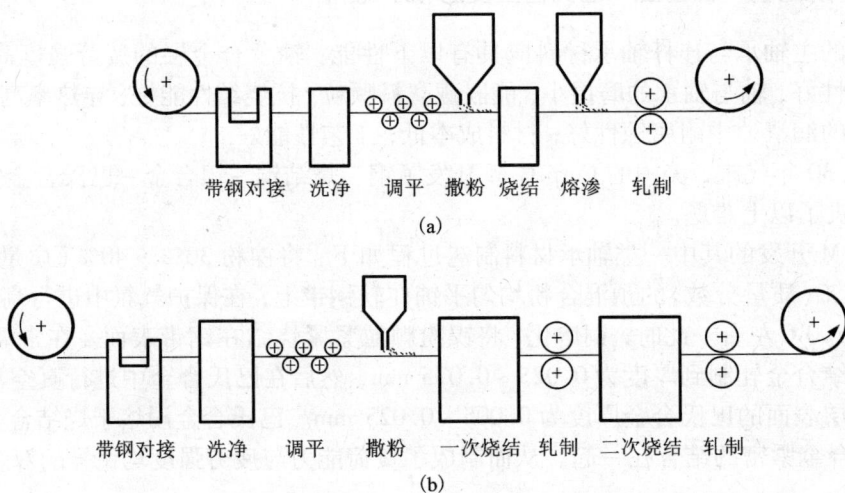

(a) 带钢对接　洗净　调平　撒粉　烧结　熔渗　轧制

(b) 带钢对接　洗净　调平　撒粉　一次烧结　轧制　二次烧结　轧制

图 5－12　钢－烧结铜铅合金双金属带材的制作过程

(a) 高 Pb 铜铅合金(48Cu－1Sn－51Pb)；(b) 含 Pb 量较低的铜铅合金

总的来说，钢－烧结铜合金双金属轴承的耐烧结性、承载能力均十分优异，是一种十分有前途的机械零件。

铜基粉末减摩材料，包括轴承与轴瓦等，制造工艺如图 5－13 所示。

粉末冶金工艺与传统熔铸、锻压致密材料比较，具有如下的特点：

①在混料时可掺入各种固体润滑剂（如石墨、硫、铅、二硫化钼、氟化钙等），以改善该材料的减摩性能；

②利用烧结材料的多孔性，可浸渍各种润滑油，或填充固体润滑剂，或热敷和滚轧改性塑料带等，使材料更具自润滑性能，减摩性能特佳；

③优良的自润滑性，使它能在润滑剂难以到达之处和难以补充加油或者不希望加油（如医药、食品、纺织等工业）的场合使用，以达到安全和无油污染的效果；

④较易制得无偏析的、金属密度差大的铜铅合金/钢背、铝铅合金/钢背等双金属材料；

⑤材料具有多孔的特性，能减震和降低噪声；

⑥材质成分选择的灵活性大，诸如金属及合金、非金属、化合物和有机材料聚合物等，均可加入使用并获得较理想的减摩性能；

⑦特殊用途的减摩材料，如空气轴承、液压轴承、耐腐蚀性轴承等，更发挥了粉末冶金减摩材料的特点。

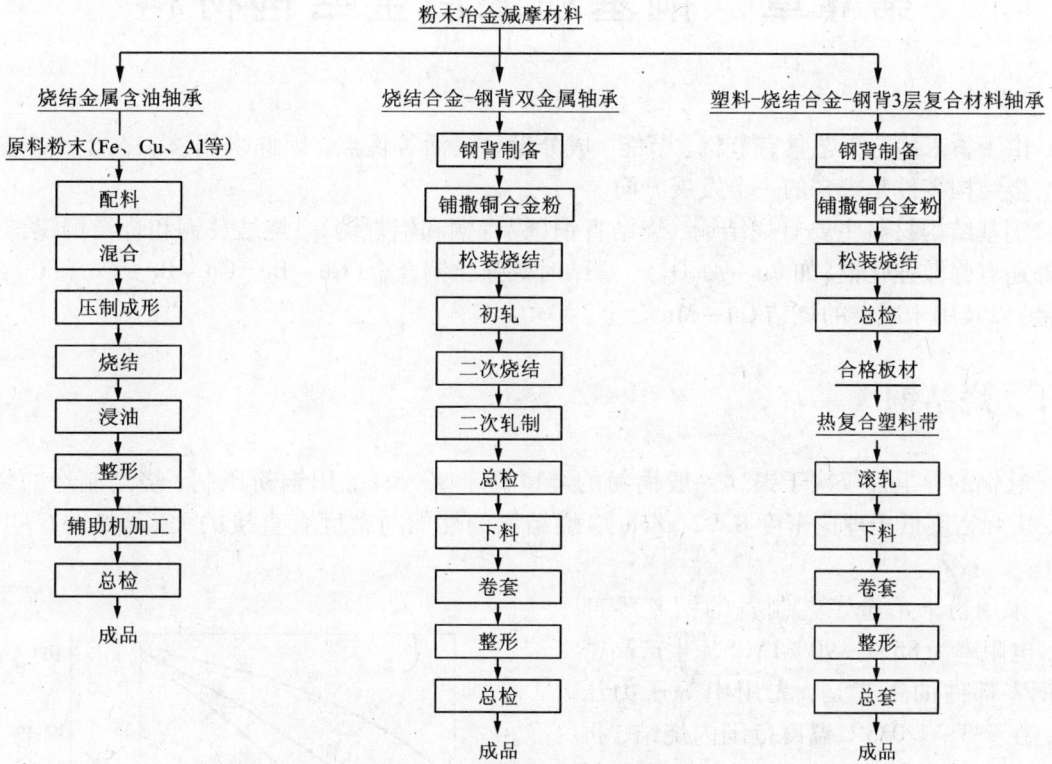

```
                              粉末冶金减摩材料
        ┌──────────────────────────┼──────────────────────────┐
  烧结金属含油轴承           烧结合金-钢背双金属轴承      塑料-烧结合金-钢背3层复合材料轴承
  原料粉末(Fe、Cu、Al等)          ┌─────────┐                ┌─────────┐
        ┌─────────┐           │ 钢背制备 │                │ 钢背制备 │
        │  配料   │           └─────────┘                └─────────┘
        └─────────┘           ┌─────────┐                ┌─────────┐
        ┌─────────┐           │铺撒铜合金粉│                │铺撒铜合金粉│
        │  混合   │           └─────────┘                └─────────┘
        └─────────┘           ┌─────────┐                ┌─────────┐
        ┌─────────┐           │ 松装烧结 │                │ 松装烧结 │
        │ 压制成形 │           └─────────┘                └─────────┘
        └─────────┘           ┌─────────┐                ┌─────────┐
        ┌─────────┐           │  初轧   │                │  总检   │
        │  烧结   │           └─────────┘                └─────────┘
        └─────────┘           ┌─────────┐               合格板材
        ┌─────────┐           │ 二次烧结 │              热复合塑料带
        │  浸油   │           └─────────┘                ┌─────────┐
        └─────────┘           ┌─────────┐                │  滚轧   │
        ┌─────────┐           │ 二次轧制 │                └─────────┘
        │  整形   │           └─────────┘                ┌─────────┐
        └─────────┘           ┌─────────┐                │  下料   │
        ┌─────────┐           │  总检   │                └─────────┘
        │ 辅助机加工 │          └─────────┘                ┌─────────┐
        └─────────┘           ┌─────────┐                │  卷套   │
        ┌─────────┐           │  下料   │                └─────────┘
        │  总检   │           └─────────┘                ┌─────────┐
        └─────────┘           ┌─────────┐                │  整形   │
       成品                   │  卷套   │                └─────────┘
                              └─────────┘                ┌─────────┐
                              ┌─────────┐                │  总套   │
                              │  整形   │                └─────────┘
                              └─────────┘               成品
                              ┌─────────┐
                              │  总检   │
                              └─────────┘
                             成品
```

图5-13　铜基减摩材料的制造工艺

第6章　铜基粉末冶金结构材料

由于粉末冶金工艺具有节材、节能、成分设计灵活等优点，因此采用该工艺生产铜基粉末冶金结构零件是未来的一个发展方向。

铜基结构材料主要有烧结铜、烧结青铜（锡青铜和铝青铜）、烧结黄铜和烧结铜镍合金，另外还有弥散强化铜（如 $Cu-Al_2O_3$）、烧结时效强化铜合金（$Cu-Be$、$Cu-Be-Co$ 和 $Cu-Cr$ 合金）以及用于减震的烧结 $Cu-Mn$ 合金。

6.1　烧结铜

纯铜的导电性仅次于银。一般铜粉的纯度高于 99.5%，用铜粉压制、烧结制造的烧结铜，实际密度低于理论密度 8.92 g/cm^3，烧结铜的性能与密度有直接的关系（如图 6-1 所示）。

采用粉末冶金工艺制备的铜基零部件，电阻率为 85% ~ 90% IACS。生产高密度铜零部件的工艺是，先用中等压力压制，在 933 ~ 1 033℃温度范围内烧结，再复压至所需的密度，还可以进行复烧以得到所需的退火组织。烧结铜零部件的性能可接近或达到铸造工艺制备的铜零部件水平。

对于导电应用的烧结铜结构零件，ASTM 标准规定了化学成分和密度范围要求，烧结铜的力学性能和电导率列于表 6-1 中。

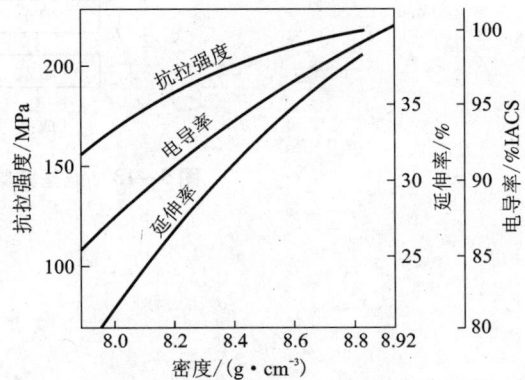

图 6-1　烧结铜的密度对其
力学性能和电导率的影响

表 6-1　烧结铜的力学性能和电导率

化学成分和密度		抗拉强度/MPa	延伸率/%	电导率/% IACS	电导率/($\Omega^{-1} \cdot m^{-1}$)
Cu,最小 99.9%	I 类 8.0 g/cm^3	160	20	85	0.493×10^8
其余,最大 0.10%	II 类 8.3 g/cm^3	195	30	90	0.522×10^8

烧结铜由于具有良好的延展性、较高的电导率、较好的耐蚀性、表面光洁及无磁性等优点，被广泛应用于电子、电气零件，如整流子环、触点、开关机构的零件等。在汽车中可用作交流发电机用硅整流器底座。

6.2　烧结青铜

青铜是人类历史上应用最早的合金，原指铜与锡的合金，由于其 δ 相呈青白色，因此而得名。另外，由于工业中应用了大量含铝、硅、铅、铍的铜基合金，习惯上也称作青铜。

青铜广泛应用于制造多孔自润滑轴套与轴承、形状复杂的结构件。将铜与锡的合金称作锡青铜，其他的无锡青铜可分别称为铝青铜、硅青铜、铅青铜、铍青铜等，以示区别。

1. 烧结锡青铜

一般烧结锡青铜中，含锡 9.5% ~ 10.5%（质量分数），常用的原料主要有铜、锡的混合粉、雾化铜锡合金粉和部分预合金铜锡粉，经压制、烧结制成零部件。当制品密度超过 7.0 g/cm³ 时，采用雾化合金粉末较好，主要是雾化合金粉末松装密度较高、压制性好，较易制备高密度的青铜零部件。

Cu – 10% Sn 混合粉的烧结为烧结后期液相消失的液相烧结过程。当温度达到 Cu – Sn 包晶反应温度（798℃）时，烧结体发生急剧膨胀，直到 820℃ 左右又转为急剧收缩。图 6 – 2 所示为 Cu – 10% Sn 混合粉压坯以 20℃/min 的速度加热，从不同温度冷却下来的烧结体的密度。从图 6 – 2 可以看出来，从 798℃ 开始出现明显膨胀。如果在 788℃、798℃ 及 808℃ 下保温，其尺寸变化为图 6 – 3 中虚线所示。结果表明，在 788℃ 烧结时继续发生收缩，而在 798℃、808℃ 保温则发生膨胀。总之，如果在包晶温度以下烧结，就不会发生异常膨胀。研究认为，这是因为温度上升超过包晶温度时，液相迅速消失，氢气从液相中析出，造成气孔而出现异常膨胀现象。如果在 785℃ 烧结 40 min 后再继续升温，就不会发生异常膨胀。烧结达到相同密度，温度越低则保温时间要相应延长。760℃ 烧结需保温 60 min 以上，735℃ 则需保温 90 min 以上。总之，使液相在包晶温度以下扩散并缓慢消失，或减缓升温速度都可以防止异常膨胀。采用青铜粉、铜粉和锡粉混合物，或者全部采用预合金粉，或者使压坯轻微氧化以促使烧结收缩，从而减少或消除尺寸的膨胀。烧结锡青铜结构零件的材质成分及性能见表 6 – 2。

表 6 – 2　烧结锡青铜结构零件的材质成分及性能

材质成分 /%	密度 /(g·cm⁻³)	抗拉强度 /MPa	延伸率/% (25.4 mm)	压缩屈服极限 /MPa	硬度 (HRH)
Cu 87.5 ~ 90.3 Sn 9.5 ~ 10.5	6.4	93	1	76	45
C ≤ 1.75 Fe ≤ 0.1	6.8	110	2	103	55
其他总量 ≤ 0.5	7.2	138	3	138	65

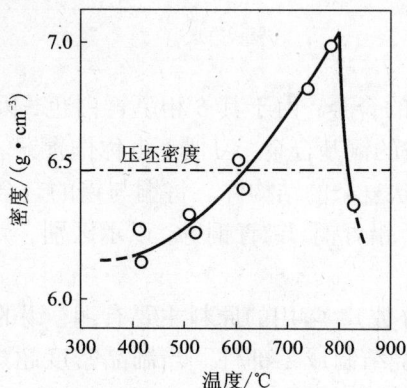

图6-2 Cu-10%Sn混合粉压坯
加热(升温速度:20℃/min)至
各温度冷却后的烧结密度

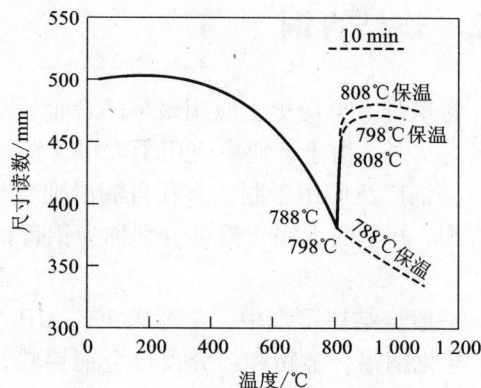

图6-3 Cu-10%Sn混合粉压坯在
包晶温度(798℃)附近的等温热膨胀曲线
(升温速度:20℃/min)

少量的高密度烧结青铜零件含锡量在5%~12%之间。有时加入合金添加剂,如P、Zn、Ni等。加入P可提高硬度,加入Zn可改善机械加工性能和降低成本,添加Ni可改善锡青铜的性能,镍青铜时效硬化时,可得到不同的抗拉强度和延伸率。Cu-10%Sn青铜与一种镍青铜的性能比较于表6-3中所示。

表6-3 烧结锡青铜与烧结镍青铜的性能比较

成　　分	密度/(g·cm⁻³)	热处理	抗拉强度/MPa	延伸率/%
Cu-10%Sn	7.5	退火	180	5
Cu-10%Sn	8.2	退火	220	15~20
Cu-10%Sn-5%Ni	8.2	退火	320	20
Cu-10%Sn-5%Ni	8.2	时效硬化	630	2

从表中可以看出,加入5%的Ni,可以大大提高其抗拉强度,提高约50%,而延伸率不下降,通过时效硬化处理,可以使得抗拉强度达到630 MPa,但其延伸率大大降低,仅为2%。

2. 烧结铝青铜

对于无锡青铜,可以采用元素粉末混合料来制造烧结铝青铜,烧结铍青铜等。

烧结铝青铜,含5%~9%Al的合金是一种单相合金,具有较好的延展性,并可用冷加工进行强化。含9%~11%Al的合金由两相组成,其延展性比含铝量低的差,但可以用热处理来提高强度。烧结铝青铜的屈服强度,含11%Al的烧结铝青铜的屈服强度为274 MPa,热处理后可提高到410 MPa;热处理后抗拉强度为450 MPa。烧结铝青铜比锡青铜更适合于制造强度高的零件,同时,烧结铝青铜与铸锻合金一样具有优异的耐蚀性,可用于制造叶轮、齿轮、连杆等。表6-4列举了热锻烧结铝青铜的力学性能。

表6-4　热锻烧结铝青铜的力学性能

$w(Al)/\%$	锻造温度/℃	抗拉强度/MPa	屈服强度/MPa	延伸率/%	硬度(HRB)
5	871	407	215	46	35
11	871	623	448	4.7	87
11	871	764	456	6.9	92

3. 烧结铍青铜

烧结铍青铜,一般含有 0.1% ~2.6% 的铍,制备工艺通常是采用镍铍或者钴铍母合金形式加入到混合料中,然后将混合粉末进行压制、烧结、复压、淬火和固溶及时效处理。也可用铜-铍预合金粉末,用非氧化性酸洗涤后,压制成相对密度为 89% 的压坯,于 840℃ 烧结,然后进行固溶和时效处理。α 相是铍溶解在铜中的固溶体,β 相是以 CuBe 电子化合物为基的固溶体。β 相在 575℃ 时发生共析转变 $\beta \rightarrow \alpha + \gamma$。由于 α 固溶体随温度下降溶解度也降低,所以铍青铜有和铝合金类似的时效硬化现象。时效硬化机理也是由于富铍相的沉淀和析出。当 Be 含量低于 0.5% 时,由于熔点升高,最佳时效温度为 450~480℃,保温时间 1~3 h。对于 Be 大于 1.7% 的合金,最佳时效温度为 300~330℃,保温时间 1~3 h(根据零件形状及厚度而定)。因而,烧结铍青铜在时效状态可以得到高强度和较高的导电性,具有良好的综合性能。时效硬化铍青铜与时效硬化镍青铜一样,都可以用来制取高强度铜基结构零件,特别适用于精密仪器仪表。

6.3　烧结黄铜

1. 烧结黄铜

普通黄铜是铜与锌的合金,它的颜色随含锌量的增加由黄红色到淡黄色。除铜和锌外,还含有少量其他元素的合金称为复杂黄铜,如锡黄铜、铅黄铜、硅黄铜、铝黄铜、锰黄铜等。

烧结黄铜零件从 20 世纪五六十年代开始应用,它具有良好的耐腐蚀性、可加工性及光亮的表面,可用于制造耐蚀和外观要求好的机械零件,如兵器零件、建筑金属构件、锁零件、螺母、齿轮等。

烧结黄铜中锌的含量为 10% ~35%,由于锌在烧结时极易挥发,因此锌不以单质粉形式加入,而常用雾化预合金粉为原料。预合金粉同样存在锌的挥发损失,而且压坯孔隙率越大,锌损失也越大。为了减少烧结时锌的挥发损失,烧结时可采取以下措施:①采用露点较低的保护气氛;②采用含锌的固体填料,并将烧舟密封;③减少升温和降温时间;④缩短保温时间。结构零件用烧结黄铜的成分与性能见表 6-5 所示。

黄铜合金粉的成形压力一般为 400 ~800 MPa。随着压制压力的增大,黄铜粉末颗粒发生塑性变形,减少了压坯中孔隙的数量及尺寸,使得粉末冶金黄铜零件的密度和硬度升高。当压力过高时,压坯的弹性后效明显,容易出现开裂现象。

表 6 – 5 结构零件用烧结黄铜的成分与性能

化学成分/%	密度/(g·cm⁻³)	极限抗拉强度/MPa	延伸率/% (标距25.4 mm)	压缩屈服强度, 0.1%残余变形/MPa	硬度(HRH)
Cu77.0~80.0	7.2	140	9.0	70	64
Pb1.0~2.0 Zn 余量	7.7	160	10.0	80	70
Ni≤0.1,Sn≤0.1, Sb≤0.1,Fe≤0.25, 酸不溶物≤0.1	8.0	190	13.0	100	85

烧结温度与锌含量有关,一般控制在固相线温度以下 100℃ 左右,含锌量小于 20% 时为 850~880℃,含锌量大于 20% 时为 820~860℃。为了进一步提高烧结黄铜的密度,可以进行复压复烧或锻造。复压复烧可得到孔隙率为 3%~6% 的制品;冷锻可以保证制品孔隙度为 2%~3%,冷锻压力为 700~800 MPa;热锻是将黄铜坯在保护气氛下于 820~880℃ 加热 3~5 min,再以 800~1 000 MPa 的压力进行锻造,锻件孔隙可低于 1%。预合金粉可以采用雾化法制备,也可使用扩散法制造,所谓扩散法就是将铜粉与锌粉混合均匀,在保护气氛(氢气、分解氨等)中 450~550℃ 下在还原炉中加热 10~30 min,使锌扩散到铜粉中形成预合金粉末。

为了改善烧结黄铜的力学性能,其中可以加入 0.1%~1.0% 的磷。烧结黄铜时,P 还有脱氧的作用。有文献研究添加磷和烧结温度对烧结黄铜(90Cu – 10Zn)力学性能的影响,见图 6 – 4。90Cu – 10Zn 的压坯在 H_2 与吸热型煤气中于指定温度烧结 30 min。图中数字表示下列条件:1——0%P,成形压力 780 MPa,H_2;2——0.5%P,成形压力 780 MPa,H_2;3——0.5%P,成形压力 480 MPa,H_2;4——0.5%P,成形压力 480 MPa,吸热型煤气;5——0.5%P,1% 硬脂酸,成形压力 780 MPa,吸热型煤气。由图可以看出,1 号无 P 的抗拉强度最高,但延伸率较低;成形压力越高,抗拉强度与延伸率也越高。在 H_2 气中烧结较在吸热型煤气中烧结的力学性能高。

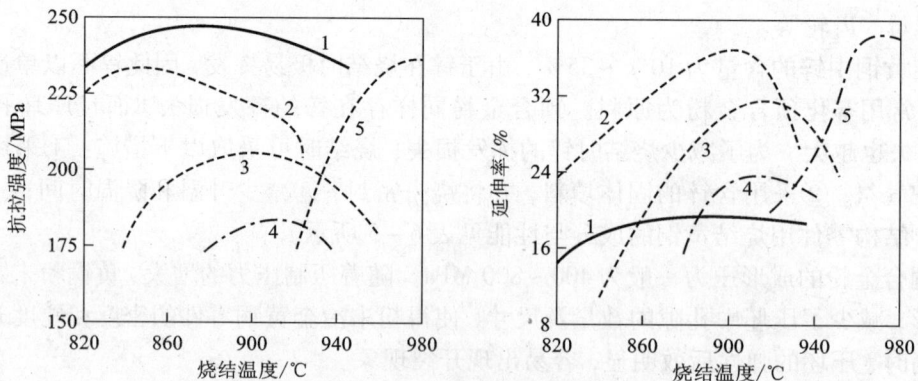

图 6 – 4 烧结温度对添加磷的烧结黄铜(90Cu – 10Zn)力学性能的影响

将添加有 0.3% P 的 70/30 黄铜粉，在 780 MPa 压力下压制成形，在 H_2 气中烧结，烧结温度和烧结时间对添加 P 的烧结黄铜(70Cu-30Zn)力学性能的影响如图 6-5 所示。烧结时间为 5~30 min，抗拉强度的峰值均为 270 MPa 左右，烧结时间越长，抗拉强度的极大值就越向低温方向移动。延伸率也有类似的变化规律，它的最高值为 50% 左右。表 6-6 为烧结黄铜的力学性能标准。

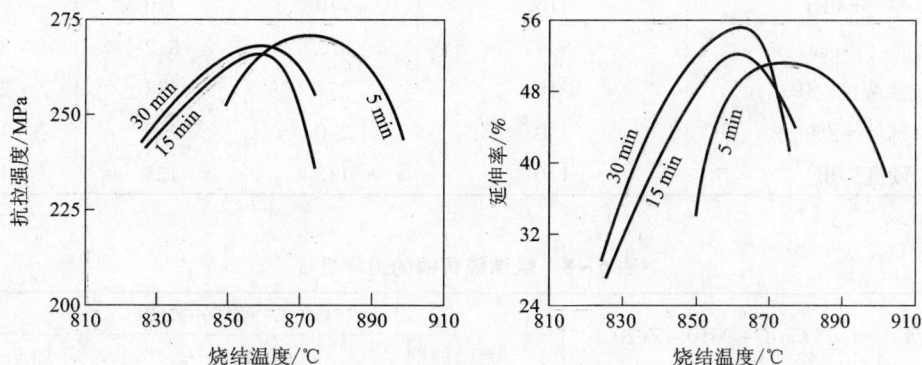

图 6-5　烧结温度和烧结时间对烧结黄铜(70Cu-30Zn)力学性能的影响

表 6-6　烧结黄铜的力学性能标准

性　　能	Cu70-Zn30				Cu90-Zn10			
	无 P		加 P		无 P		加 P	
成形压力/MPa	480	780	480	780	480	780	480	780
烧结温度/℃	885	885	850	850	920	890	910	880
抗拉强度/MPa	200	242	220	240	181	196	188	205
延伸率/%	11	13	43	50	15	13	31	34
压缩屈服强度/MPa	110	129	59	61	79	97	63	70
硬度(HB,250)	43	51	35	39	38	49	35	41
密度/(g·cm^{-3})	—	7.92	—	7.94	—	8.36	—	7.99
相对密度/%	—	97	—	97.2	—	95	—	90.8

2. 烧结镍黄铜

镍黄铜就是将黄铜中 10%~20% 的锌用镍替代，成为铜-镍-锌三元合金，因其表面呈美丽的银白色光泽，故称为镍银合金。这种合金的耐腐蚀性和韧性比黄铜更好，可用来制造耐腐蚀的机械零件，如齿轮、电工零件、船用零件及生活用具和照相机零件。以预合金粉为原料，烧结温度 870~980℃。为了改善机加工性能，有时添加适量的铅(1.5%)。烧结镍黄铜烧结后进行精整也可提高密度。烧结镍黄铜的成分与性能列于表 6-7 和表 6-8 中。烧结镍铜合金的成分与力学性能标准见表 6-9。

表6-7 烧结镍黄铜的成分

处理与性能	Cu70-Ni10-Zn20	Cu60-Ni10-Zn30		
		无添加剂	加Fe	加Fe,P
成形压力/MPa	470	470	470	470
烧结温度/℃(30 min,分解氨)	890	880	880	860
精整/MPa	710	710	710	710
密度/(g·cm⁻³)	8.4	8.2	8.2	8.1
抗拉强度/MPa	318	274	338	274
延伸率/%	2.0	2.0	2.0	1.6
硬度(HB)	110	115	125	120

表6-8 烧结镍黄铜的力学性能

成分/%	Cu70-Ni10-Zn20	Cu60-Ni10-Zn30		
		无添加剂	加Fe	加Fe,P
Cu	70±1.0	60±1.0	60±1.0	60±1.0
Ni	10±0.5	10±0.5	10±0.5	10±0.5
Fe	—	—	1.5±0.2	1.5±0.2
P	—	—	—	0.5±0.1
其他	<0.5	<0.5	<0.5	<0.5
Zn	余量	余量	余量	余量

表6-9 烧结镍铜的成分与力学性能标准

化学成分/%				密度/(g·cm⁻³)	极限抗拉强度/MPa	压缩屈服强度(0.1%残余变形)/MPa	延伸率/% 标距25.4 mm	硬度HRH(烧结态)
Cu	Ni	Pb	Zn					
62.5~65.5	16.5~19.5		余量	7.5~8.0	210	110	10	75
				>8.0	255	125	12	85
62.5~65.5	16.5~19.5	1.25~1.75	余量	7.5~8.0	210	110	10	75
				>8.0	240	120	12	85

6.4 烧结铜-镍合金

烧结铜-镍合金含Ni 10%~30%,是一种单相合金,常用来制造耐腐蚀的机械零件。由于合金中含镍较多,烧结铜-镍合金与烧结镍银合金一样,仅用于特殊用途。铜-镍烧结属于无限互溶体系,这种系统中铜-镍系研究得最为成熟。图6-6所示为70Cu-30Ni粉末混合料在980℃烧结时性能与时间的关系。可以看出,Cu-Ni混合粉压坯烧结时,开始一段时间内会发生尺寸膨胀现象,膨胀是由于偏扩散引起的,是发生柯肯德尔效应的结果。随着烧结时间的延长,逐渐完成合金的均匀化,烧结体逐渐缩小。为使烧结过程中不发生这种膨胀，最好采用铜－镍预合金粉末。

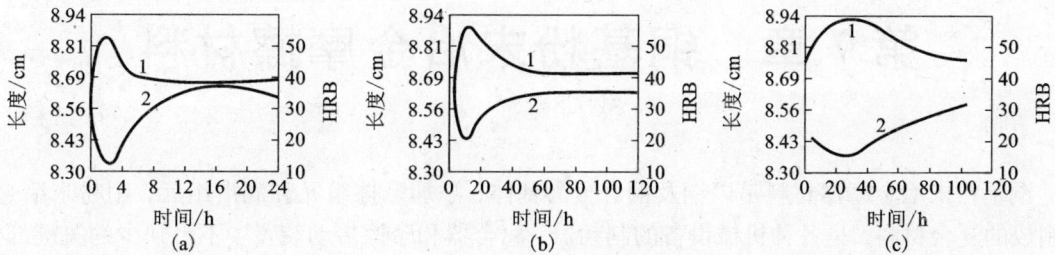

图 6 - 6　70Cu - 30Ni 混合粉末压坯烧结时间与性能的关系

粉末粒度：(a) -325 目(≤45 μm)；(b) -250 ~ +325 目(45 ~ 61 μm)；(c) -150 ~ +200 目(75 ~ 100 μm)

性能：1—长度变化；2—硬度

烧结铜－镍合金中的镍含量有 10%、20%、40% 和 67% Ni，镍含量对铜－镍合金的密度和硬度的影响如图 6 - 7 所示。图中的数字表示的条件为：1 为混合粉，在 780 MPa 成形，在 800℃、H_2 气中烧结 1h；2 为扩散预合金粉，在 780 MPa 成形，在 800℃、H_2 气中烧结 1h；3 为混合粉，在 780 MPa 成形，在 1 000℃、H_2 气中烧结 1h；4 为扩散预合金粉，在 780 MPa 成形，在 1 000℃、H_2 气中烧结 1h。

从图中可以看出，相同工艺条件下，预合金粉末硬度较混合粉的高，综合来看，密度也较混合粉的高一些。

Cu - Ni 合金料在 758 MPa 压力下压制，压坯相对密度可达到 85% ~

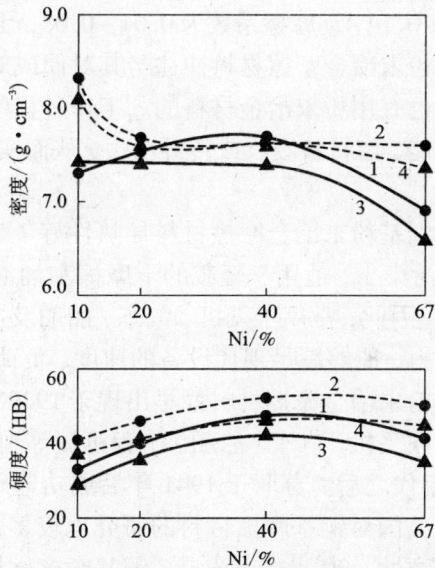

图 6 - 7　镍含量对铜－镍合金的密度和硬度的影响

90%，在分解氨中于 1 090℃烧结，密度可提高到 92% ~ 94%，硬度(HRB)为 20，延伸率 δ 为 10% ~ 14%，经复压或精整可使相对密度达到 99% 以上。有文献报道，铜－镍合金可进行超固相线烧结，烧结体中出现少量液相可达到全致密，从而大大提高合金的性能。

第7章　铜基粉末冶金摩擦材料

铜基粉末冶金摩擦材料是以铜及铜合金为基体，添加摩擦组元和润滑组元，用粉末冶金技术制成的复合材料，是各种机械设备的制动器、离合器和摩擦传动装置中不可缺少的关键部件。

铜基粉末冶金摩擦材料，由于铜及铜合金的高导热性和耐磨性，并通过镍、铁、锑、钼、钨等元素的强化组元及氧化硅、氧化铝、硫酸钡等摩擦组元的加入，而获得较好的综合摩擦性能。其密度可控制在 $4.8 \sim 6.5$ g/cm^3，硬度（HB）为 $20 \sim 60$，抗压强度 > 2.0 MPa，抗拉强度 $0.3 \sim 0.7$ MPa，干式工况静摩擦系数为 $0.3 \sim 0.45$，动摩擦系数为 $0.25 \sim 0.35$，湿式工况摩擦系数为 $0.1 \sim 0.14$，动摩擦系数为 $0.04 \sim 0.08$，主要应用于低负载条件下的离合器中。

铜基粉末冶金摩擦材料往往与其对偶成对使用，其对偶材料一般用钢、铸铁，很少用铜，特殊场合也有用粉末冶金材料的。工作过程中利用摩擦材料与对偶的摩擦将运动物体的动能转化为热能，由材料吸收或传导出去，从而实现动力的传递、阻断，运动物体的减速、停止等行为。

由于铜基粉末冶金摩擦材料导热性好，摩擦系数较稳定，抗黏结、抗卡滞性能好，耐磨性较好，污染少，适用于轻载的干摩擦和油润滑的工作条件（80% 以上用于有液体润滑的工作条件）。因此，常用于飞机、汽车、船舶及冲压机床等作为制动、传递扭矩和过载保险装置等摩擦材料，能够满足现代设备的速度、负荷、功率及机械动作的准确性要求。

铜基粉末冶金摩擦材料最早出现于 1929 年，材料含少量的铅、锡和石墨。铜基粉末冶金摩擦材料在飞机、汽车、船舶、工程机械等刹车装置上的应用发展较快，使用较成熟是在 20 世纪 70 年代之后。苏联于 1941 年后成功地研制了一批铜基摩擦材料，广泛应用于汽车和拖拉机上。美国对铜基摩擦材料的研究也较多，主要是致力于基体强化，从而提高材料的高温强度和耐磨性。20 世纪前半叶，铜基摩擦材料大多用在干摩擦条件下工作，20 世纪 50 年代以后，大约 75% 的铜基摩擦材料均在润滑条件下工作。这些摩擦材料都是以青铜为基，以锌、铝、镍、铁等元素强化基体。

我国从 20 世纪 60 年代初期就开始研制铜基粉末冶金摩擦材料。产品广泛用于汽车、船舶、农机、建筑、矿山、石油化工、通用机械、冲床、机床电器、军工等领域，远销东南亚和欧美市场。

7.1　铜基粉末冶金摩擦材料的特性

铜基粉末冶金摩擦材料与其他摩擦材料相比，具有一系列优异的使用特性：

1）高的机械强度。在工作温度下，适应拉、挤、弯、剪等不同性质载荷，其他材料不能同时都具备这一特性，特别是在重载和冲击载荷条件下。

2）高的使用温度。基体金属熔点高，使材料在较高的温度下使用仍能保持稳定的强度和摩擦磨损性能。

3）大的热容量。材料的比热容和密度大，单位体积内能吸收较多的摩擦热量，这对易产生"尖峰负荷"的运行工况来说是相当重要的。因为尖峰负荷产生的巨大热量不可能在短时间内导出、散发，如果材料自身能将摩擦表面的热量较多地吸收，则表面温度将迅速降低，不会导致摩擦面的材质和性能变坏、甚至烧损失效。

4）优良的导热性能。铜具有良好的导热能力，摩擦表面的热量，一方面很快地传向对偶钢片，被其吸收和散发，另一方面向内传导进入摩擦层和钢质芯板并被其吸收、散发，摩擦面温度能始终保持在允许的范围内，使材料长期稳定地工作，这对重载工况尤其重要。

5）高的耐腐蚀能力。在油和水中不易破坏，这种对环境介质的强适应能力，使其唯一能胜任在湿、干及两者混合型工况下工作。

6）优良的耐磨损性能。

7）稳定的摩擦特性。由于材料的稳定性好，当摩擦面的温度升高时，摩擦系数和耐磨性能不会明显下降，冷却后再使用时的恢复能力强。

8）可以制成薄型摩擦材料，减小材料体积。

7.2　铜基粉末冶金摩擦材料的组成

铜基粉末冶金摩擦材料主要由 3 大部分组成：基体组元、摩擦组元和润滑组元。

7.2.1　基体组元

铜基粉末冶金摩擦材料的基体组织结构、物理和化学性能在很大程度上决定了摩擦材料的力学性能、摩擦磨损性能、热稳定性和导热性等整体性能。金属基体的主要作用是以机械结合的方式将摩擦颗粒和润滑剂保持于其中，形成具有一定力学性能的整体。基体不仅作为载体，将互相分离的各种添加物与自身结为一体，使它们各自发挥作用，而且是承受载荷和热传导的主体，是摩擦热逸散的主要通道，具有足够的抗磨、耐热能力。

常用的基体及强化组元如下。

1. 铜

目前，摩擦材料使用最广泛的基体材料之一是金属铜。在铜基摩擦材料中，铜含量的范围为 50% ~90%。铜具有高导热率，保证摩擦过程散热良好；具有良好的塑性，易于压制；铜与氧的亲和力小，在空气中氧化速度缓慢，烧结时对保护气氛无特殊要求，容易烧结。但单一的金属铜基体强度不高，因此很少采用纯铜作为摩擦材料的基体。

2. 锡

为了强化铜，使其具有良好的耐热性和摩擦性能，通常往铜粉中加入其他金属粉末，以便烧结过程的合金化。铜基合金中用得最广泛的合金元素是锡，其加入量为 4% ~12%。铜粉中加入锡粉后提高了压坯强度，也提高了烧结制品的强度和硬度。铜 – 锡二元合金的磨损量随锡含量增加有所降低，摩擦系数非常高(0.4 ~0.6)，但不稳定。

粉末冶金锡青铜摩擦材料的组织和性能首先取决于锡的含量，大多数材料中铜锡比为9∶1。含 6% ~8% 锡的材料具有最好的磨合性。

3. 锌

有时为了降低经济成本，使用锌部分或全部地代替较贵的锡。锌含量达 12% ~15%。此外，对于铜 – 锡系粉末，加入锌显著强化了烧结时的扩散过程。

4. 铝

铝青铜属于另一种具有高的物理 – 力学性能和减磨性能的铜合金。

从物理 – 力学和某些特殊性能综合来看,铜 – 铝合金在多数情况下超过锡青铜。例如,在提高铜的强度上铝比锡更有效,特别是在铝含量为 7% ~ 10% 的范围内;铝是有效提高铜与钢黏结能力的合金元素(由于急剧地提高了铜的显微硬度),这是摩擦材料的主要性能之一;铜铝合金的耐热强度也比锡青铜高;铝青铜室温和高温的耐蚀能力大大超过了其他铜合金(青铜、黄铜),可与不锈钢相竞争。

5. 其他合金元素

除锡、锌和铝外,还采用镍、铁、锑、钛、钼、钨等作为铜基体的强化组元。

摩擦材料中加入钼和钨除强化铜外,还有以下目的:这些金属热容量高,可吸收摩擦过程产生的大量热。材料中添加 1% ~ 10% 的钼或钨可降低工作表面温度和温度摩擦过程。

总之,在选择金属或合金作为摩擦材料基体时,应当考虑技术上的必要性(能赋予材料足够的强度、硬度和必要的塑性、必需的耐热强度),同时要考虑材料制造工艺的可能性及经济上的合理性。

7.2.2 摩擦组元

摩擦组元亦称增磨剂,是由多种固态陶瓷粉末颗粒或高熔点金属及其化合物组成的,它们均匀地分布在基体中,起着摩擦、抗磨、耐热、耐蚀等作用,既可提高摩擦系数,弥补润滑组元造成的材料摩擦系数的降低,又可去除低熔点金属的黏附,消除与对偶之间的材料转移,使摩擦副工作表面具有最佳啮合状态。

对于摩擦组元应满足以下要求:具有较高的熔点和离解热,以及足够高的机械强度和硬度;从室温到烧结或使用温度区间不发生晶型转变;不与其他组分及烧结中的保护气氛起反应;与基体具有良好的润湿性和牢固的结合性。

常用的增磨剂有金属粉末(Fe、Cr 及 Mo)、金属氧化物(Fe_2O_3、Al_2O_3、Cr_2O_3、MgO、TiO_2 及 ZrO_2)、氮化物(TiN 和 ZrN)、碳化物(TiC 和 ZrC)、硼化物以及石棉、SiO_2 和 SiC 等。在粉末冶金摩擦材料中通常采用多种增磨剂加以组合来满足其综合性能。如同时添加 SiO_2、SiC、B_4C 作为摩擦剂的材料比单独添加 SiO_2、SiC 或 SiO_2 + SiC 的材料综合性能要优异得多。

7.2.3 润滑组元

润滑组元又称作减磨剂,主要起固体润滑作用,它能提高摩擦材料的工作稳定性、抗擦伤性、抗咬合性、抗黏接性和耐磨性,特别有利于降低对偶材料的磨损,并使摩擦副工作平稳。润滑组元的含量对材料的摩擦磨损性能影响较大,含量越多,材料的耐磨性能越好,摩擦系数也越小,但过量的润滑组元会使材料的摩擦系数和机械强度降低。

通常使用的润滑组元有低熔点金属(如 Pb、Sn、Bi 等)、固体润滑剂(如石墨、MoS_2、云母、SbS、WS_2 和 CuS)、以及金属(Fe、Ni 及 Co)的磷化物、氮化硼、某些氧化物,还有硫酸钡、硫酸亚铁等等。

铜基粉末冶金摩擦材料在所有的润滑组元中,以层片状石墨和 MoS_2 的应用最广。两者都是由许多层或多片所组成,层内原子间结合力都很强,而层与层之间的结合则很弱,因此抗压能力很强,抗剪切能力都较弱,适宜用作固体润滑剂。

7.3 铜基粉末冶金摩擦材料的分类

铜基摩擦材料一般用于中、轻负荷的工作条件，既用于干摩擦下，也可用于有液体润滑的工作条件下。因此，按材料使用环境分类，铜基摩擦材料可分为接触摩擦面上没有添加润滑油的干式铜基粉末冶金摩擦材料和添加了润滑油的湿式铜基粉末冶金摩擦材料。

国内主要干式和湿式铜基粉末冶金摩擦材料特征见表7-1和表7-2。

表7-1　我国干式铜基粉末冶金摩擦材料的物理 - 力学性能及用途

牌号	密度 /(g·cm^{-3})	硬度 (HB)	抗压强度 /MPa	抗拉强度 /MPa	应　　用
FM - 106G	5.5～6.5	25～50	>200	>30	干式离合器及制动器
FM - 107G	5.5～6.2	20～50	>200	>30	拖拉机、冲压机床和工程机械等干式离合器
FM - 108G	5.5～6.2	25～55	>200	>30	
FM - 109G	5.6～6.5	20～50	>200	>30	DLM$_2$型、DLM$_4$型等系列机床、动力头干式电磁离合器和制动器
FM - 110G	6.0～6.8	35～65	>200	>50	锻压机床、剪切机、工程机械干式离合器

表7-2　我国润滑条件下部分铜基粉末冶金摩擦材料的物理 - 力学性能及用途

牌号	密度 /(g·cm^{-3})	硬度 (HB)	抗压强度 /MPa	抗拉强度 /MPa	用　　途
FM - 101S	5.8～6.4	20～60	>200	>30	船用齿轮箱、拖拉机、载货汽车、工程机械等离合器
FM - 102S	5.5～6.4	30～60	>200	>30	中等载荷液力变速箱离合器
FM - 103S	5.8～6.4	20～60	>200	>30	大型柴油机半干离合器
FM - 104S	>6.7	>40	>200	>50	转向离合器
FM - 105S	5.0～6.2	20～50	>200	>30	喷撒工艺,用于调速离合器
FM - 106S	5.0～6.2	20～50	>200	>30	喷撒工艺,用于船用齿轮变速离合器,拖拉机主离合器等
FM - 107S	5.5～6.5	40～60	>200	>30	重负荷液力机械变速离合器
FM - 108S	4.7～5.1	14～20	—	—	工程机械、高负荷主离合器、动力换挡变速箱

在干式摩擦条件下工作的材料，其特点一般是摩擦表面温度很高。高温下，材料受到强烈氧化，容易发生碎裂和剥落，从而引起材料很快磨损。这就决定了干式摩擦材料需要具有高的耐热强度和导热性能。

由于干式摩擦材料使用环境、使用条件差异较大，组成组元比较复杂。表7-3所示为国外广泛使用于摩擦条件下的铜基摩擦材料的，表中绝大多数材料为典型的锡青铜基摩擦材料。

湿式摩擦材料，有油冷却，工作温度低，对材料的耐热强度不像干式摩擦材料那样重要，只要求具有相当的强度水平，防止材料擦伤和黏结就能满足使用要求。

　　湿式摩擦材料一般多由铜、锡、锌、石墨、二氧化硅等数种比较简单的组元组成。各国都在使用湿式铜基粉末冶金摩擦材料。大多数湿式摩擦材料都以锡和(或)锌合金化的铜作为金属基体，固体润滑剂大多用石墨和铅，很多材料用二氧化硅和铁作为摩擦添加剂。表 7-4 所示为国外一些国家在润滑条件下使用的铜基摩擦材料成分。

表 7-3　国外干摩擦条件使用的铜基摩擦材料成分($w/\%$)

序号	Cu	Sn	Pb	Fe	石墨	SiO_2	其他成分	国别
1	61～62	6		7～8	6		Zn: 5,莫来石: 7	美国
2	75	8	5	4	1～20	—	SiC: 0.75,Zn: 6	美国
3	70.9	6.3	10.9		7.4	4.5		美国
4	62	12	7	8	8	4		美国
5	70	7	8		8	7	TiO_2: 10	日本
6	62～72	6～10	6～12	4～6	5～9	4.5～8		日本
7	62～71	6～10	6～2	4.5～8	5～9		Si: 4.0～6.0	日本
8	60～90	≤10	≤10	≤18	≤10	2		日本
9	25	3	—	—	—	5	玻璃料: 40,石棉: 30	德国
10	基体	—		5～15	≤25		Sb: 4～8	德国
11	67～80	5～12	7～11	≤8	6～7	≤4.5		苏联
12	68～76	8～10	7～9	3～6	6～8			苏联
13	72	5	9	4	3		SiC: 3	苏联
14	86	10		≤4			Zn: ≤2	苏联
15	67.26	5.31	9.3	6.62	7.08	4.43		英国
16	68	8	7	7	6	4		英国

表 7-4　国外一些国家在润滑条件下使用的铜基摩擦材料成分($w/\%$)

序号	Cu	Sn	P	C(石墨)	SiO_2	Fe	其他成分	国家
1	余量	12	7	4	1.5	0.5	硅铁:0.5;石棉:2;镍:1	苏联
2	73	9	4	4	—	6	皂土:2;石棉:2	苏联
3	72	9	7	4			石棉:3	苏联
4	73.5	9	8	4		4	莫来石:1.5	苏联
5	68～76	8～10	7～9	6～8		3～5	—	苏联
6	余量	3～9	6～7	6～7			滑石:7～8	苏联
7	余量	5～9	5～15	0.5～10	0.5～8		滑石:1～16;石棉:0.5～8	苏联
8	68	8		7		7		美国
9	62	7	12			8		美国
10	50～80	—	0～10	5～15	0～5	0～20	(Ti,V,Si,As):2～10;(MoS_2):0～6	美国
11	72	7	6	6	3	3	三氧化钼:4	美国
12	余量	4～8	—	25		5～15	(Al_2O_3,刚玉,金钢砂或石棉):5	德国
13	余量	4～5	—	20～30		3～30	(刚玉,金刚砂或石棉):3～10	德国

7.4　铜基粉末冶金摩擦材料的制备工艺

铜基粉末冶金摩擦材料是由金属和非金属粉末组成的复合物。由于烧结摩擦材料性脆，强度不够高，所以生产的制品通常都加有强度高的钢背，摩擦层烧结在钢背的一面或者两面上。

制备铜基粉末冶金摩擦材料的基本工序为：原料粉末和支承钢背的制备，原料粉末的混合，混合料的压制，压坯的加压烧结及烧结件的后续加工。

图 7-1 所示为铜基粉末冶金摩擦制品的制备工艺流程。

```
                              ┌────────┐
                              │ 支承钢背 │
                              └────┬───┘
                                   │
┌────────┐   ┌─────────┐   ┌─────┐ ▼ ┌────────┐   ┌────────┐
│粉末预处理│→│配料和混料│→│压 制│→│加压烧结│→│后续处理│
└────────┘   └─────────┘   └─────┘   └────────┘   └────────┘
```

图 7-1　铜基粉末冶金摩擦制品的制备工艺流程

7.4.1　原料粉末和支承钢背的制备

1. 原料粉末

金属基体的组元通常为铜和铜合金粉，它们以机械啮合的方式保持摩擦剂和润滑剂的颗粒而形成一定强度的摩擦层，摩擦层既要承受摩擦，又要与支承钢背连接。原料粉末中各组元的质量和基本性能都影响着材料的机械、摩擦和磨损性能，因此，正确选择粉末品种及其粒度组成是非常重要的。

（1）铜粉

树枝状电解铜粉能保证各添加剂粉末混合时均匀分布而不易产生混合离析，具有良好的压制性能，其压坯强度大，所以最适宜作铜基摩擦材料的原料粉末。

海绵状氧化还原铜和海绵状部分预扩散铜锡粉，其颗粒细、呈海绵状、松装密度小、压制性能好、压坯强度大、流动性也好，而且价格便宜，用作铜基摩擦材料的原料粉末很有潜力。

雾化球形或类球形铜粉混合后在运输和随后的工序中容易产生成分偏析，压制性能差，压坯强度低且在运输中容易产生断裂，所以不适宜用来制造铜基摩擦材料；雾化球形青铜粉也不适合用来制造铜基摩擦材料。

实践中，铜粉采用粗粉、细粉按一定比例搭配使用，也可以采用电解铜粉与氧化还原铜粉或部分预扩散铜锡粉搭配使用。

（2）铁粉

铁粉可用在铜基摩擦材料中用作提高摩擦系数的添加剂。

作为添加剂加入铜基材料的铁粉最好具有珠光体组织或至少具有铁素体＋珠光体组织，其原因是珠光体组织具有高的摩擦性能。但实践中不生产预先渗碳的铁粉，因此某些情况使用铸铁粉或钢粉。

生产摩擦制品建议采用细铁粉，据文献资料，用于铜基材料（含铁量 5% ～30%，最好为

$5\% \sim 15\%$)的铁粉粒度不应大于 $50\ \mu m$。

（3）石墨粉

石墨品种对粉末冶金摩擦材料的密度有很大影响：对比天然石墨粉和人造石墨粉，尽管人造石墨纯度很高，但其制得的材料密度是最小的。

陈军等人研究了石墨形态对铜基材料性能的影响。对比天然鳞片状石墨和人造颗粒石墨，在同样的压制工艺条件下，天然鳞片石墨体现了较好的压制性能；采用天然鳞片状石墨的铜基摩擦材料耐磨性高于采用人造石墨的摩擦材料。

石墨粒度组成对材料性能也有影响。制造铜基湿式摩擦材料采用粒度小的石墨粉，最佳的粒度范围为 $20 \sim 90\ \mu m$；在石墨含量高（高于 $10\% \sim 15\%$）的干式铜基摩擦材料中，最好采用粗颗粒石墨粉。

在某些情况下，为了提高高石墨含量（$10\% \sim 30\%$）摩擦材料的机械强度，使用等量的颗粒状石墨和鳞片状石墨相混合。

（4）易熔金属粉

1）锡和锌粉。在铜基摩擦材料中，它们是主要的合金元素。锡粉溶于铜形成锡青铜，锌粉溶于铜形成锌黄铜。生产摩擦材料所用的锡粉和锌粉，是用雾化法制取的，平均粒度通常为 $50 \sim 60\ \mu m$。

2）铅、铋、锑、砷。它们在铜基材料中作固体润滑剂使用。在烧结温度大大超过这些金属熔点的烧结过程中，它们呈液态，因此颗粒的原始形态不起重要作用。

通常，铅粉平均粒度为 $50 \sim 100\ \mu m$，铋、锑、砷的平均粒度为 $60\ \mu m$。

对于含锡和铅的铜基摩擦材料，建议使用铅 – 锡合金粉，在经济上，这比单独使用元素粉末更合算。

有时采用氧化铅作原料，在烧结过程中，通过还原气氛，氧化铅可还原成金属铅，均匀分布于摩擦材料基体中。所得材料的耐磨性与加入纯铅所得材料的耐磨性一样，而摩擦系数的稳定性更高。

（5）摩擦剂

1）二氧化硅。二氧化硅在铜基材料中作为摩擦剂得到了广泛的应用。研究表明，对于铜基摩擦材料，$20 \sim 60\ \mu m$ 为二氧化硅的合适粒度范围，最好是 $30 \sim 45\ \mu m$。太细的颗粒将使材料强度降低；粒度大于 $50 \sim 60\ \mu m$ 的二氧化硅也不合适，因为在摩擦过程中，它们容易从材料上剥落，使性能恶化，同时增大材料的磨损。

2）其他摩擦剂。对于其他摩擦剂，如碳化物和陶瓷（长石、莫来石、蓝晶石、霞石等），其粒度采用偏向 $30 \sim 160\ \mu m$ 或更粗。重负荷工作的铜基材料常加入碳化物（如碳化硅），基本也采用粗颗粒粉末，如95%的粉末颗粒度应大于 $160\ \mu m$。

在选择摩擦剂颗粒形状方面，在多数情况下偏重使用尖角形。在高石墨含量（$20\% \sim 30\%$）的铜基材料中，可以采用任何形状的摩擦剂（氧化铝）——从球形到尖角形。

摩擦剂的含量和粒度对压坯密度有很大影响，要考虑到压制后的加压烧结对密度和尺寸的影响。

2. 粉末的补充处理

（1）还原退火

在准备摩擦材料的粉末原料时，通常注意的重要因素之一是粉末的含氧量。在摩擦制品生产中，对含氧量在 1% 以下的铁粉及含氧量在 0.2% 以下的铜粉和镍粉，通常不必进行还原退火。实践中只对明显氧化的铁粉、铜粉、镍粉进行还原退火。大多使用连续式或间隙式的电炉来还原金属粉末。

（2）干燥

干燥的基本作用在于减少粉末中水分的含量，使粉末容易过筛。基本上只对非金属粉末（摩擦剂、石墨、硫酸钡）或对锡和铅进行干燥。通常在干燥箱中，不用保护气氛，温度在 120~150℃，有时 180℃，保持 2~3 h，进行干燥。干燥过程中要对粉末加以翻动。

（3）煅烧

煅烧的目的是除去非金属组元的晶间和晶内的水分。对摩擦剂（二氧化硅、氧化铝、蓝晶石、硅线石等矿物质、石棉等）要进行煅烧，有时为去掉杂质，重晶石也要进行煅烧。

煅烧通常在空气中于一定温度下，煅烧 1~3 h，可用任何结构的炉子。

（4）磨碎

磨碎的目的在于减小原料粉末的粒度或者将前一工序（还原、煅烧）所形成的团粒破碎。磨碎可以在任何结构的研磨设备中进行。用的最广泛的是球磨机，可以用耐磨合金钢、硬质合金、铸铁或陶瓷来制作研磨球体。

（5）过筛

为了获得规定粒度组成的粉末，通常让粉末通过一定筛网的筛子过筛。为了分出和使用某一粒级的粉末，可将粉末两次过筛或同时经二级过筛，生产中经常对石墨和摩擦剂进行这样的筛分，以防止细颗粒粉末进入配料中。

过筛作业通常用各种结构的振动筛进行。为获得不同粒级的粉末（如石墨粉）也可以使用空气分级的方法。亚筛粒度的陶瓷添加剂粉末用沉降法进行分级。

3. 支承钢背

由于粉末冶金摩擦材料具有高的耐磨性，摩擦材料粉末层厚度不超过 0.5~5 mm，含有大量非金属成分，强度不够高，经不起冲击载荷的冲击，所以一定要用强度好的金属底垫加强。通常将摩擦层接合在具有相应尺寸和形状的钢背的一面或两面上。

摩擦层和钢背牢固接合有 3 种方法：第一种是使粉末压坯与钢背的成形和结合均在防止粉末压坯内孔隙吸附氧化蒸汽或气体的条件下实现，也就是要求控制加压烧结时的气氛。第二种是预烧压坯，目的是排除压坯内吸附的气体和蒸汽，然后再进行烧结，从而防止粉末压坯和钢背接合前氧化性蒸汽或气体进入它们中间。第三种是镀层，将钢背表面镀覆一层保护金属薄膜，防止支承钢背的氧化和腐蚀。

其中，镀层的方法得到了广泛的应用。通常采用电镀的方法在钢背上覆上铜、镍、银，电镀层的成分和厚度根据摩擦材料层的成分及制品的工作条件来确定。电镀层除了保护表面不受腐蚀以外，在两种不同线膨胀系数的材料之间，还起着中间缓冲层的作用。因此，对于工作在高温条件下的双金属摩擦零件，有这样一个中间层是完全必要的。表 7-5 所示为推荐的支承钢背电镀材料和厚度。

在某些情况下，采用粉状或薄片焊料置于钢背上作中间层，来达到钢背与粉末片的结合。

对于特别重要的制品，在电镀钢背与粉末片间补充撒上一层与粉末片金属基体相近的粉末。如对锡青铜基材料，采用 90% 铜和 10% 锡粉作中间粉层，撒粉量为 0.3~0.4 g/cm²。

表 7 – 5 支承钢背电镀材料及厚度

铜基摩擦材料	电镀材料	电镀层厚度/μm
压烧片	铜、锡	铜层 10 ~ 15、锡 3 ~ 5
喷撒片	铜	3 ~ 5

7.4.2 原料粉末的混合

要保证粉末片几何尺寸稳定、材料组织均匀，获得物理力学性能和使用性能稳定的摩擦制品，原料粉末必须混合均匀。由于摩擦材料的混合料中各金属和非金属成分在密度、颗粒形状及粒度方面差别很大，因此，对原料粉末的混合有以下几点必须特别注意：

1）所有原料粉末在倒入混料机前要用刷子经筛网预先擦筛，以免过细的粉末结成团块。

2）将轻质油（如煤油、汽油）加入经混合的金属基体粉末中，使金属粉末颗粒表面形成一层油膜，这样可以避免已混合完成的原料中，因密度差异较大的粉末在搬运过程和成形过程中造成偏析，而且粉末颗粒表面的油膜可以保护成形模具和有利于脱模。

3）石墨及其他非金属润滑剂必须在混合结束前 5 ~ 15 min 才可倒入混合料筒内进行混合。

4）混料通常采用双锥形混料机和 V 形混料机。混料时间的长短根据所添加非金属原料的比例大小进行增减，时间过短会导致原料粉末未混合均匀，时间过长容易造成：①反混合效果而使一些密度差异大的材料形成偏析；②粉末颗粒形状的改变；③某一种材料可能被另一较软材料包覆，如石墨包覆金属颗粒表面。

7.4.3 压制 – 烧结法

目前，国内外烧结金属摩擦材料的生产仍主要沿用 1973 年美国 Wellman S K 及其同事创造的钟罩炉加压烧结法。"压制 – 烧结"技术，首先是把摩擦材料混合粉料压制成形，然后加压烧结。

1. 工艺流程

在实际生产中，用加压烧结法制备铜基粉末冶金摩擦材料的有数种不同的工艺流程。分析可知，它们的差别主要在粉末片及其工作表面上油槽的成形方法上，从而表现在压模的结构形式及烧结设备上。

将应用最广的几种成形方法简述如下：

1）压制平的粉末片（环状或弧形的），将粉末片与支承钢背组装在一起，加压烧结，然后机加工。目前该方法被广泛采用。该方法的优点是：压模简单，工艺设备简单，操作没有很大难度，质量稳定，容易大批量生产多规格产品。其缺点是：压制过程生产率低——压机每压一次只生产一块粉末片；手工叠装粉末片与钢背的过程不可机械化，劳动强度大，生产率也低，容易位移，很难避免废品；大量的摩擦片材料浪费在机加工余量上；在加工烧结好的制品时，工具磨损很大；机加工的劳动强度大。

2）压制有螺旋油槽的粉末片与支承钢背叠装加压烧结，烧结后精压。该方法的优点是：摩擦层不需要机加工，也就不存在与加工有关的缺点。其缺点是：前述方法的缺点还是有，而且带槽型的压件强度低，压制、运输和叠装时的废品率高，此法实际上不可能压制薄的和大尺寸（如大于 300 mm）粉末片。

3)压制平的粉末片与支承钢背叠装加压烧结,同时靠钢制油槽环在摩擦层上压成槽型。该方法的优点是:免去了摩擦片的机加工,且此法制得的摩擦盘耐磨性远大于油槽靠机加工完成的摩擦盘。其缺点是:制造槽型环的耐热钢消耗量大;耐热环使用周期短,一般 15 ~ 20次;复杂的环机加工劳动强度大。

4)粉末片直接压在支承钢背上(一面或两面)进行加压烧结,然后机加工。该方法的优点是:压机的生产率提高,粉末片与钢背的叠装得到简化,消除了压制层相对钢背的位移。其缺点是:压模结构比较复杂,尤其两面有摩擦层的片子,装粉不容易均匀,还是需要机加工。

5)粉末片从两面压到支承钢背上同时压出槽型,然后加压烧结。该方法的优点是:生产率高,不存在上述方法所固有的缺点,在大规模生产的情况下可大大降低零件的生产成本,不需要机加工。其缺点是:压模结构比较复杂,而且支承钢背要进行两层电镀(镀铜 + 镀锡)。

以上 5 种方法,可以根据产品特点、生产技术,进行综合考虑和灵活应用。

2. 压制成形

为了将粉末混合料制成给定形状及尺寸的制品,粉末混合料须在压模内进行压制。成形后的压坯要求具有一定的密度和强度。

压制过程按 3 个基本阶段进行:使粉末颗粒作相对移动,破坏粉末"拱桥",引起密度迅速增大;粉末颗粒变形,以及由于颗粒表面氧化薄膜破坏,颗粒间金属接触的增加,密度缓慢提高;颗粒内部某些个别区域的变形、强化(加工硬化)。加工硬化使进一步变形所需的压力大大增加,并使密实过程十分缓慢。

压模中的压坯存在弹性应力,脱模时需要施加一定的压力,脱模压力为压制压力的20% ~ 35%。随着颗粒粗糙度的降低,松装密度的增加,金属粉末中氧化物及杂质含量的增加,颗粒硬度的提高以及压制压力的升高,弹性后效也增大。

压制过程的效果根据压坯密度和力学强度等性能来判断。施加的压制压力越大,密度就越高。而密度直接影响压坯的强度。颗粒形状越复杂,金属颗粒表面越清洁,粉末分散度越大,非金属含量越低,压坯强度就越大。

(1)压制设备

铜基粉末冶金摩擦制品的特点(制品表面积大,厚度不大)决定了压制中所用压机多为40 ~ 3 000 t 的液压机,单向压制,或用机械压力机。压力机型号的选择取决于所压制零件的尺寸和面积以及该材料所需的最佳压力。

压制形状复杂而尺寸不大的制品时,有的采用多工位装置的压机进行压制。

图 7 - 2 所示是具有四工位转盘式输送机的液压机的工作原理示意图。

具有四工位输送机的液压机工作程序如下:在工位 I 时工人将下模冲放入模腔,装料,用专用工具刮平,并放入上模冲;工位 II 实际上是个备用工位,以防工人在工位 I 时完不成全部操作;在工位 III 时进行压制;在工位 IV 时压好的零件与下模冲和上模冲一起

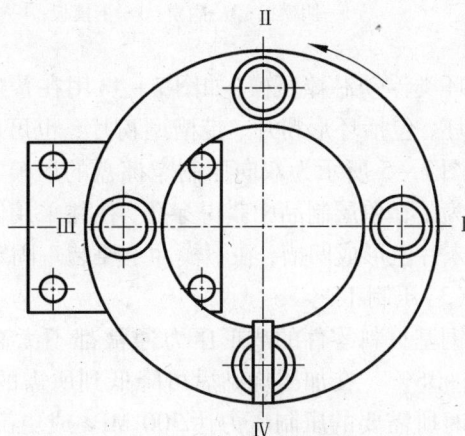

图 7 - 2　四工位转盘式输送机的液压机工作原理示意图

从模腔内脱模。

输送机上的工位数可增加到 6 个、8 个甚至 12 个,其中六工位转盘式输送机是一种最佳方案,可由两个人操作。

以上装置可由缩短压机停止运转的时间,并使主操作和辅助操作很好的配合,提高了设备利用率和生产效率。

(2)压模

粉末冶金摩擦制品绝大多数几何形状简单,通常为扇形、片状、环形、圆盘状等,压制粉片面积大而厚度不大,所以压制成形模具简单,采用单向压制。

大截面实体浮动压模(如图 7 – 3),可实现自动压制或半自动压制,适用于液压机上压制扇形粉片、片状粉片、厚的带槽型扇形粉片、带槽型片状粉片,也适合把以上粉片直接压结在相应的钢背上,还可压制成瓦片状的制品。

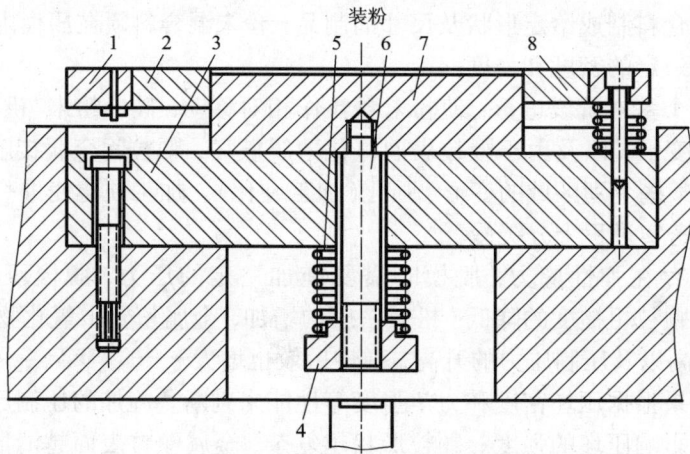

图 7 – 3　大截面实体浮动压模
1—阴模板;2—阴模;3—下模板;4—弹簧座;5、8—弹簧;6—脱模顶杆;7—下模冲

环类浮动芯棒压模(如图 7 – 4)用在普通液压机上。它适合于压制大直径、壁厚、高度低的压坯,包括环形粉片、带槽型粉片,也可以把以上粉片直接压结在相应的钢背上。

图 7 – 5 所示为双向压制摩擦盘的压模,它可进行半自动化生产。

为了在单层制品中获得穿孔,往往采用圆截面的下沉插入件,通常都放在下模冲上;为了在粉末片上形成凹槽,在下模冲上要装一固定的插入件,其厚度比压坯厚度小 0.2 ~ 0.4 mm。

(3)压制工艺

铜基材料零件的成形压力通常都不太高,一般为 200 ~ 250 MPa,此时压件的孔隙率为 30% ~ 35%。在加压烧结后可降低到所需的孔隙率。当粉末片比较厚,特别是在钢背的两面压结时所需要的压制压力达 300 MPa 或更高些。

材料主要组元的颗粒形状和粒度、添加组元的颗粒形状和粒度,包括它们的含量均影响粉料的压制性能;压件的形状和尺寸也影响压制所需的压制压力。针对具体情况,压制压力和用料多少均根据经验来确定。

为了压制出优质粉末片,压制过程中必须遵守以下几条:①上、下模冲、衬垫及阴模的

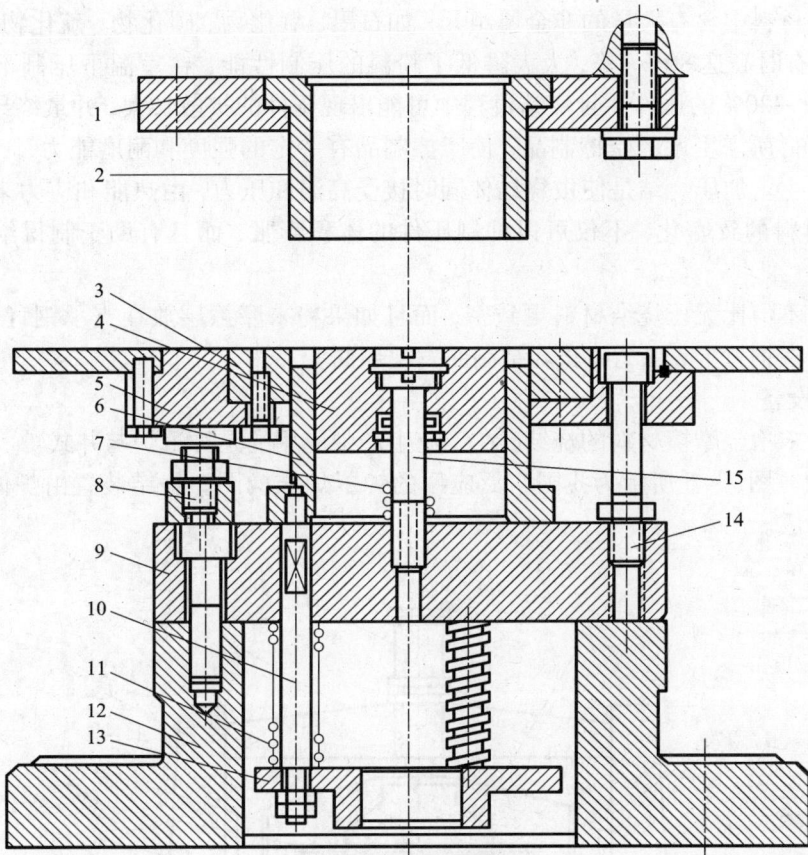

图 7-4　环类浮动芯棒压模

1—压盖；2—上冲模；3—阴模；4—芯棒；5—阴模板；6—下模冲；7、11—弹簧；
8、14、15—螺钉；9—下模板；10—顶杆；12—压座；13—顶盘

端部表面必须经过研磨加工并严格保持平行；②压制区模壁的磨损量不得大到妨碍粉末片脱模的程度；③相配合零件的间隙不得超过容许公差，以防止形成毛边、漏粉或在模冲与阴模之间嵌进粉料；④压机压制台不得倾斜，压机上缸活塞端面与工作台保持平行，不平行度不得超过 0.03 mm；⑤压制和脱模时压模冲的中心要置于压机活塞中心进行压制和脱模。

2. 加压烧结

烧结时粉末冶金摩擦材料生产中最重要的工序之一。在烧结过程中，构成原始粉料的物质颗粒聚合体转变为由金属

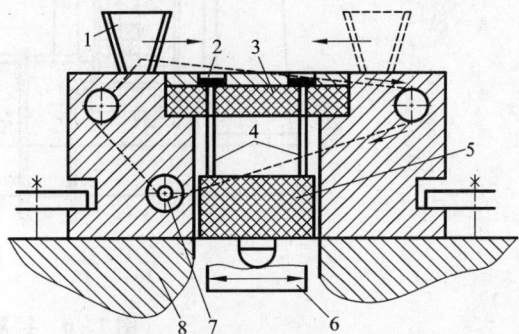

图 7-5　双向压结摩擦盘的压模

1—可动料斗；2—环状钢背；3—衬圈；4—顶杆；
5—脱模衬垫；6—调节；装粉量(高度)的活动板；
7—料斗移动装置；8—压机工作台

基体及包含于金属基体中的金属的、非金属的及金属间夹杂物质组成的假合金。

铜基摩擦材料中含有大量的非金属组元，如石墨、氧化物、碳化物、硫化物、矿物质(达30% ~50%，有时高达80%)等，大大降低了粉料的压制性能，在室温下压制不可能得到孔隙率小于15% ~20%的压件。且烧结过程中可能出现压件的扩散长大，并最终导致孔隙率的增加。为了制得所需密度的摩擦制品，使摩擦制品有一定的强度和耐磨能力，一般摩擦制品以加压烧结为主。加压烧结是使被烧结体同时接受高温和压力，由热能和应力来促进粉末颗粒的结合和材料的致密化，不仅可以抑制压件的体积膨胀，而且有助于制得给定孔隙率的材料。

加压烧结不但比无压烧结材料更致密，而且如果粉末摩擦层放在支承钢背上进行烧结，摩擦层会黏结在钢背上，也能防止烧结制品发生翘曲变形。

(1)烧结设备

对铜基粉末冶金摩擦材料的烧结，在工业生产中应用的是钟罩炉与井式炉。

1)钟罩炉。图7-6所示为我国广泛应用的钟罩炉结构图。烧结装置由炉体、机架和液压3大部分组成。

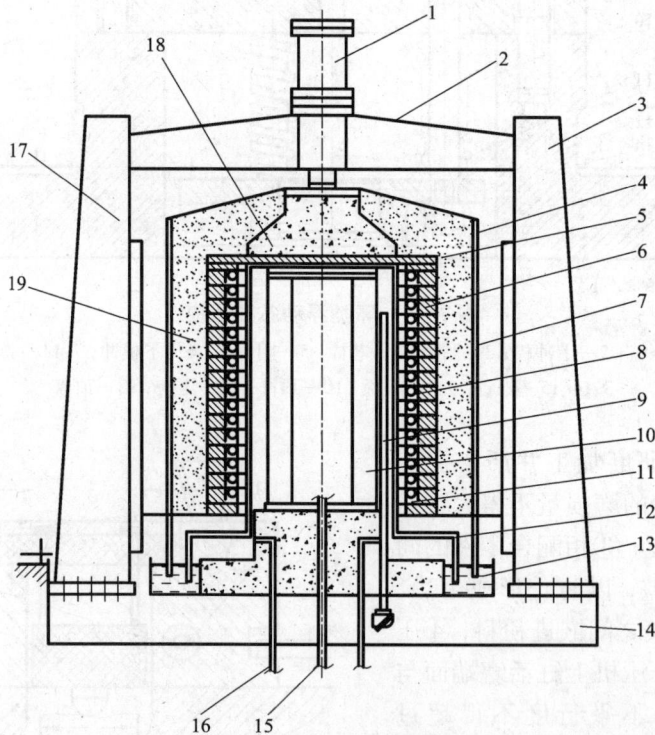

图7-6 钟罩炉结构图

1—液压缸;2—活动横梁;3、17—立柱;4—炉壳;5—炉子支压板;6—耐火砖;7—加热炉壳;8—电阻丝;9—热电偶;10—工件;11—热板;12—钟罩;13—地盘;14—炉底;15—进气管;16—排气管;18—盖板;19—保温层

钟罩炉的优点：一只炉子采用3段控温，沿炉子工作空间的高度温差小；水和其他液体密封，密封性好，可用分解氨和氢气作保护气体；每台炉子机架上由加压油缸连接加压站，

对工件可以施加设定大小的压力进行加压烧结；供气管路和供电线路基本不受电热的影响，操作简单、安全；多台炉座共用一台加热炉，为烧结结束后工件的拆卸、准备烧结工件的叠装、保护罩的安装及保护罩内保护气氛的充满准备了充足的时间。

钟罩炉的主要缺点是需要经常吊装加热炉，高温状态的电阻丝容易损坏，所以吊装炉子时要尽量平稳，不可碰撞。钟罩炉采用水封时，要注意炉基座的干燥，防止制品因水蒸气而氧化。

2）井式炉。图 7-7 为碳化硅、镍铬丝及其他加热元件的电阻井式炉（又称竖式电阻炉）。制品叠装在带有密封盖的容器中（图 7-8），然后将容器吊装于炉底座上。作用于工件上的压力是由机械、气压或液压加压装置提供的。

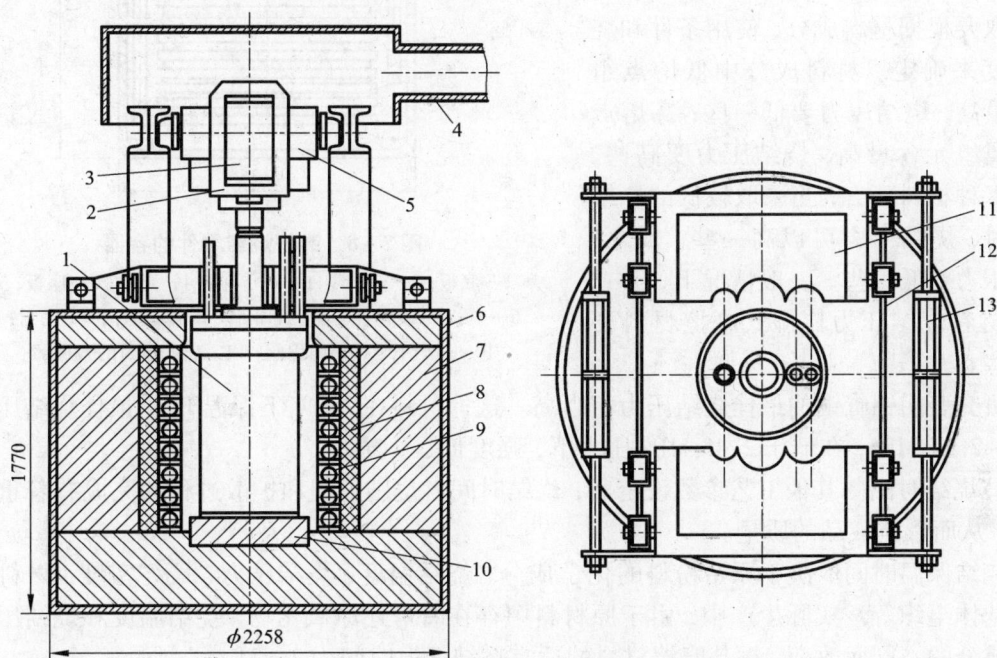

图 7-7　井式加压烧结炉

1—装有烧结零件的容器；2—液压缸；3—两个复原气缸；4—接头；5—四轮转向车；6—炉壳；7—炉衬；
8—高铝耐火材料制隔板；9—电加热器；10—耐热钢制铸造底板；11—炉盖；12—水平导轨；13—气压缸

优点：这种炉子具有相当高的生产率，便于操作，容器工作空间的不同区域的温差极小，与其他类型的炉子相比，竖炉所占的生产面积最小。

缺点：装炉、出炉时热损失大；密封填料及热电偶的引出部分都在容器的上部，高温会引起上述材料的破坏；不能用水封，沙封压力有损失，密封不可靠；移动容器时，容易损伤水冷和供气软管。

（2）烧结工艺

1）烧结温度。粉末冶金摩擦材料的组织结构、几何尺寸及性能，在很大程度上取决于烧结温度。铜基材料的烧结温度范围为 650~950℃，低于650℃则形成合金组织缓慢，且组织不均匀，应该发生的化学反应不能进行，金属基体与非金属之间缺乏牢固黏结，非金属相颗粒在摩擦过程中很容易剥落，从而加速材料的磨损；过高的烧结温度会使材料过于致密甚至低熔点金属流出，影响材料成分的准确性。

2) 烧结压力。烧结压力与铜基摩擦材料的孔隙率密切相关。随着烧结压力的提高，摩擦层与钢芯板间的黏结质量也得到提高。

铜基摩擦材料的最佳烧结压力一般为 0.49 ~ 1.96 MPa。准确的烧结压力选取要根据材料成分、使用条件和烧结温度来确定。材料成分中低熔点组元含量高，烧结压力要低一些；高熔点非金属组元含量高，烧结压力要高些。对同一种材料而言，当采取较低的烧结温度时，烧结压力可以高一些；反之，烧结压力要低一些。一般情况下，干式摩擦材料烧结压力比湿式摩擦材料要高一些。

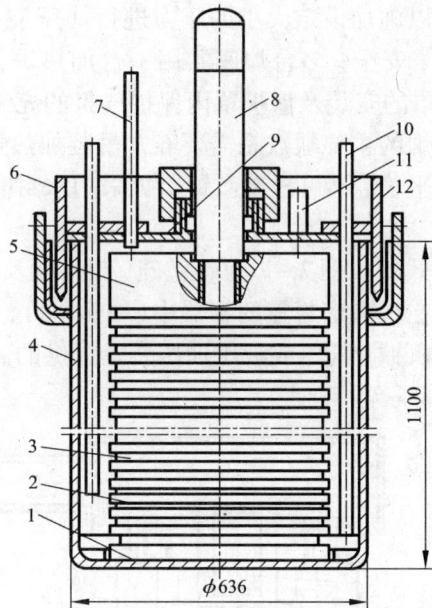

图 7-8　装好烧结零件的容器

1—底板；2—烧结零件；3—隔板；4—壳体；5—座板；
6—盖；7—装在容器盖上的钢管；8—压紧杆；9—密封；
10—排气管；11—防爆阀；12—插入沙封的刀口部

研究表明铝青铜的最佳烧结压力相当高。这种材料在 950℃下保温 1 h，最佳烧结压力为 2.45 ~ 2.94 MPa，在低于 2.45 MPa 压力下，强度低、磨损大。

3) 烧结时间。其他工艺参数设定后，烧结时间对烧结过程和扩散过程的完成有着重要的影响，从而影响成品的质量。

烧结保温时间取决于原始粉料的化学成分、烧结温度、烧结压力、最终密度、材料所要求的基体组织等。实际生产中，由于原材料中存在着可还原氧化物，烧结温度和烧结压力随材料成分的不同而改变，铜基摩擦材料的适宜烧结保温时间为 2 ~ 3h。

4) 烧结气氛。铜基摩擦材料烧结时常用的保护气氛是还原性气体：氢气、分解氨、转化天然气及吸热性煤气。

在某些场合下，摩擦零件可在惰性气体中进行烧结。

有时在烧结过程中，在比较低的烧结温度下采用氢气作为保护气氛，在较高的温度下使用氮气。也可以用氢气与氮气的混合气体作为保护气氛，通常称为 HN 气体。

在生产实践中为了节约氢，常先用中性气体(氮)排除炉中的空气，然后换成氢气，整个烧结在氢气气氛中进行。

7.4.4　其他新工艺

由于传统的加压烧结法存在着能耗大、生产效率相对低、原材料粉末利用率低、成本高等缺点。因此，一些国家对传统工艺作了一些改进，同时十分注重新工艺的研究，在改善或保证产品性能的前提下探索和寻求提高经济效益的新途径。

1. 喷撒工艺法

用喷撒工艺法(sprinkling powder procedure)以工业规模生产烧结金属摩擦材料始于 20 世纪 70 年代初,美国的威尔曼、西德的奥林豪斯和尤里特、奥地利的米巴等企业拥有这项技术。20 世纪 80 年代中期,杭州粉末冶金研究所从奥地利米巴公司引进了该技术。

喷撒法可以理解为松装烧结法:粉料不经过压制成形而成松散状态进行烧结。它的主要工艺流程是:钢背板在溶剂(如四氯化碳)中脱脂处理(或钢背板电镀)→在钢背板上喷撒混合材料→预烧→压沟槽→终烧→精整。

喷撒工艺与传统的加压烧结法相比主要有下列一些优点:①实现了无加压连续烧结,耗能低。②采用松散烧结,粉末还原充分,可获得高孔隙率的摩擦衬层,对提高摩擦系数极为有利。③用冷压方法替代切削加工制取油槽,经济又高效。④采用精整平面取代切削加工,材料利用率高,产品厚度和平行度精度高。⑤可以根据要求制取摩擦衬层极薄的摩擦片(0.2~0.35 mm)。

已有的数据表明,喷撒工艺法较加压烧结法可节约铜、锡、铅等有色金属粉末约 45%,节电约 75%,节省工时约 40%。

目前喷撒工艺法主要用于制造厚度较薄的铜基摩擦材料。

2. 冲切法

根据冲切与烧结的工艺顺序,可以分为两类:一类是先冲后烧,混好的配方粉料进入定量斗,自动送入压力机压成薄片,然后冲切成所需形状,烧结后即为成品。该工艺连续加压,不需压模,粉层密度、强度均匀一致,粉层厚度调节方便;另一类是先烧后冲,即在钢带上撒粉后先松散烧结,然后冲切成形。其缺点是钢带进炉烧结易变形,引起粉末层震动移位,造成粉层厚薄不匀。为克服这一缺点,可以在钢带背面涂上炭黑,先进入预氧化烧结炉,以 15℃/s 快速升温到 400℃(铜基),然后再进入慢升温加热炉(5℃/s),在还原气氛中烧结,可得到均匀的摩擦衬层。

3. 等离子喷涂法

该方法适用于喷涂耐高温的摩擦材料。如 Co、Mg、Ti、W、Cr 以及碳化物、氧化物的混合物,保护气氛为含 20% 氢气和 80% 氩气的混合气体,喷涂温度高达 1 500~2 000℃,喷涂速度 500~1 000 g/h,所得喷涂层硬度(HV)达 1 000。该法特别适用于制取电磁离合器与制动装置摩擦片。对于需要轻的摩擦组件,往往以铝来替代钢,但铝不耐磨,在其表面喷涂一层金属陶瓷耐磨层,可获得陶瓷的硬而耐磨特性与金属的延展性好及耐冲击相结合的优点。只要确保在热喷涂中金属与摩擦层的结合面能完全熔化,但不能超过金属的气化点,就可以保证质量。

4. 电解沉积充填法

先在金属或石墨处理过的多孔材料上用电解沉积法形成金属骨架。多孔材料一般用凝聚纤维,如海绵、泡沫材料。金属骨架形成后,多孔材料可以留在内部,也可以通过加热熔化或烧除,再用摩擦材料填充金属骨架间隙,填充的摩擦材料可以是金属,如 Pb、Sn 等,也可用热固性树脂。金属骨架占整个体积的 10%~30%。填充好摩擦材料后成为摩擦衬,可采用锡焊或铜焊将其焊接到钢背上,也可用环氧树脂等黏结剂黏贴到钢背上。

5. 电阻烧结法

将钢背板镀上一层焊料(Cu、Cu-Sn、Cu-Zn、Sn 或 Ni),再将已压制成形的摩擦衬放置到钢背板预定的位置上，送入加压机，一边加压，一边输入大电流进行烧结。此法的优点是钢背板不受高温影响，花键与齿形部位强度不会降低。也可在压模中设计有电极，装足粉后，放上经过电镀的钢背板，然后一边加压，一边通电烧结而成。

6. 感应加热冲击法

将摩擦材料衬的预烧结坯放入承受盘中，在保护气氛中感应加热，温度控制在916℃以上，时间一般少于5 min。从感应器中取出后即行单向冲击，使摩擦层与承受盘形成连接。

7. 超声波振动法

该法是将钢背安放在模架上，模子与模架间形成模腔，将材料粉末装入模腔内，启动超声波发生器对材料粉末施加超声波振动，同时使之软化，通过模子与模架的运动进行压制，将摩擦材料与钢背压在一起，最终摩擦材料牢固地黏结在钢背上，具有简单、省时的优点。

上述这些方法尽管各有其特点，但都是在加压烧结的基础上发展而来，采取其他的方法来代替或改进压制和烧结工艺。除这些方法外，人们还对一些具体工艺进行了改进，也取得了有效的成果。如在粉料预处理方面，可将细颗粒的石墨粉与铜、铅、锡、铝等软金属粉末混合，然后压制成坯，随后再破碎成粗颗粒粉末，再进行混粉。也可在石墨粉表面化学镀铜，提高石墨与金属基体的黏结强度。材料中的各种纤维也可通过涂上一层熔化的金属来强化结合强度。有采用热压的方法制取摩擦片的，也有采用粉末轧制法直接轧制成很薄的制品的。在烧结工艺方面，主要是加热方式的多样性，有加压和无压烧结的区别。另外在提高性能方面也有所发展，如生产具有减震层的摩擦材料，在铜基摩擦面与钢背之间，夹有一层减震层，能消除噪声。

7.4.5 后续处理

1. 复压

复压是最常用于烧结摩擦材料的工序之一。对于无压烧结的制品，复压是一种基本工序，通过复压可获得规定密度的制品。对于加压烧结的制品，复压是次要的工序，又称为精整。通过复压可以矫正制品的歪曲变形，提高硬度以及使厚度大的制品达到成品厚度。

2. 浸渍

一般粉末冶金摩擦制品都不进行浸渍处理，除非有特殊要求或特种制品才进行浸渍处理。

湿式摩擦制品，特别是工作时供油受到限制、负荷不高的摩擦装置中的摩擦制品可以进行浸油处理。浸渍可以在真空中进行，也可以在空气中进行。

3. 切削加工

压制—烧结后的摩擦制品通常要经过：粗磨—车或铣油槽—精磨—抛光。有的要经过车外圆或内孔、钻铆钉孔。

粉末冶金摩擦材料的加工性能取决于材料的种类及化学成分。摩擦层的非金属组元含量高会增加切削加工的难度，增加切削工具的消耗量。

4. 热处理

在某些情况下，为提高支承钢背的强度和耐磨性，摩擦件要进行补充热处理。热处理对摩擦层的摩擦磨损性能以及硬度和显微组织没有影响，而支承钢背的硬度和强度会得到很大提高。

摩擦件热处理可以在一般热处理炉中进行加热。为防止氧化，加热时在保护气氛——惰性气体或天然气中进行。

7.5　铜基粉末冶金摩擦材料的应用与发展

7.5.1　铜基粉末冶金摩擦材料的应用

1. 在航空上的应用

航空刹车材料是飞机制动器中用来保证飞机安全着陆的一种关键耗损组件。其作用在于将飞机着陆时的大部分动能通过刹车材料吸收与消散，转换成热能，从而起到制动的作用。铜基刹车材料由于其良好的导热性，与钢对偶材料作用时摩擦系数高，耐磨性好，被广泛应用于各种飞机制动装置中。如图 7-9 所示，波音 737 飞机采用的为铜基粉末冶金刹车盘。苏联研制开发的飞机多采用这类材料。

粉末冶金摩擦材料从 20 世纪 50 年代开始应用于飞机上，但其研究则从 40 年代开始。国内粉末冶金航空刹车材料的研究起步于 20 世纪 60 年代。在短短的几十年的发展中，不仅先后装配在多种国产军民用飞机上，而且为进口飞机如安 -24、伊尔 -64 和图 -154 以及英美的三叉戟、Boeing -737 和 MD -82 等飞机刹车组件的国产化作出了贡献。

为适应各类飞机发展的需要，目前粉末冶金航空刹车材料的研究工作着重解决以下这几个方面的问题：①高速高能制动条件下的摩擦磨损机理。需要研究的内容主要有表面层破损的机理，抗卡滞作用机理以及各种摩擦剂的作用机理及综合应用，摩擦过程中磨损产物的物理状态及行为等。②材料的优化设计。摩擦材料的组元种类较多，其含量也不尽相同，为保证材料在飞机刹车时具有很高滑动速度及高温、高压复杂恶劣条件下的良好综合性能，必须运用最优化原理和计算机技术进行材

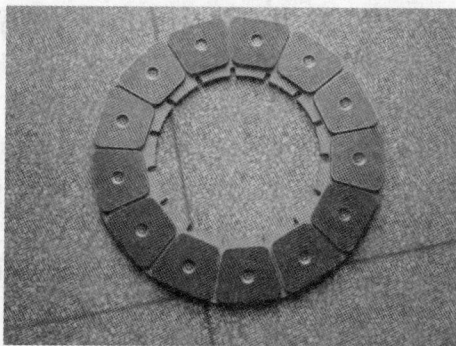

图 7-9　波音 737 飞机铜基粉末冶金刹车盘

料的优化设计，从而得到最佳性能的成分配比。③制造工艺的创新设计。为了进一步提高航空刹车材料的竞争力，降低生产成本，必须在现有的制造工艺上有所创新。

2. 在铁道车辆上的应用

随着国民经济的快速发展，铁路客货运输量迅速增加，铁路运输的高速化已成为必然的发展趋势。列车高速化对制动摩擦材料提出了更高的要求：①应具有高而稳定的摩擦系数，即使受雨雪或酷热条件的影响，摩擦系数也不降低。②增黏效果好，难以发生滑移。③抗热裂性和耐磨性好，以延长使用寿命。④对车轮踏面不产生异常磨损和其他形式的损伤。⑤制动火花少，以防发生火灾事故。⑥价格便宜。

我国现有列车制动材料主要有高磷铸铁、有机合成材料，以及研究开发阶段的铁基和铜基粉末冶金材料、C/C 复合材料等。铜基粉末冶金摩擦材料由原料粉末经混和、压制、烧结而成。它具有摩擦系数不受天气与气候影响的优点，并且耐磨性和导热性能好。与其他制动

材料相比，铜基粉末冶金闸片的摩擦系数在低速时高、高速时低且不增加磨损量，故虽铜基闸片成本较高，但因其制动性能稳定、对制动盘的热影响小且磨合性好，因而得到广泛应用。日本的新干线、法国的 TGV 和德国的 ICE 高速列车均采用了铜基粉末冶金闸片（见图 7 - 10）。日本高速列车所采用的铜基粉末冶金闸片成分为：Cu 60% ~ 70%，Sn 5% ~ 15%，另加入少量摩擦稳定剂。先将它们搅拌均匀，后高压成形，再与镀银的补强板黏合在一起进行烧结。用低合金铸铁、低合金锻钢及铝基复合材料制备出的制动

图 7 - 10 高速动车组用粉末冶金制动闸片

圆盘都可配用铜基、铜 - 铁基粉末冶金闸片。最近，日本开发了一种新的铜基粉末冶金闸片。其主要成分为：铜 40% ~ 60%，铁 + 镍 2% ~ 20%，陶瓷 8% ~ 15%，石墨 16% ~ 15%，锡 2% ~ 7%。该合金以铜、铁、镍为基体，大大提高了耐热温度，增加陶瓷与石墨的添加量，可进一步提高耐磨性、耐热性和润滑性，可用于 350 km/h 的列车上，其摩擦系数相当稳定。

3. 在汽车及工程机械方面的应用

汽车用摩擦材料是汽车制动器、离合器和摩擦传动装置中的关键材料，它的性能好坏直接关系着系统运行的可靠性和稳定性。随着各个发达国家汽车工业的发展和现代社会环保意识的提高，摩擦材料的运行条件越来越苛刻，对它的性能要求也越来越高。我国汽车用粉末冶金摩擦材料的开发研究始于 20 世纪 70 年代末期，主要应用于沙漠车、重型载货车、公共汽车、矿山运输工具和一些军用车上。铜基粉末冶金摩擦片的使用寿命长，工作可靠性高。但由于其生产成本高，以及与对偶的兼容性（匹配性）不理想，因而未能获得大规模生产和应用。

汽车用摩擦材料必须具备下列性能：①具有足够高而稳定的摩擦系数，其静摩擦系数和动摩擦系数之差要小，且摩擦系数基本上不随外界条件的变化而变化；②具有良好的导热性、较大的热容量和一定的高温力学强度；③具有良好的耐磨性和抗黏着性，且不易擦伤对偶件表面，无噪声，低成本，对环境无污染；④原材料来源充足，制造工艺较简单易行，造价较低。

铜基粉末冶金摩擦材料在工程上的应用也很广泛，如机械压力机、锻压机、矿山机械以及重型建筑机械用的离合器和刹车装置上（如图 7 - 11 所示）。工程机械大都是在野外或露天作业，恶劣的工作条件以及笨重的作业对象，要求工程机械的离合器与制动器能传递很大的力矩，并具有良好的制动力矩，因此所采用的摩擦材料必须具有足够的摩擦系数。从工程机械的使用条件和功能要求来看，摩擦材料应具有以下功能：高而稳定的摩擦系数；高的导热性；高的耐磨性；具有较大的

图 7 - 11 工程机械用铜基粉末冶金摩擦片

比热容和密度；较高的工作温度，有足够的强度；较低的热膨胀系数；不易燃烧；良好的耐油、水和热腐蚀能力；较高负荷作用时，不论冷态还是热态均具有良好的抗黏着性，不会与对偶件发生黏结和涂抹现象；良好的阻尼性，保证在工作频率范围内不出现共振；良好的制造工艺，成本较低。

7.5.2　铜基粉末冶金摩擦材料的发展趋势

现代科学技术和工业的迅速发展对摩擦材料提出了越来越高的要求，为了适应这种需要，完善和探索新摩擦材料的研究工作着重在以下几个方面：提高制动装置材料的耐热性、耐磨性，获得足够高而稳定的摩擦系数，以保证制动和传动装置工作的可靠性和平稳性。摩擦材料的耐热性基本上可用高温抗氧化性和金属基体的高温强度两个性能指标来表征。而摩擦材料耐磨性的问题，同样可以采用更复杂合金化提高摩擦材料金属基体的强度以及探讨新的摩擦、润滑组元来解决。为达到更高的工作温度，摩擦材料正向更难熔的金属、更复杂的合金化方向发展。

近年来，国内外对铜基粉末冶金摩擦材料及制造工艺进行了大量的研究，并研制了不少新的材料及制造工艺，对新型摩擦材料的研究将是今后摩擦材料发展的重点，主要是发展性能优异、造价低廉的新型材料。

对未来发展的探讨目前主要集中在以下几个方面：

(1)加强摩擦磨损基础理论与表面破坏机理的研究

摩擦与磨损是摩擦学研究的两个中心问题，学派甚多。当前较为广泛流行的摩擦理论是分子－机械理论。近年来，对摩擦过程中摩擦表面的破坏也颇有研究，研究证明磨损的产生是氧化、磨粒磨损和层面疲劳的综合作用，只是在一定条件下，某一因素突出成为磨损的主要原因。摩擦发生在两个接触表面，接触表面的“膜”的力学、理化性能，特别是与基体的黏结强度等都决定着摩擦偶的摩擦磨损性能。借助于现代测试手段可以进一步探测表面层的组织与结构，观测其形成与破坏，可以系统地研究表面破坏机理和摩擦接触面上同时产生的三种相互关联的过程，即表面相互作用、固体表层和表面膜在摩擦力作用下的变化和表层破坏对摩擦副性能的影响、周围介质的性质和实际工作状态相互之间的作用和影响，所有这些细节，将会更进一步深入研究下去。

(2)改善粉末制备质量，利用纳米技术制备纳米摩擦材料

纳米摩擦材料是选用纳米材料，通过控制不同形态多相组分的纳米效应，使纳米摩擦材料获得比现有摩擦材料更好的综合性能，能同时兼顾强度和韧性、高温摩擦与磨损等。这对改善和提高摩擦材料的热性能、摩擦磨损性能和结构强度提供了新的途径，具有特别重要的科学意义和技术经济意义。

(3)加强对摩擦材料表面后续处理的研究

可通过表面渗氮、渗硼、硼铬共渗达到目的。此外，还可对摩擦材料的表面进行特殊处理以形成氧化膜，例如，在铜基材料摩擦片的表面通过气体或感应电流加热，使温度高于800℃（但低于基体金属的熔点），保温 10 min，则在摩擦片的外表形成厚度大于 200 μm 的氧化膜。

(4)探索新工艺，利用多层烧结摩擦材料的工艺，研究功能梯度摩擦材料

通过提高粉末层与骨架的黏结强度来提高制品的质量，在钢骨架上，通过热喷涂制取粉末涂层，涂层由 85% ~90% Cu 和 10% ~15% 碱金属卤化物基熔剂组成。然后在钢背上压上

粉末混合物，将摩擦片在保护气氛中加压烧结。对钢背镀铜，这样可以显著提高粉末层与铜基体的黏着强度。根据这一思路，可以结合摩擦材料的不同用途来研制梯度功能摩擦材料。

（5）制取多孔弹性摩擦材料

用金属粉末、碳和有机黏结剂的混合物制备成生坯，加热坯件在清除黏结剂的同时使粉末部分熔融，形成多孔中间体，然后渗入熔点比中间体低的金属而形成合金。从而得到多孔弹性摩擦材料。这种材料适宜于重载运输工具的离合器片和刹车带，能量吸收能力高。

（6）研制动、静摩擦系数接近的湿式铜基摩擦材料和高速列车制动用铜基摩擦材料

（7）发展用金属纤维强化的铜基复合材料

用金属纤维强化，大大提高了基体的强度，改善了基体的导热性能，对阻止表面裂纹的扩展起到了很好的作用。用耐高温并且有高摩擦系数的金属陶瓷作复合相，或用难熔化合物粉末作复合相，两者均可满足一些特殊工况的要求。另外，通过在碳纤维或其他纤维上涂一层熔化的金属来强化复合物以制取摩擦材料也是一种很好的发展方向。

（8）利用无压烧结制取摩擦材料

如等离子喷涂法、雾化喷流共沉积法、电镀法、粉末轧制法等，用这几种方法制造的制品，其使用性能不亚于用加压烧结生产的制品性能，且可获得稳定的摩擦系数。与传统的加压烧结相比，这种方法生产的材料孔隙率高，摩擦系数较低。

（9）采用模制摩擦材料

将钢背安放在模架上，模子与模架间形成模腔，将原料粉末装入模腔内，启动超声波发生器对材料粉末施加超声波振动，同时使之软化，通过模子与模架的运动进行压制，将摩擦材料与钢背压在一起，最终摩擦材料牢固地黏结在钢背上，具有简单、省时的优点。

（10）制备具有减震层的摩擦材料

在铜基摩擦面与钢背之间，夹有一层减震层，厚度为 1~5 cm，这种材料用于盘式制动片，能消除噪声。

目前，尽管摩擦材料领域已取得了很大的成就，但还有很多重要的问题没有研究透彻，进一步完善和创新摩擦材料就必须探明表面层破损的真实机理，影响材料性能及决定摩擦系数大小和稳定性的因素，材料物理力学性能在摩擦磨损过程中的作用，摩擦过程中磨损产物的物理状态和行为等问题都有待进行深入研究。

第 8 章　铜基粉末冶金多孔材料

8.1　概述

采用粉末冶金方法制造的、内部结构为多孔的，一般由球状或不规则形状的金属或合金粉末经成形和烧结制成的材料（或制品），称为烧结金属粉末多孔材料。这种材料孔道纵横交错、互相贯通，由规则和不规则的金属粉末颗粒堆垛而成，通常具有 30% ~60% 体积的孔隙率，孔径为 1 ~ 100 μm。图 8 – 1 和图 8 – 2 分别是青铜粉末冶金过滤器和粉末冶金多孔材料的微观形貌。

图 8 – 1　青铜粉末冶金过滤器

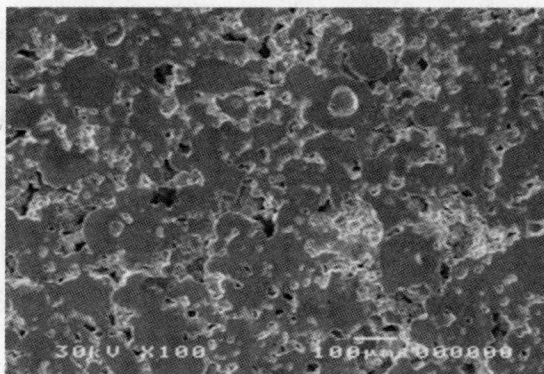

图 8 – 2　粉末冶金多孔材料的微观形貌

国外出现粉末冶金多孔材料的时间较早。在 20 世纪初就出现粉末冶金多孔材料的相关专利，到 20 世纪 30 年代中期青铜过滤器已经在工业上取得了应用，主要用于过滤空气、燃油和润滑油。随后，粉末冶金多孔材料取得了飞速发展，应用领域不断扩展，而且使用的材料也由最初的铜和铜合金向其他金属扩展。随着粉末冶金技术的进步，各种大型多孔板材、管材相继出现并取得重要的应用。现代金属多孔材料常用的金属或合金有青铜、不锈钢、铁、镍、钛、钨、钼以及难熔金属化合物等。做成的制品有坩埚状、碟状、管状、板状、薄膜等。烧结金属粉末多孔材料具有诸多优点，主要体现在以下几个方面：①具有耐高温高压、强度大、易再生、过滤速度快等特点，部分取代滤布、塑料等多孔材料，用于化工、冶金、航空航天等领域中的分离和过滤。②具有优良的透过性、韧性、抗热震性能和可焊性，在很大程度上解决了玻璃、陶瓷多孔材料的相关缺陷。③具有相对较大的强度和刚性，过滤精度较高，可以应用于编织金属网和刻蚀网因过滤压力大导致网孔变形的工况。此外还具有其他优良的性能，例如：孔径和孔隙率均可控制，寿命长，导热、导电性能好，耐低温、抗热震，抗介质腐蚀，比表面积大等。

烧结金属粉末多孔材料的综合性能较传统的过滤材料相比具有独特的优势，在各行业中得到广泛的应用。在现代技术中，多孔材料日益发挥其重要作用，主要有两方面的用途：①用作过滤器，利用其多孔的过滤分离作用净化液体和气体。例如用来净化飞机和汽车上的燃料油和空气；化学工业上各种液体和气体的过滤；原子能工业上排出气体中放射性微粒的过滤等。②利用其孔隙的作用，制造多孔电极、灭火装置、防冻装置、耐高温喷嘴等。多孔电极主要在电化学方面应用。灭火装置是利用其抗流作用而防止爆炸，如气焊用的火焰防爆器等。防冻装置是利用其多孔可通入预热空气或特殊液体，用来防止机翼和尾翼结冰。耐高温喷嘴则是利用表面发汗而使热表面冷却的原理，被称为发汗材料。

8.1.1 粉末冶金多孔材料的工作原理

粉末冶金多孔材料主要利用其孔隙的作用。一般来讲，多孔材料的应用可分为 3 类：过滤，传热，液 - 液、气 - 液分离。

粉末冶金多孔材料作为过滤材料时，主要是利用多孔材料中孔的三维尺寸大小，从而达到控制通过多孔材料颗粒物最大尺寸的目的。在过滤过程中，当流体中夹杂的固体颗粒尺寸大于多孔材料的孔径时，则颗粒无法通过，被截留在多孔材料的表面或内部，逐渐形成滤饼。从而实现了液体中某一粒径以上的固体杂质完全滤除的目的。多孔材料的孔径大小以及孔径的均匀程度，直接决定过滤材料的过滤效果。随着多孔材料厚度的增加，其过滤材料的强度增大，并且固体颗粒透过多孔材料的行程增加，有利于提高过滤精度；但是，液体通过的阻力也随之增大，从而使多孔材料内外壁的压差增大，使材料的透过性变差。因此，在选用多孔材料为过滤材料时，首先应选用过滤精度能够达到要求的多孔材料，同时要求多孔材料耐介质的腐蚀。其次考虑液体透过性方面的要求，从而确定过滤材料的厚度、过滤面积等指标。

粉末冶金多孔材料用作止火器时，主要是利用材料本身表面积较大，能够迅速吸收透过多孔材料的高温介质热量，达到使混合气体温度低于着火点以下的目的。在选用止火器时，应当考虑到多孔材料是否会被可燃气体腐蚀，而且要求多孔材料具有良好的透过性和较高的导热率。多孔材料作为发汗材料使用时，其本身利用表面发汗，大量吸收热量，防止表面温度过高。

粉末冶金多孔材料用于液 - 液分离、气 - 液分离时，主要应用不同液体对多孔材料的润湿性的差异，从而在一定压力下，气体和一些液体可以透过多孔材料，而其他液体无法透过多孔材料，实现气 - 液和液 - 液分离。选用或设计多孔材料时，应该充分考虑到多孔材料对液体介质的润湿性、相容性。

8.1.2 粉末冶金多孔材料的制备方法

粉末烧结法制备多孔材料是将金属粉末(或者金属粉末和非金属粉末的混合物)经成形、烧结，制成形状和孔隙符合要求的制品。烧结粉末多孔材料的制备工艺有多种，大致可以分为 3 类：第一类为压力成形，即粉末在一定的压力下成形，粉末颗粒产生一定的变形，压坯强度较高，主要有模压、等静压、挤压、轧制等。第二类为无压成形，通常指松装烧结、粉浆浇注等。第三类为特殊成形方法，例如喷涂、真空沉积以及离心等其他新型工艺。粉末烧结多孔材料常规制备流程如图 8-3 所示，表 8-1 为各种方法的优缺点以及适用范围比较。

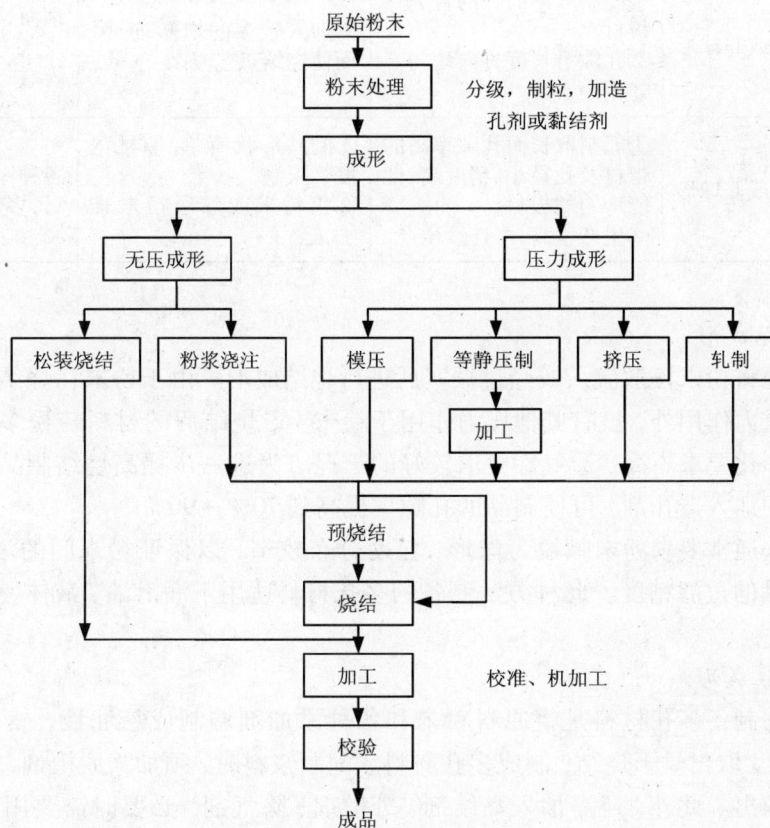

图 8-3　多孔材料制备流程

表 8-1　多孔材料各种成形方法比较

成形方法	粉末形状	优点	缺点	应用范围
松装烧结	球形	生产工艺简单，可生产复杂形状零件	生产效率低	复杂形状制品
粉浆浇注	球形、非球形粉末或金属纤维	能制取各种复杂形状的粉末或纤维制品	生产率低	复杂形状制品，多层滤器
模压	球形或非球形	①尺寸精度高 ②生产率高	①孔隙分布不均匀 ②制品尺寸和形状受限制	尺寸不大的筒状、片状等制品
等静压	球形或非球形	①孔隙分布均匀 ②适于大尺寸制品	①尺寸公差大 ②生产率低	大尺寸管材及异形制品

成形方法	粉末形状	优点	缺点	应用范围
增塑挤压	球形或非球形	①能制取细而长的管、棒、板材 ②孔隙沿长度方向均匀 ③生产率高	需加入较多的增塑剂,因而使烧结工艺复杂	细而长的管、棒、板材及某些异形的截面管材
轧制	球形或非球形	①能制取长而孔隙率高的带材及孔径小、精度高、性能均匀的板材 ②生产率高,可连续生产	①制品形状简单,带材宽度受限制 ②粗粉末或球形粉末难加工	各种厚度的带材、板材,多层滤器

1. 松装烧结成形

松装烧结是将粉末松散流入或经过振实后进行烧结成形。由于粉末在烧结过程中,除粉末颗粒自身的重力作用外,没有其他压力作用于粉末上,烧结后的材料疏松多孔,透气性较高。一般用于净化要求不高、透气性要求较好的工况。为进一步提高烧结制品的孔隙率,通常在原料粉末中加入造孔剂,可使制品的孔隙率提高到70% ~90%。

松装烧结法通常要求粉末颗粒为球形,粒度分布较窄,以保证粉末间的堆积尽量有序,以提高烧结制品的过滤精度。此种方法制备的多孔材料适用于润滑油、液体燃料、化学溶液等的过滤。

2. 粉浆浇注成形

粉浆浇注法制备多孔材料是将原料粉末和各种添加剂调制成悬浊液,然后倾入石膏模中,待其干固后,取出烘干烧结,制成多孔材料。配制浆料时,须加入脱模剂,以使干固后的生坯容易完整取出。此外,还需加入黏结剂、分散剂、除气剂,必要时需要用真空除气。影响粉浆浇注成形的主要因素有:悬浊液的黏度、液固比、粉末粒径以及悬浊液中的气体等。粉浆浇铸成形工艺和其他成形工艺相比,其工序较多,生产效率较低。

3. 模压成形

模压成形法主要在压力机/粉末成形机上完成,即将金属粉末原料和添加剂按比例用混料机充分混合均匀,然后通过粉末成形机将粉末压制成所需形状,最后进行烧结得到烧结多孔材料。在模压成形阶段粉末混合的均匀性以及模压参数对于多孔材料的性能具有直接的影响。

压制前原料称量可以用容量法和质量法。目前压制工艺方法以前者为主,以设计好的模腔准确装取原料粉末,然后进行压制。但是这种方法对粉末松装密度稳定性以及流动性的要求较高。小型杯状、筒状、棒状以及片状的多孔材料可以用模压成形制备,压力通常在100 ~150 MPa 之间。

4. 等静压成形

等静压成形一般使用冷等静压设备,原料中一般加有2% ~6% 的酚醛树脂等物质作为黏结剂。等静压使用的模具简易、廉价,适用于制备大尺寸制品。等静压成形和模压成形相比有如下的优点:模压成形过程中,由于粉末之间以及粉末与模壁之间产生摩擦,进而造成生坯密度的不均匀性,因此只能制备尺寸不大的制品。而等静压在很大程度上克服了以上技术缺点,使压坯的密度较为均匀。同时,由于等静压成形没有外摩擦,因此与模压成形相比压制力较小。但是由于其生产效率低，制品的公差相对较大，因此应用受到限制。

5. 粉末增塑挤压成形

粉末增塑挤压成形是在原料金属粉体中加入增塑剂，并使其成为塑性良好的混合料，经过挤压后形成特定形状的生坯。具体工序包括：混料、预压、挤压、切割和整形等工序。由于增塑挤压成形工艺中，增塑剂的含量相对较多，因此增塑剂的选择比较重要。淀粉和树脂等在空气中灼烧后会残余 1% ~7% 的碳，而石蜡在空气中灼烧后没有残留物，而且工艺性能较好。因此通常选用石蜡作为增塑挤压工艺的增塑剂。

一般情况下，增塑挤压成形工艺用的原料中加入大量的增塑剂，在后续的烧结过程中，随着增塑剂的挥发和烧蚀，多孔坯料中产生大量的连通孔隙。因此，此种工艺适合于制造透气性能好的多孔材料。

6. 粉末轧制成形

粉末轧制成形是将金属粉末原料通过一对旋转方向相反的轧辊，依靠轧压作用把粉末颗粒压制在一起，形成多孔带材的生坯。送料方式可分为水平送料和垂直送料两种方式，图 8 - 4 所示为其加工示意图。

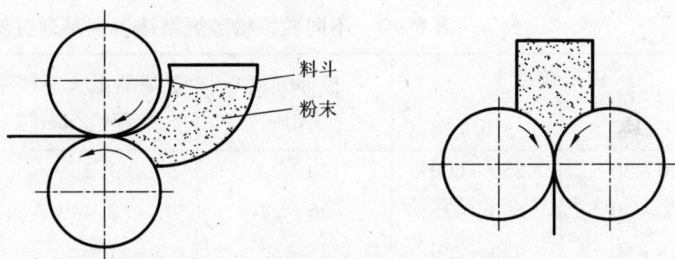

图 8 - 4　粉末轧制成形示意图

粉末轧制方法的生产效率较高，可以得到较薄的多孔制品。但是此种方法却无法制备形状复杂的制品。

8.2　铜基粉末冶金多孔材料的生产工艺

8.2.1　纯铜多孔材料的烧结

纯铜多孔材料由于其抗氧化和腐蚀性相对较差，因此应用较少，往往只用于某些特殊工况。纯铜多孔烧结材料常用的原料是雾化球形纯铜粉，采用松装烧结的方法制备。为保证烧结多孔材料的强度，特别是粉末粒度较粗时，一般烧结温度均较高，在 1 030 ~1 070℃ 范围内，并且温度需要严格控制。为降低烧结温度，一般可以在烧结过程中通入磷酸氢二铵，使铜粉表面含有少量的磷，可以使烧结温度降低至 900 ~1 000℃。

8.2.2　青铜多孔材料的烧结

1. 青铜粉末对多孔制品性能的影响

青铜过滤器一般由球形青铜粉松装烧结而成。球形青铜粉的制备方法除雾化法外，还可以在球形铜粉表面涂一层细锡粉，通过预烧结达到表面合金化，烧结后得到成分均匀的球形青铜粉。该法所用的纯铜粉中，较细的可用雾化法制成，较粗的除采用雾化工艺制备外，还可用相应直径的铜线切成小段，然后经过滚光成为近球形颗粒的方法制成。雾化青铜粉末的典型成分为 90% ~92% Cu，8% ~10% Sn。

用不同种方法制备的原料粉末制备的烧结多孔材料,其烧结密度稍有不同。由雾化青铜粉末制造的烧结青铜过滤器的烧结密度通常控制在 $5.0 \sim 5.2 \ \mathrm{g/cm^3}$,用雾化铜粉表面涂锡为原料经烧结后生产的过滤器密度为 $4.6 \sim 5.9 \ \mathrm{g/cm^3}$。青铜过滤器用粗粉末可以用切碎的铜线经滚磨的方法生产,但应用不广泛。用镀锡铜线(锡含量在 $2.5\% \sim 8\%$)切削生产的过滤器也使用较少。这种材料制造的过滤器烧结后的密度为 $4.6 \sim 5.0 \ \mathrm{g/cm^3}$。

粉末的粒径控制着多孔材料的最大孔径,而金属粉末粒径分布的均匀性直接决定着多孔材料孔径的分布。因此,作为烧结过滤材料的金属粉末原料,要求粉末具有较窄的粒度分布和较高的球形度。表 8 - 2 是不同粒径锡青铜粉末烧结过滤器的性能。金属粉末原料和添加剂要根据多孔材料的技术要求确定。制备特定性能的烧结多孔材料,对金属粉末的要求通常包括合金成分(包括某些非金属含量)、颗粒形状、粒度分布等。

表 8 - 2　不同粒径松装烧结锡青铜系列过滤器的性能

粉末粒径		拉伸强度 /MPa	过滤器最大厚度推荐值/mm	截留颗粒最大粒径/μm	黏性渗透系数 /m²
目	μm				
20 ~ 30	850 ~ 600	20 ~ 22	3.2	50 ~ 250	2.5×10^{-4}
30 ~ 40	600 ~ 425	25 ~ 28	2.4	25 ~ 50	1×10^{-4}
40 ~ 60	425 ~ 250	33 ~ 35	1.6	12 ~ 25	7×10^{-5}
80 ~ 120	180 ~ 125	33 ~ 35	1.6	2.5 ~ 12	9×10^{-6}

另外需要注意的是,粉末中的磷含量对烧结工艺和制品的性能会产生较大影响。粉末中少量的磷($0.1\% \sim 0.4\%$,质量分数)可以使合金具有细小的晶粒,提高合金强度,可以拓宽铜合金的凝固温度范围,并且减少熔体的表面张力,更加有利于气雾化生产粉末。磷在粉末烧结过程中,促使烧结颈的形成,造成收缩增加,并且使烧结孔径减小,见图 8 - 5。当粉末原料中磷含量在 $0.05\% \sim 0.46\%$(质量分数)之间,随着磷含量的增加,样品横向断裂强度增加。EDX 分析表明,随着磷含量的增加,三元共析物 $(\alpha + \delta) + \mathrm{Cu_3P}$ 首先在烧结颈处出现,引起材料强度的局部增加,在烧结初期能够促使液相的产生。然而,烧结时产生液相的润湿性较差,在一定程度上降低了材料的烧结效果。同时,$(\alpha + \delta) + \mathrm{Cu_3P}$ 的出现也使材料的脆性增大。因此,材料中磷含量必须控制在一定范围内。

2. 烧结工艺对多孔制品性能的影响

用于过滤器的青铜多孔材料主要是由松装烧结工艺制备的,因此以下章节重点介绍松装烧结工艺所需模具的要求以及烧结工艺对制品性能的影响。

松装烧结首先将粉末原料加入到所需形状的模具中,轻轻振实后进行烧结处理,有时需要经过二次烧结。作为松装烧结的模具,其材料应符合如下要求:①不与烧结材料发生反应,②具有足够高的高温强度和刚性,③膨胀系数与烧结材料尽量接近。常用的烧结模具材料有:HT18 - 36、HT24 - 44 与含高硅高铬的铸铁,T10 炭素工具钢、石墨、不锈钢及无机填料等。烧结前,模具中的粉末进行振实处理是为了使粉末尽量规则堆积,减少因"拱桥效应"而导致烧结件中大孔的出现。对于内径较小(1.5 ~ 2.0 mm)的过滤元件一般要进行二次烧结,经初次烧结的过滤元件将模芯脱掉后,再装入型模中进行烧结处理。

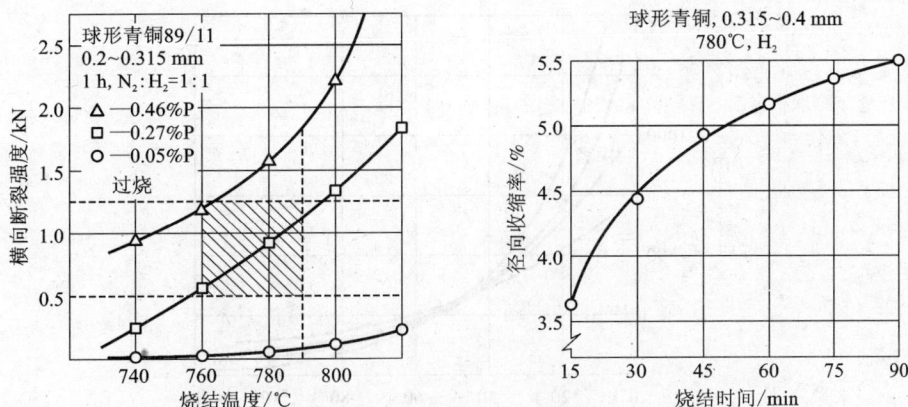

图 8 – 5　烧结时间对横向断裂强度和径向收缩率的影响

3. 添加剂对多孔制品性能的影响

添加剂的种类和加入量要根据粉末特性以及压制工艺来选择，而且添加剂对产品性能产生较大影响。总体说来，添加剂应满足以下条件：具有适当的黏性，以保证压坯具有足够的强度；具有一定的润滑作用和造孔机能；烧结后不残留有害杂质；常温下为液态或熔点较低，或有适当溶剂将其溶解，以保证添加剂与金属粉末的充分混合均匀。添加剂中通常包含润滑剂、黏结剂、造孔剂和增塑剂，而同一种添加剂可能同时起到多种作用。作为常用的添加剂，润滑剂可以选取油、甘油、硬脂酸、硬脂酸盐(包括硬脂酸锌、硬脂酸钙、硬脂酸锂等)、硫化物、石墨等；黏结剂可以选取树脂、淀粉、聚乙烯醇等；造孔剂可以选取碳酸氢铵、碳酸铵、碳酸钠、各种纤维；增塑剂可以选取：石蜡、黄蜡等。在通常工艺中，以上添加剂通过溶解在溶剂(汽油、苯、丙酮、酒精、四氯化碳等)中，再加入原料金属粉末中进行充分混合。

添加剂的加入除考虑添加剂的种类和加入量外，还要考虑到添加剂的加入对原料粉末松装密度、流动性等的影响，在工艺实践中综合比较后确定合理的配比及添加量。

(1)烧结工艺

粉末冶金制品在烧结过程中，由于表面张力作用以及原子的扩散，导致小孔的烧结颈区被逐渐填充，而大孔却不断长大的现象。图 8 – 6 是粒径为 60 ~ 63 μm 的球形铜粉，经过不同的烧结温度和烧结时间后孔的个数对孔的线性截取长度的变化规律。这表明烧结工艺应该根据多孔材料的使用要求，选择适合的烧结工艺。

对于不同原料粉末，其烧结工艺有所不同。一方面，原料粉末颗粒结构对烧结工艺有较大影响。对于铜颗粒表面覆锡粉末原料的烧结，在烧结过程中，颗粒表面富 Sn 相向铜基体内扩散而逐渐合金化，同时其熔化成液态，将颗粒黏结在一起，从而使烧结件具有足够高的强度。若烧结时间较长，则导致烧结件强度的下降。例如：含锡量为 5.5% ~ 6.25%、粒径为 300 ~ 420 μm 的表面覆锡粉末，烧结温度为 870℃，烧结时间控制在 10 ~ 25 min。而用雾化法制备的青铜合金粉末作为烧结原料时，其烧结时间相对较长，一般为 30 ~ 120 min。合金粉末烧结温度区间对性能具有较大影响。当烧结温度大于某临界温度区间，则烧结件的孔隙率、强度则发生较大变化。另一方面，原料粉末的粒径对于烧结工艺制度有明显影响。一般来说，粉末粒径越小，则对应的烧结温度越低。推荐的烧结工艺如表 8 – 3 所示。

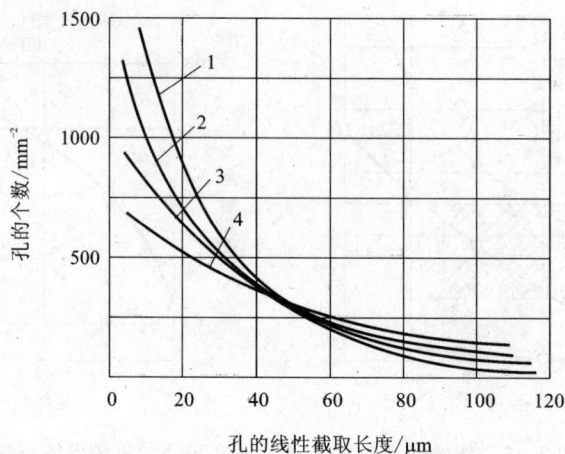

图 8-6　当球形粉末平面排列时，烧结时间对孔的线性截取分布的影响
1—初始状态(500℃/30min)；2—1 020℃/2h；3—1 020℃/12h；4—3～1 020℃/20h

表 8-3　含锡量 7%～9% 的雾化青铜粉末推荐的烧结温度

粉末粒径/μm	35～50	50～71	71～90	约 125	125～154	154～200	200～315	315～450	450～600	600～1 000
烧结温度/℃	770	780	790	800	810	820	830	840	855	870
备　注	烧结气氛为分解氨，烧结设备为箱式电阻炉									

663 青铜合金粉末(Sn 5%～7%，Zn 5%～7%，Pb 2%～4%，P 小于 0.02%，余量为 Cu)烧结条件如下：用木炭粉作填料，密封后在马弗炉中 760～880℃烧结 20～60 min。

(2)粉末添加剂对多孔材料性能的影响

为提高铜合金粉末烧结制备的多孔材料的透过性和孔隙分布的均匀性，可以在原料粉末中混入添加剂。常用的添加剂为氯化铜，其特点是，高温还原性气氛时易分解生成气态的 HCl，一方面增大了多孔材料透气性，另一方面降低了制品的烧结温度。表 8-4 所示为 700℃下烧结 3 mm 厚的过滤元件时，氯化铜添加量对过滤元件透过性的影响。

表 8-4　氯化铜添加量对过滤元件透过性的影响

过滤器种类	氯化铜添加量 /%	压制压力 /MPa	密度 /(g·cm⁻³)	相对透气量/(L·min·cm⁻²)	
				0.5 atm	1.0 atm
细孔	5	10	5.0	5	10
	10	20	4.3	6	13
中等孔	10	10	4.0	12	25
	20	20	3.5	10	22
粗孔	20	10	3.4	23	48
	30	20	2.9	25	50

（3）烧结气氛对多孔材料性能的影响

青铜多孔材料制品的烧结要求在还原性气氛下进行。烧结时常用的还原性介质有木炭、氢气、转化煤气、分解氨等。值得注意的是，在分解氨气氛下与氢气、转化煤气气氛下烧结的多孔材料相比，其透气性和孔径明显减小。表 8 – 5 是各种烧结气氛下，青铜过滤元件的性能对比。

表 8 – 5 各种烧结气氛下，青铜过滤元件的性能对比

烧结气氛	式样形状	烧结温度 /℃	空气透过率 /(L·min⁻¹)	孔径/μm		孔隙率 /%	破坏压力 /kg
				最大	平均		
氢气	圆环	830	130 ~ 140	240	170	34 ~ 36	500
		850	90 ~ 100	230	150	28 ~ 30	700
吸热转化煤气	圆环	830	120 ~ 130	260	150	30 ~ 32	1 000
		850	110 ~ 120	270	150	31 ~ 32	1 600
分解氨	圆环	830	60 ~ 80	130	90	32 ~ 34	800
		850	30 ~ 50	100	60	26 ~ 28	1 200
氢气	圆锥体	830	215 ~ 225	300	150	35 ~ 38	250
		850	220 ~ 240	230	140	38 ~ 40	600
吸热转化煤气	圆锥体	830	230 ~ 240	300	180	38 ~ 40	300
		850	230 ~ 250	270	175	37 ~ 40	800

8.2.3 过滤器的化学热处理

化学热处理的目的在于通过改变表面层及内部孔隙表面层的化学成分和结构，提高制品的力学性能和物理化学性能，延长使用寿命。

青铜过滤器经过蒸汽热处理可以防锈，即 540℃时通入水蒸气 2 h。也可以 500℃时在空气中氧化 20 ~ 30 min。

此外，为提高多孔材料的耐蚀性，将耐蚀元件在镍盐溶液中浸渍，使多孔元件开孔表面附着一层镍盐，然后经过热处理后使镍盐分解为镍，从而达到提高过滤元件整体抗腐蚀的能力。

8.2.4 过滤器的再生

过滤器在使用的过程中，流体中的杂质会在过滤器的孔隙中不断积累，从而使过滤器的透过性降低，通过过滤器的再生可以延长其使用寿命。过滤器的再生方法主要有以下几种。

1. 机械反吹

该法是反向通入气体或液体，使其压力高于原过滤压力 0.1 MPa 以上，时间为 30 ~ 60 s，冲掉进入微孔的杂质。清洗介质气体或液体以一定的压力从过滤的反方向通过过滤元件。反吹法是最简单最方便的方法，不用拆卸过滤元件，可以保证连续作业。该方法的缺点是随着再生次数增加，流体的透过能力逐渐降低。工作周期越长，由于固体粒子侵入到孔道内部越多，孔道内部堵塞越厉害，反吹再生就越困难，反吹再生后透过性能恢复效果越差。

2. 化学 – 机械清洗

它是通入对过滤器材料无腐蚀性的溶剂，溶解部分沉淀的杂质。以溶剂将堵在过滤元件孔道中的固体粒子溶解。可用有机溶剂、无机酸或碱溶液等作清洗溶剂，选用溶剂的标准是，既要容易溶解被过滤的固体粒子，又要不腐蚀过滤元件。

3. 热清洗

将过滤元件取出煅烧或者通入热气流，使杂质灼烧，然后再进行机械反吹。

4. 超声清洗

元件浸入溶剂内，用超声波振动去除杂质。超声波清洗是再生效果最好的方法，是将堵塞的过滤介质置于超声波清洗槽中，用水或其他溶剂作清洗介质，此法可保证零件在清洗时不受损伤，同时能清洗最小的孔道。超声波清洗时，清洗介质、介质温度、清洗时间、过滤元件在清洗前的状态等都影响清洗效果。因此，必须根据过滤元件的形状、大小、材料、过滤性能及其他参数，经过试验确定超声波清洗工艺。

5. 综合法

此法是上述再生方法的结合，为了达到最佳的再生效果，一般都采用两种或两种以上方法的结合来对过滤介质进行再生。

8.3 多孔材料的表征

8.3.1 孔隙率

孔隙率分为开孔孔隙率和闭孔孔隙率。开孔孔隙率为多孔材料的开孔体积对表观体积之比的百分数。闭孔孔隙率为多孔材料中闭孔体积对表观体积之比的百分数。开孔孔隙率与闭孔孔隙率的和叫做总孔隙率。一般情况下，孔隙率往往指开孔孔隙率。

测量多孔材料孔隙率的方法之一是真空浸渍法。首先在空气中称量清洗干净的试样质量 G_1，然后真空条件下浸入 $100℃$ 石蜡 – 泵油的混合介质中，直至试样不再冒泡。然后将浸渍温度降至 $60 \sim 70℃$，取出后放入沸水中充分洗涤，除去表面多余介质。用滤纸将试样表面吸除干净，称得质量 G_2，将式样悬浮于蒸馏水中称得质量 G_3。则开孔隙率、总孔隙率和闭孔隙率分别为

$$\varepsilon_{开} = \frac{(G_2 - G_1)\rho_1}{(G_2 - G_3)\rho_2}$$

$$\varepsilon_{总} = 1 - \frac{G_1\rho_1}{(G_2 - G_3)\rho_{理}}$$

$$\varepsilon_{闭} = \varepsilon_{总} - \varepsilon_{开}$$

式中：ρ_1、ρ_2 分别为测定温度下蒸馏水的密度和石蜡 – 泵油的密度；$\rho_{理}$ 为材料的理论密度。

8.3.2 多孔材料的最大孔径及孔径分布的测定

一般用气泡法测定多孔材料的最大孔径，这种方法的优点是设备简单、测定重复性好。测定方法如下：首先将试样中的开孔隙饱和，然后再以另一种流体，例如压缩气体将毛细孔中的液体推移出去。有时为了观测的方便，将多孔材料表面封一薄层浸渍液体。当气体压力

逐渐增大到某一定值时，气体将透过多孔材料而冒出气泡。记录出现第一个气泡时的压力即可计算出该材料的最大孔径。

$$r = \frac{2\sigma\cos\theta}{\Delta p}$$

式中：r 为孔半径，cm；σ 为浸渍液体的表面张力系数，10^{-5} N/cm；θ 为浸渍液体对被测量材料的润湿角，°；Δp 为气体作用在毛细孔上的净压力，10^{-5} N/cm^2。

冒泡法测定多孔材料的孔径分布原理：当气体压力达到一定值时第一个气泡出现，对应该多孔材料中最大孔径；此时气体压力对应一个气体流量值。当压力继续增大时，较小孔径中的液体也被气体挤出并通过气体，气体流量逐渐增加。根据 Hagen – Poiseuille 方程可以得出

$$\Delta Q_i = n_i \frac{\pi r_i^4 \Delta p_i}{8\eta\alpha L}$$

式中：Δp_i 为对应与 r_i 的压差；η 为气体的黏滞系数；L 为多孔式样的厚度；α 为孔道的弯曲系数。

若液体与多孔材料的润湿角为 0°，经过推导可以得到多孔材料的孔径分布可用下式表示

$$\frac{V_i}{\sum V_i} = \frac{\Delta p_i \Delta Q_i}{\sum \Delta p_i \Delta Q_i}$$

8.3.3　透气系数

当有层流气体通过多孔材料时，单位面积上的体积流速与其压力梯度成正比，与介质黏滞系数成反比，其比例常数称为材料的透气系数。透气系数是多孔材料对气体透过能力的一个衡量指标。K 可通过下式计算

$$K = \frac{v}{\Delta p}$$

式中：v 为透过速度；Δp 为压差。

透气系数由透气系数测定仪测定，其仪器的示意图如图 8 – 7 所示。

测试的原理是将待测多孔材料放置于夹具上，并且记录多孔材料的有效面积。开动机械泵 9 后打开阀门 8，使系统形成负压，并且通过压力调节器 6 和微调阀 5 控制气体以均匀速度流过多孔材料，记录压差和气体流量。改变压差，记录相应气体流量可以得到一系列压差 – 流量数据。将气体流量换算为气体流过多孔材料的流速，然后以压差作为横坐标，气体流速作为纵坐标作图可得到一直线，通过计算可以得到气体的透过系数。

为简化计算，可以采用图标计算法求解相对透气系数。使用方法如图 8 – 8 所示。

首先在 P_R（流量示数）及 A_R（透过面积）上找出实测点连成一直线，与 q_R 相交得出点 q_i，再在 ΔP_R 上找出实测点并与 q_i 连线，连线与 K_R（相对透气系数）相交点读数即为该多孔材料的相对透气系数。将几个实测值取平均值即为相对透气系数值。

液体的透过系数一般称作渗透系数，以便与气体的透过系数相区分。液体的渗透系数的测定原理与气体透过系数测试原理相似，只不过液体需要考虑到液位差带来的压差。此处不做详细阐述。液体渗透系数按下式计算

$$K = \frac{S_0}{\rho_0 g} \cdot \frac{\lg H_0 - \lg h}{\lg e} \cdot \frac{1}{At}$$

式中：S_0 为玻璃测量管截面积；ρ_0 为测试液体密度；H_0 为液面初始读数；h 为液面终止读数；A 为多孔材料滤流面积。

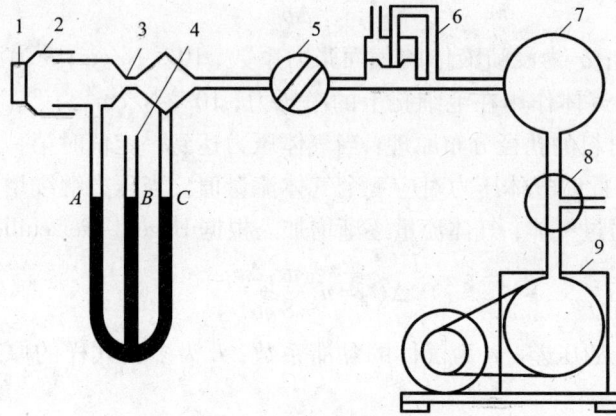

图 8 - 7　透气系数测定仪示意图

1—试样；2—夹具；3—流量计的毛细管；4—组合的 U 形管；5—微调阀；
6—压力调节器；7—缓冲器；8—三通阀；9—机械泵

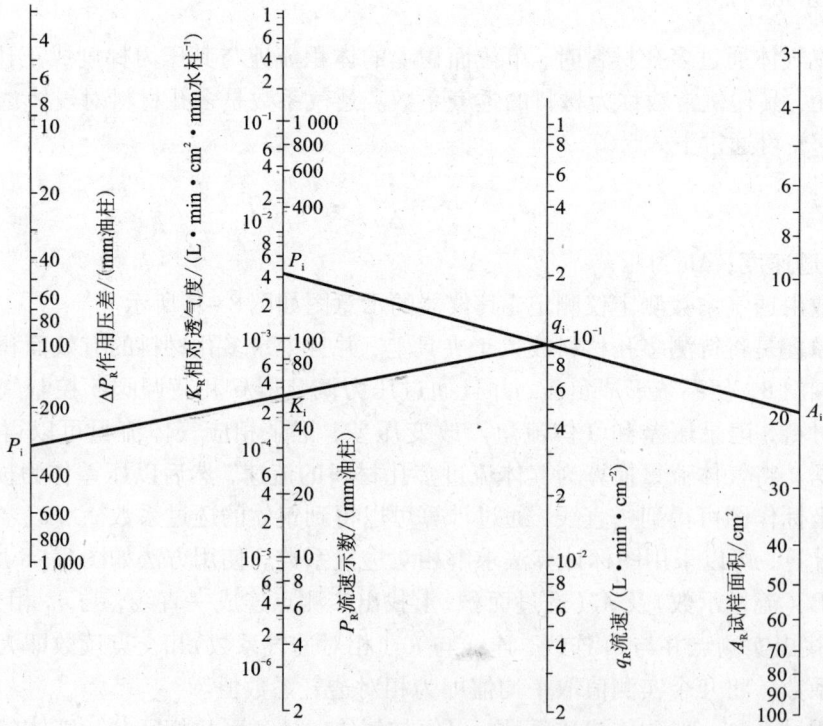

图 8 - 8　相对透气系数的图表计算

8.3.4　过滤精度

过滤精度是通过过滤元件的最大杂质尺寸，测试的方法是压滤法。在超洁净净化等系统中，过滤精度是要求非常严格的技术参数。但是过滤精度的测定方法却不严格，一般在模拟使用情况下进行检测。

8.3.5　剪切强度

粉末冶金过滤元件的剪切强度是在剪切力作用下抵抗变形和断裂的最大能力，可用下式表示

$$T = \frac{F}{A} = \frac{F}{\pi dS}$$

式中：T 为剪切强度，MPa；A 为剪切面积，mm^2；d 为上压头直径，mm；S 为剪切厚度，mm；F 为剪切负荷，N。

剪切强度测定见图 8 – 9。

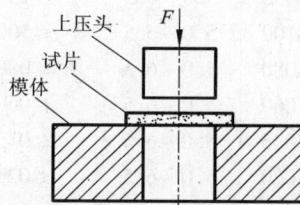

图 8 – 9　剪切强度测定图

8.4　铜基粉末冶金多孔材料的应用

8.4.1　烧结青铜过滤器

青铜多孔材料是油、气用过滤器用量最多的一种材料。因为在制造成本方面具有优势，一般由锡青铜制成，适用于过滤气体、燃料、油、有机溶剂、化学溶液和淡水等。在空气中允许使用的温度为 80 ~ 200℃。青铜过滤器是使用最广泛的过滤器材料，但也可以使用锌白铜或铜 – 镍 – 锡合金。多孔性烧结金属过滤器的抗拉强度为 20 ~ 140 MPa，并具有相当高的延性，延伸率可达 20%。另外，烧结青铜的耐蚀性和成分相同的铸造青铜一样，因此可以应用于不同的环境。

油的过滤是青铜过滤器应用的重要领域之一。内燃机燃料和液压系统中的油在工作过程中不可避免地混入外来固体颗粒的夹杂物，这些夹杂物主要是灰尘以及设备磨损老化产生的碎屑。在润滑油系统中，这些夹杂物的混入将导致活塞磨损加快，从而降低机械效率。在燃料供给系统中，固体夹杂物的存在极可能导致燃料喷嘴的堵塞，使发动机无法正常工作。例如，柴油机喷射系统中 10 号柴油的过滤元件是由 150 ~ 200 μm 雾化青铜粉末经过松装烧结而成。过滤元件一般做成波纹型，以增大过滤面积。过滤元件堵塞后，先用柴油洗涤，然后用 0.3 ~ 0.5 MPa 的压缩空气反吹，其透过性能基本能够恢复到初始状态。

作为润滑油过滤器，用 100 ~ 125 μm 的青铜粉末经过松装烧结成杯状过滤元件用于静压轴承用润滑油的过滤，代替纸质过滤器。

烧结青铜过滤器已应用于宇宙飞船的流体系统来除去小到 1 μm 的颗粒。利用液体与铜合金润湿性的差异进行气 – 液分离，只有能够润湿孔隙表面的液体才能通过多孔性金属零件。例如用青铜隔膜将液体或未乳化的液体混合物中的空气分离出来。

此外青铜过滤器可以过滤冷阱用的氟利昂。

烧结锡青铜过滤元件牌号及性能见表 8 – 6。

表 8-6　烧结锡青铜过滤元件牌号及性能

材料牌号	允许范围					推荐值	
	密度 /(g·cm⁻³)	过滤精度 /μm	气泡试验最大孔径/μm	渗透性 /pm²	剪切强度 /MPa	渗透性 /pm²	剪切强度 /MPa
FQG120	5.0～6.5	≤200	≤571	≥210	≥20	≥250	≥30
FQG150	5.0～6.5	≤150	≤428	≥160	≥30	≥200	≥40
FQG100	5.0～6.5	≤100	≤285	≥110	≥40	≥140	≥60
FQG080	5.0～6.5	≤080	≤228	≥70	≥55	≥90	≥80
FQG060	5.0～6.5	≤060	≤171	≥45	≥65	≥60	≥90
FQG045	5.0～6.5	≤045	≤128	≥25	≥75	≥40	≥90
FQG020	5.0～6.5	≤020	≤57	≥6	≥85	≥10	≥110
FQG008	5.0～6.5	≤008	≤22	≥1.2	≥95	≥2	≥130

注：产品为锡青铜球形粉末松装烧结制造的过滤元件及消音元件。

牌号标记说明：

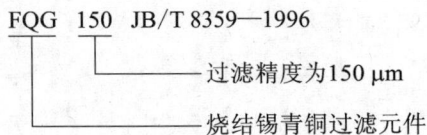

FQG　150　JB/T 8359—1996

———— 过滤精度为150 μm

———— 烧结锡青铜过滤元件

8.4.2　气液分离器

多孔金属用于气液分离的原理是利用液体与多孔金属的润湿角较大，从而在一定压力下液体不能通过，而气体可以顺利通过，达到气液分离的目的。对于液体对多孔材料的润湿角大于等于90°时，当压力小于多孔材料孔隙中液体的表面张力时，液体便无法通过多孔材料。

原理公式为

$$\pi R^2 P < 2\pi R \sigma \cos\theta$$

式中：P 为系统内压力；R 为多孔材料的孔径；σ 为液体表面张力；θ 为液体对多孔材料的润湿角，润湿角大于等于90°时，$\cos\theta \leq 1$，因此，$P < 2\sigma/R$。在一定温度下，σ 基本不变，据此可以计算出实现气液分离时多孔材料的临界孔径。

根据同样原理，对于两种不互相溶的液体，利用液体对多孔材料润湿性的不同而实现分离。在一定压力下，只有浸润性好的液体才能透过多孔材料的孔道，而与多孔材料润湿性不好或不润湿的液体却无法透过，从而实现液-液分离。图8-10是油水分离器的结构图。

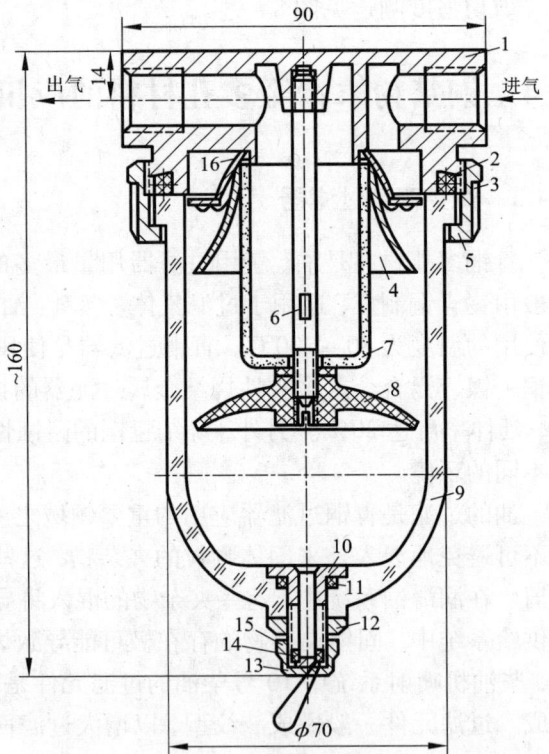

图 8-10　油水分离器

1—盖；2—圆形圈；3—旋风分水器；4—当风罩；5—螺母；6—螺杆；7—杯状多孔元件；8—淌水板；9—壳体；10—放水座；11—圆形圈；12—螺母；13—放水柄；14—密封环；15—放水接头；16—垫

8.4.3　止火器

青铜多孔材料的一大应用是作为止火器，用于易燃气氛中工作的气体输送装制、电气设备。这是由于铜基合金具有较大导热率，能够在使用工况下迅速将产生的热量传导出去，而使环境温度处于着火点以下。常见材料的熔点、导热率、比热容的对比列于表 8－7 中。从表中可以看出铜及铜合金的导热率较高。

表 8－7　常用材料的熔点、导热率

材料	熔点/℃	导热率/(W·m^{-1}·K^{-1})
碳钢	1 460	47～58
不锈钢	1 450	14
铜	1 083	384
黄铜	950	105
青铜	910	64
镍	1 452	59

止火器制作成多孔材料的目的是增大燃烧产物与止火器的热传导面积。对于一定的燃气－氧体系，多孔材料的孔隙越小，则相同体积的止火器与燃气的接触面积越大，热量则越容易被导出，从而使火焰熄灭。火焰沿充满燃气混合物的管道传播，当管道直径大于某一极限值时才会发生，这一最小极限值是由燃气混合物的性质与组成决定的，称为临界熄火孔径。它与燃气的各种性能的关系用 Pekle 准数 $Pe_{临界}$ 来表示

$$Pe_{临界} = \frac{u_n d_{临界} C_p P_{临界}}{RT\lambda}$$

式中：u_n 为混合燃气火焰传播的正常速度，cm/s；C_p 为混合燃气的热熔，cal/(mol·℃)；$d_{临界}$ 为临界熄火孔径，cm；$P_{临界}$ 为混合燃气的临界压力，atm；R 为气体常数，atm·cm^3/(mol·℃)；T 为燃气温度，℃；λ 为混合燃气的导热系数，cal/(cm·s·℃)。

氢、甲烷、乙炔与氧或空气混合气体燃烧的研究表明，熄火时各燃气的 $Pe_{临界}$ 约为 65。通过上式可以计算出一定压力下燃气混合气体相对应的临界孔径。但是铜及铜合金多孔材料比其他材质的多孔材料的熄火效率高 2～3 倍。例如多孔青铜当最大孔径为 227 μm 时，对甲烷－氧混合气体火焰，临界熄火压力为 0.54 MPa，而相同孔径不锈钢多孔材料的熄火压力为 0.15 MPa，仅为青铜多孔材料熄火效率的 1/3。对于氢－氧火焰，多孔青铜的熄火效率为不锈钢的两倍。200～315 μm 球形青铜粉末做成壁厚为 4 mm 的杯状元件，用于气体分析仪器上防止氢气回火，其隔爆性能可达四级。青铜过滤器还可以用于装易燃液体容器的排气管，既可以防止回火导致爆炸的发生，又可以对燃料进行过滤，是一种非常重要的安全防爆器件。

8.4.4　消音器

作为消音器件使用的多孔材料，其材料种类、孔隙率、孔的形状、器件厚度等参数对消音器的消音效果具有较大影响。而且在选用消音器时，需要根据角频率试验和特征频率曲线试验最终选定消音器。

例如 50～60 μm 的球形青铜粉末制作成 φ(46 mm×55 mm)～(65 mm×6 mm) 的多孔管

用于空气压缩机在排气量降低很少的情况下，使原声强 111 dB 的噪音降低到 108 dB 以下。

8.5 新型多孔材料

对于孔隙率相对均匀的多孔过滤材料来说，在孔隙率一定的情况下，多孔材料必须保持一定的厚度，以达到设计过滤精度和强度的要求。然而，随着过滤材料厚度的增大，其透过性却大大降低。而对于一定厚度的过滤材料，增大材料的孔隙率可以提高其透过性，但是过滤精度却大幅降低。为了得到过滤精度高和大透过系数的材料，在高透过系数的基体上覆上一层过滤精度高的薄层而制成的梯度过滤材料，成为当前多孔过滤材料发展的热点方向之一。

金属梯度多孔材料的制备方法有沉积法(包括离心沉积和重力沉积)、湿法喷涂和刷涂、模压、溶胶 – 凝胶法等。

第 9 章　超硬工具材料

9.1　概述

世界上已知的材料中，金刚石和立方氮化硼是最硬的两种材料。

金刚石，也称钻石，有天然金刚石和人造金刚石两种。金刚石是目前世界上已知的最硬的工业材料，它不仅具有硬度高、耐磨、热稳定性能好等特性，而且以其优秀的抗压强度、散热速率、传声速率、电流阻抗、防蚀能力、透光、低热胀率等物理性能，成为工业应用领域重要的材料。人造金刚石是加工业中最硬的磨料，电子工业中最有效的散热材料，半导体中最好的晶片，通讯元器件中最高频的滤波器，音响中最传真的振动膜，机件中最稳定的抗蚀层等。已经被广泛应用于冶金、石油钻探、建筑工程、机械加工、仪器仪表、电子工业、航空航天等领域。图 9 - 1 展示了部分金刚石工具。

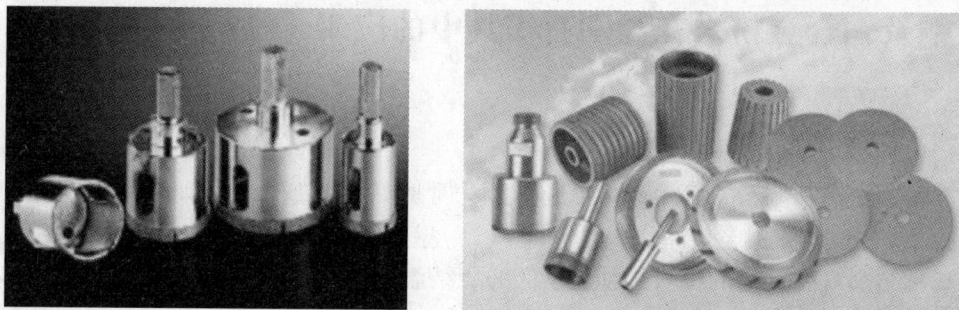

图 9 - 1　金刚石工具

立方氮化硼，缩写为 CBN 或 cBN。目前，在自然界还没有找到这种物质，它是人工合成的一种超硬材料。CBN 是硬度仅次于金刚石的超硬材料。它不但具有金刚石的许多优良特性，而且具有更高的热稳定性和对铁族金属及其合金的化学惰性。CBN 作为工程材料，已经广泛应用于黑色金属及其合金材料加工工业。同时，它又以其优异的热学、电学、光学和声学等性能，在一系列高科技领域得到应用，成为汽车、航天航空、机械电子、微电子等工业不可或缺的重要材料，得到各工业发达国家的极大重视，成为一种具有发展前景的功能材料。

合成 CBN 除了高压触媒法还有多种方法，如超高压直接转化法、动态冲击法、气相沉积法等，其中气相沉积法发展很快。但是，目前工业合成 CBN 的主要方法还是超高压触媒法，CBN 的合成研究也主要集中于这方面。本书主要以铜基胎体的金刚石工具为主进行介绍，由于立方氮化硼和金刚石工具原理相似，应用较少，铜基立方氮化硼工具在此不做介绍。

9.2 金刚石工具的工作原理

金属基金刚石工具通常采用粉末冶金工艺，将金刚石颗粒与金属胎体粉末通过热压或冷压、烧结而成。由于其工作的特殊性，金刚石工具工作时必须先磨损掉包镶金刚石的胎体才能使金刚石颗粒凸出胎体表面，作为微切削刃来工作。金刚石工具工作状态示意图见图9-2。

对于金刚石工具，决定其性能的主要是金刚石和胎体粉末，制造金刚石工具需要根据切割对象性能的要求选择与之相适应的胎

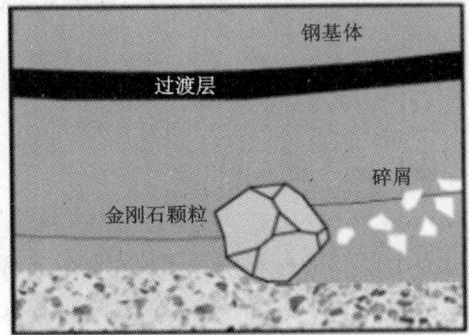

图9-2 金刚石工具工作状态示意图

体材料：既要牢固地黏结金刚石，又要以同步的速度磨损，使工具保持足够的自锐性。胎体材料的选择成为金刚石工具制造的关键技术问题之一。研究胎体材料性能的目的就是力求不断探索各种工艺方法，控制或调节胎体材料的性能，充分利用金刚石颗粒，使得金刚石工具具有高的切割速度、长的使用寿命、好的切割性能和高的性价比。

9.3 铜及铜合金粉末在金刚石工具中的应用

9.3.1 铜在黏结剂中的作用

在金属黏结剂金刚石工具中，应用最多的金属是铜和铜基合金，如金刚石锯片、金属矿地质钻头、金属黏结剂砂轮、磨块、磨轮、厚(薄)壁工程钻头、石油钻头等。

铜基黏结剂具有良好的综合性能：较低的烧结温度，好的成形性和可烧结性及与其他元素的相容性，所以铜和铜基合金应用非常广泛。

虽然铜对金刚石几乎不润湿，但添加某些元素能改善铜对金刚石的润湿性。如Cu和碳化物形成元素Cr、Ti、W、V、Fe等中的一种制成Cu合金，都可以大大降低铜合金对金刚石的润湿角。

铜基合金中应用较多的有青铜合金(Cu-Sn合金)，白铜合金(Cu-Ni合金)，黄铜合金(Cu-Zn合金)。白铜合金具有比青铜合金、黄铜合金更高的强度，青铜合金具有对金刚石(石墨)最低的润湿角。黄铜的强度居两者之间。

Cu与Ni、Co、Mn、Sn、Zn等可形成多种固溶体，使基体金属得到强化。铜对骨架材料钨、碳化钨、碳化铬等润湿情况比对金刚石的润湿好得多。

9.3.2 铜合金黏结剂在金刚石工具中的应用

1. 铜基黏结剂

铜基黏结剂是指以电解铜粉和雾化铜粉为主原料，再添加镍、钴、锡、铁、锰、钛、铬、铝、钨等金属粉末中的一种或几种混配后进行成形烧结。

在铜中可以加入 Ni、Co、Sn、Fe、Ti、C、Al、W 等元素中的一种或几种进行合金化。加入上述这些元素，可以改善铜基合金对金刚石的润湿。

表 9-1 给出 Cu 和 Cu 合金对金刚石的润湿角和附着功的影响。由表中数据分析得出，在铜基合金中，少量钛作用远远大于 Sn 的作用。证实了影响合金对金刚石润湿的主要作用元素是碳化物形成的，而不是降低表面张力的元素。

表 9-1　Cu 及 Cu 合金对金刚石性能的影响

金属或合金	温度/℃	接触角/(°)	附着功/(10^{-7} J·cm^{-2})
Cu	1 100	140	316
Cu + 10Ti	1 150	0	2 680
Cu + 10Sn + 3Ti	1 150	10	1 042

在冷压、烧结金刚石制品中，电解铜粉应用较多，因为树枝状电解粉末的冷压成形性好，冷压、烧结干、湿切片都采用电解铜粉。在热压金刚石工具中，可以使用电解铜粉和雾化铜及铜合金粉，热压对粉末形状要求不高。金刚石钻头、锯片、砂轮等，以 Cu 基合金作黏结剂的很多，改性后的铜合金既润湿金刚石(润湿角很低)又具有较大的附着功，使工具中的金刚石不易脱落，提高金刚石的利用率，使工具的寿命和效率提高。

用电解铜粉和其他金属粉混料时，不可用钢球混磨，更不能用硬质合金球混磨。混磨时间要严格控制，只要混合均匀，时间越短越好。实践中发现，用电解铜粉为基制成的胎体耐磨性比用 663 青铜为基的胎体好些。铜基黏结剂的易变形在磨具中是不允许的，改性的目的一方面是使润湿性得到改善，另一方面是设法使胎体合金变"脆"，防止被磨工件出现擦痕。

2. 青铜基黏结剂

青铜黏结剂在金刚石工具中应用比较普遍，多数是预合金粉，如 663 青铜，Cu-Sn 基合金。上述青铜粉一般采用雾化法生产，粉末颗粒呈近球状。使用单质金属粉混合配制的青铜粉较少应用。

青铜粉的可烧结性和成形性很好，熔点低、烧结温度也低。常常添加适量的 Ni、Mn、Co、Fe、Ti、Cr、W 等元素粉末进行合金化，以期获得尽可能好的综合性能。

青铜合金的抗弯强度通常在 700 MPa 左右，完全满足金刚石工具的要求。Cu-Sn-Ti 合金是较理想的黏结剂，高温下液相合金对金刚石完全润湿。

青铜黏结剂多用于磨具，如金刚石砂轮、磨块等。金刚石砂轮用的金属黏结剂不要求高韧性，而要"脆"。所谓黏结剂脆，不是一碰就碎，它在磨加工时，金刚石被充分固结，不掉粒最好，在磨削加工时不能有明显的塑性变形。常用的青铜黏结剂有 Cu-Sn 合金、663 青铜、Cu-Sn-Ti 合金、Cu-Sn-Ni 合金、Cu-Sn-Ti-Ni 合金等。

其中 663 青铜合金，综合力学性能较好，多用于地质钻头、锯片黏结剂，但不宜做砂轮用黏结剂。烧结温度低，可烧结性和成形性均很好，所以是普遍应用的金属黏结剂。但是663 青铜也有致命的弱点，其中低熔点金属含量高达 15%。Zn 的膨胀系数很大，Pb、Sn 也具较大的热膨胀系数，烧结和冷却过程中易产生比较大的体积效应，Pb 在液相时是容易偏聚的元素，有时因 Pb 的偏聚，发生体积膨胀，影响工具的质量。

Cu–Sn–Ti 合金，也是很好的金刚石磨具黏结剂。对金刚石几乎完全润湿；烧结后的合金，脆而不黏；对金刚石有足够的黏结力。以 Cu–10Sn–10Ti 为代表，大大改变了黏结剂的性能。Cu–Sn–Ti 合金的烧结，如是预合金粉末一般要使用未氧化的粉，以保证烧结制品的质量。如采用 Cu 粉、Sn 粉、Ti 粉按规定量混合后进行烧结，要保证 Ti 粉无氧化，Sn 粉无氧化，Cu 粉预先进行氢气还原，烧结后的粉末冶金质量才可以保证。尤其是 Ti 粉、Sn 粉一旦氧化，烧结成胎体的断口使无金属光泽，胎体的性能较差。

Cu–Sn–Ni 合金是用 Ni 取代 Ti，力学性能有大幅度提高。但液态合金对金刚石的润湿性与 Cu–Sn–Ti 合金相差很大。由于 Ni 的加入，使胎体强化，抑制了高温下烧结流失，合金的液、固相线都略有提高。Cu–Sn 合金中加 Ni 也可减少烧结流失。Cu–Sn–Ni 合金用作粗磨、精磨砂轮效果尚好。在使用过程中发现 Cu–Sn–Ni 合金作砂轮黏结剂磨削效率和耐磨性不足；在被加工材料表面上有金属黏结剂黏附，苏联曾针对 Cu–Sn–Ni 合金作金刚石工具黏结剂存在的问题进行了改性研究工作，并得到较满意的使用效果和经济效果。

在金属黏结剂中补加金属草酸盐，如：$K_2C_2O_4$、$Na_2C_2O_4$、CuC_2O_4、MgC_2O_4、SnC_2O_4、MnC_2O_4、FeC_2O_4、CoC_2O_4、NiC_2O_4 等。这些草酸盐分解温度较高，为 $450\sim550℃$，金属黏结剂能更好地烧结。草酸盐的添加量是 $0.01\%\sim1.0\%$，有时高达 $3.0\%\sim5.0\%$。草酸盐加入量过高使金刚石层产生空洞和气泡。加入量过低起不到改善作用。

铜、锡和第8族金属组成的黏结剂，经改进后可提高其工作效率和耐磨性，消除金属黏结剂在被加工材料表面黏附，并能防止在空气中烧结时发生氧化。推荐成分配比如下：

Sn   17.0% ~19.0%

第8族金属(Fe、Co、Ni)   9.5% ~10.5%

金属草酸盐   0.01% ~1.0%

Cu   余量

Cu–Sn–Ti–Ni 合金：在 Cu–Sn–Ti 合金的基础上，降低 1/2 的 Sn 改加 Ni，可以提高合金的液、固相线温度，合金对金刚石的润湿性略有降低，表 9–2 为改性后的 Cu–Sn–Ti 青铜合金的高温性能。

表 9–2　改性后的 Cu–Sn–Ti 青铜合金的高温性能

化学成分/%	固相线/℃	液相线/℃	实验温度与接触角/[℃·(°)$^{-1}$]				
Cu–10Sn–10Ti–0.1Ce	928	984	990//21	1 020/13	1 050/8	—	—
Cu–5Sn–10Ti–5Ni	938	998	1 000/63	1 050/53	1 100/44.5	1 150/30.5	1 200/21.5

近期研究结果表明，在 Cu–Sn–Ni–Ti 合金中加适量的稀土 Ce，胎体中的 Ce 细化晶粒的效果明显。但烧结温度不宜过高，一般不宜超过 850℃。超过 850℃，Ce 的扩散加快，呈高度弥散分布。

从 Cu–Sn–Ni–Ti 合金的高温性能测量结果中看到，改性的 Cu–Sn–Ti 合金的应用范围在不断地扩大，对其内在机制的认识越来越清楚。还有许多青铜牌号，除 Sn 青铜外，还有铝青铜、铍青铜、硅青铜、锰青铜、铬青铜等。从表 9–3 中看出，铝青铜、硅青铜、锰青铜等确实有较好的综合性能。

表 9 – 3　部分青铜性能

牌　号	抗拉强度/MPa		延伸率/%		硬度（HB）	
	金属模	砂模	金属模	砂模	金属模	砂模
663 青铜	180	150	4	6	60	60
7 铝青铜	400	1 000	65	4	70	154
3 – 1 硅青铜	380	650	45	5	—	—
5 锰青铜	300	600	40	2	80	160

3. 白铜基黏结剂

白铜系指 Cu – Ni 基合金，用得比较多的是锰白铜和锌白铜。锰白铜即指 Cu – Ni – Mn 合金，力学性能高于青铜基合金，熔点也比青铜合金高。白铜合金粉多用于石油钻头和地质钻头，使用时可加入适量的 Co、Cr、Sn、Fe – P、Ni、W、WC 等进行改性处理，常用型号有 BM20 – 20 和 BM11 – 27。

锰白铜共晶成分的熔点在 1 000℃以下，有时也用作熔渗金属。如孕镶石油钻头、复合片石油钻头、聚晶石油钻头，也可用无压熔渗法生产。表 9 – 4 给出 Cu – Ni – Mn 和 Cu – Ni – Zn 的有关性能参数。

表 9 – 4　Cu – Ni – Mn、Cu – Ni – Zn 部分性能参数

合　金	抗张强度/MPa		延伸率/%		硬度（HB）	
Cu – Ni – Mn BM3 – 12	400/550	900	30	2	1 200	—
Cu – Ni – Zn BZ15 – 20	400	670	55	2.5	700	165

锰白铜因其色泽银白，有"德国银"之称，延展性好，有一定的耐大气腐蚀的能力。改性后的锰白铜是在锰白铜中加入适量的碳化物形成元素和少量低熔点金属，改性合金的主要成分是：Cu、Ni、Mn、Co、Sn、Cr、TiH$_2$ 和适量的 WC；用在钻头上，要加大 WC 用量；用于锯片可不加或少加 WC。锰白铜用在石油钻头上的历史已有相当长的时间，在孕镶金刚石钻头上，主要有两个基础牌号 BM20 – 20 和 BM11 – 27。BM11 – 27 较 BM20 – 20 的熔点低些，用这两种牌号合金粉作黏结剂制作的钻头适于冲击回转钻进。

锰白铜力学性能，明显高于 663 青铜。锰白铜一般不用在砂轮上，而用在有冲击重载荷的工具上，如地质钻头，石油钻头等。对锰白铜进行改性研究，一般向合金中引入一定量的 Sn、Fe – P 共晶、Co、Cr 和稀土元素，表 9 – 5 给出改性合金的物理性能。

表 9 – 5　部分改性锰白铜合金的物理性能

序号	牌　号	固相线/℃	液相线/℃	温度/接触角/[℃·(°)$^{-1}$]				
1	1Cu – Ni – Mn – Co – 5Sn – Fe – P	928	1 035	—	1 050/135	1 100/124	1 150/112	1 200/110
2	2Cu – Ni – Mn – Co – 5Sn – 1Cr	930	992	1 000/106	1 050/100	1 100/95	1 150/90	1 200/89
3	3Cu – Ni – Mn – Co – 1Cr – Ce – 1Ti	937	953	1 000/93	1 050/86	1 100/81	1 150/77.5	1 200/73
4	4Cu – Ni – Mn – Co – 1Cr – 5TI	972	1 174	—	—	1 200/16.5	1250/12	1 300/7

分析表中数据,可以得出:Ti 促进润湿,使熔点稍有升高,使两相区加宽。3#合金两相区太窄,如稍降 Ni 含量会降低熔点。Sn 能降低接触角 θ,也能降低熔点。一般 Ti 的加入量不超过 5%,过多会产生 $TiCu_3$ 金属间化合物,有变脆的倾向。Sn 因膨胀系数大,不宜多加,可以用 Ni 代 Sn。加稀土 Ce 可以降低 Cu 的熔点。

锌白铜即 Cu – Ni – Zn 合金,比 Cu – Ni – Mn 合金的熔点低,多用于作熔渗合金,在其他制品中也有应用。常用的牌号有 BZ15 – 20,一般锌白铜中的含锌量不低于 18%,Ni + Co 的量不低于 13.5%。锌白铜在金刚石工具中应用主要是在石油钻头,无压熔渗扩孔器及其他一些用无压熔渗法生产的工具上。

熔渗法生产的工具制品与液相烧结相似,主要靠液相出现后的毛细管力使坯体收缩。在熔渗过程中,适量加入一些诱导金属,把粉末振实,尽量缩小粉末中的孔隙、防止液相在坯体中偏聚等。

熔渗制品中有较大比例的骨架材料,如 WC、W_2C,还有 Fe、Ni、Co、Mn、Si、Cu 等,要求液相合金对骨架材料有较好的润湿性,才能有助于虹吸现象的发生。如聚晶金刚石和液相之间的要求必须润湿,坯体才能更好的收缩,工具才能有良好的性能。

另外要注意液相合金对钢基体的损坏。尽管钢的熔点将近 1 500℃,而熔渗温度只有 1 120 ~ 1 140℃,如果工艺不当,在合金热液的作用下,Fe 和 C 可以溶解在液相中。

熔渗法分"上浸"和"下浸"两种,一般采用较多的是下浸。下浸是完全靠毛细管力,使液相充满所有孔隙。上浸虽然可借助于重力,但液相自上而下容易堵塞排气通道,气体无法逸出,影响产品的质量。试验结果表明,用下浸法能使抗弯强度较上浸法有大幅度提高。

4. 黄铜基黏结剂

黄铜是 Cu – Zn 合金,在铜合金中是一个大家族,初步统计有 40 余个牌号。国内金刚石工具中应用不是很多,根据用途需要,有时加入一些合金化元素,如 Pb、Sn、Al、Fe、Mn、Si 等。故黄铜可分为普通黄铜、铅黄铜、锡黄铜、铝黄铜、锰黄铜、铁黄铜、镍黄铜、硅黄铜等。

国外在金刚石工具制作中,黄铜黏接剂的应用远远多于国内。在黄铜中加入 Fe、Ni、Si、Sn 对改善黄铜对金刚石的润湿性起一定作用。黄铜黏结剂的烧结温度不高,热压成形性好,不如青铜那样"脆"。用作锯片刀头比青铜好些。目前对黄铜在金刚石工具中应用开发,不及青铜和白铜,国内尚缺乏这方面的定量的研究工作。

9.3.3 粉末冶金法制造金刚石工具的工艺

1. 基本工艺流程

粉末冶金法制造金刚石工具的工艺流程如图 9 – 3 所示。

2. 胎体粉末

(1)胎体金属粉末粒度

金刚石工具用胎体粉末一般为 – 200 目(≤75 μm)或 – 300 目(≤48 μm)。对于超细金刚石工具,如金刚石粒度更细时,应选用更细金属粉末。

(2)胎体金属粉末的还原与保存

金属粉末比表面积大,表面能高,化学性能活泼,氧化倾向大。粉末颗粒越细,越易氧化。微米级铁粉几百度就会燃烧。夏天空气潮湿,铜粉粒度小易氧化。所以常用的金属粉末 Fe、Co、Ni、Cu 等均需经氢气还原处理。还原规范如表 9 – 6 所示。

表 9-6 几种粉末还原规范

粉末	还原温度/℃	保温时间/h
Cu	350	1~2
Ni	500	1~2
Co	450	1~2

保存粉末的最佳方法是真空密封，开封后的粉末宜保存在干燥器皿中。

（3）预合金化粉末

热压方法制造金刚石工具保温时间很短，一般为 3~10 min，粉体之间的热扩散程度相对较差，一般均未能达到完全合金化。采用预合金化粉末，可使胎体性能明显提高，如表 9-7 所示。

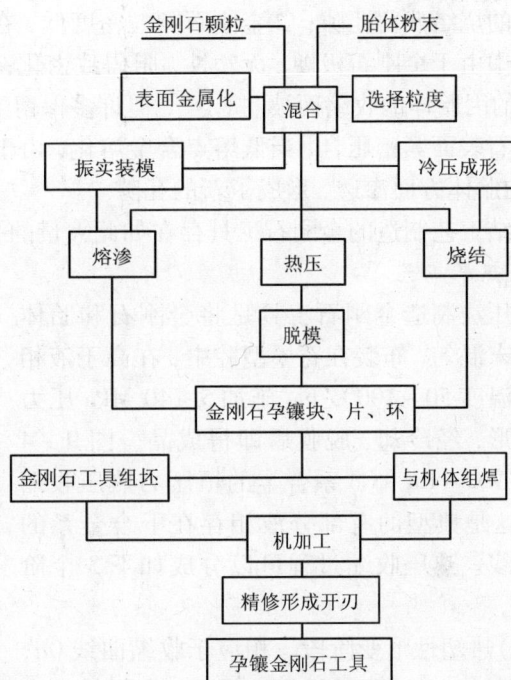

图 9-3 粉末冶金法制造金刚石工具的工艺流程图

表 9-7 热压温度 950℃时预合金化粉末与预混合金属粉末性能对比

胎体粉末材料	粉末处理	抗拉强度/Mpa
Cu-10%-3%Mn	预合金化	94
Cu-10%-3%Mn	预混合粉末	58

3. 胎体粉末与金刚石的混合

当由多元金属粉末组成胎体材料时，应预先混合，一般在球磨机中进行。球料比可取 3:1，混合时间为 3~4 h。

由于金刚石的密度（3.5 g/cm³）比一般金属小得多，所以金刚石粉末在金属粉末中有"上浮"、聚集的倾向。金刚石粉粒与金属粉末之间的混合，应加少量润湿剂，如无水乙醇、汽油、汽油树脂溶液。

4. 冷压、烧结工艺

烧结法是最早用于金刚石工具制造的粉末冶金方法。1930 年出现的第一个金刚石砂轮就是用这种工艺制造的。

烧结工艺是将金刚石颗粒与胎体合金粉末（其中部分合金在烧结温度下为液态）混合、压制成形，在还原气氛中，在高于部分合金液熔点 50~100℃的温下烧结。此种工艺制造的金刚石工具具有工艺简单、操作连续、批量大、成本低等优点。

金刚石工具中金刚石颗粒的体积含量可达 10%~35%，而一般胎体对金刚石缺乏浸润性，大量金刚石颗粒的存在，阻碍了粉末颗粒的移动，使得致密化过程进行得相当困难。金刚石浓度越高致密化过程越难进行。在烧结金刚石工具中存在如下 3 种孔隙：①合金胎体本身存在的烧结残留孔隙;②金刚石颗粒密度低,在混料中造成偏析和不可避免的团聚,在压制过程中由于金刚石极硬,无塑性,阻碍致密化;③金属胎体和金刚石在压制成形之后的间隙,有的因胎体的收缩而被"挤走",但许多保留下来了。甚至在一些地方原来是低熔点金属与金刚石表面紧密压合,当低熔点合金熔化,由于它与金刚石的浸润性差,而被金刚石所"排斥",向胎体方面渗透,形成了新的孔隙。

烧结工艺制造的金刚石工具存在如此大量的孔隙,对金刚石颗粒的"包镶"差。

5. 热压工艺

热压法制造金刚石工具是将金刚石和胎体合金粉末混匀,布装在石墨型腔中,在高于液相熔化化温度 50~100℃下,施加 5~40 MPa 压力热压成形,经冷却、脱膜后即得成品。图 9-4给出了 WC-Cu-Co 系合金的恒压力热压收缩曲线,这是典型的有部分液相存在下合金系的热压曲线。热压收缩过程可以分成如下 3 个阶段进行。

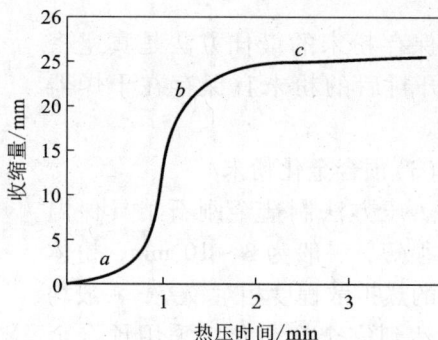

图 9-4 WC-Cu-Co 系热压收缩曲线

(1)热塑性形变阶段。相应于收缩曲线 0a,这时温度在 1 000℃以下。Cu 和 Co 金属粉末在这个区间发生强烈塑性形变,使粉块在压力(15 MPa)的作用下有少量的收缩。

(2)黏滞性流动阶段。当温度超过 Cu 的熔点(1 083℃),产生约占体积 40% 的液相,促使粉体在压力下迅速重排、收缩,即 ab 曲线段。这个阶段的收缩量可占总收缩量的 70% 以上。

(3)致密化阶段。bc 就是相应的最后致密化阶段。由于 Cu-Co 合金对 WC 骨架有很好的浸润性,WC 颗粒在 Cu-Co 合金中有少量的溶解度,这样通过 WC 颗粒的移动,使粉体孔隙进一步地被排除,而最后获得接近理论密度的坯块。

从部分液相存在下的热压收缩曲线来分析这种热压致密化的现象表明,选择的液相合金材料必须对固相材料有良好浸润性。否则,收缩曲线中第 3 阶段便不能进行,而得不到满意的致密度。

6. 松装熔渗和冷压熔渗

熔渗工艺是将金刚石粉末与骨架材料按比例混合,并振实或压实。然后把低熔点的熔渗合金置于其上,当加热温度超过液熔点,液相合金就通过"毛细管作用"熔渗到金刚石和骨架材料粉体的孔隙中去。如果液体合金对被熔渗的粉体材料有良好的浸润性,那么孔隙将完全被除去(被熔渗合金所充满),能得到几乎接近理论密度的坯块。

制造金刚石工具有两种熔渗工艺。

1)冷压熔渗。混合均匀的金刚石和骨架材料粉末,经压模压制成形、脱模后得到所要求形状的压坯,置于烧结炉中进行熔渗。因为模具加工复杂,工序繁多,操作不易,目前这种工艺已越来越少采用。

2)松装熔渗。这种工艺将金刚石-骨架材料混合粉末置于石墨模模腔中,仅需振实,使粉体均匀充满型腔,然后将整个石墨模具置于烧结炉中熔渗。这种工艺最突出的优点是粉体不必经过压制成形,凡是粉末能充填到的部位,都能熔渗成形。所以,可以制作形状十分复杂的金刚石工具,图 9-5 给出了中频加热松装熔渗的多翼多台阶金刚石石油钻头模具示意图。

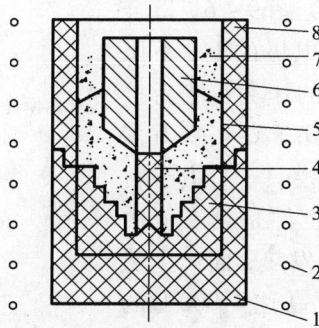

图 9 – 5　中频松装熔渗的多翼多台阶石油钻头

1—下模体；2—感应圈；3—水槽块；4—模芯；

5—骨架粉末；6—钢体；7—熔渗合金；8—上模体

9.3.4　金刚石工具制造设备

1. 金刚石混料设备

金刚石混料设备是将金刚石与胎体材料(如：各种金属粉末、树脂)进行充分混合。使其分布均匀，以利于制造质量稳定的产品。

(1)三维混料机

三维混料机由机座、调速电机、回转连杆及混合筒体等部分组成。其中筒体为工作(杆)部件。三维混料机的工作原理是装料的筒体在主轴的带动下作平移、翻滚等复合运动，促使物料沿着筒体作环向、径向、轴向的三向复合运动，使物料相互流动混合，当主传动轴旋转时，筒体的几何中心线即回转中心线在三维空间周期性地改变其在空间的位置，而筒体则在空间的任何位置上始终绕其回转中心线旋转，致使固定于筒体内的容器中的物料周期性地进行旋转，颠倒和平移摇动的三维运动并连续改变物料间的相互位置，达到高效混合的目的三维混料机主要技术参数列于表 9 – 8。

表 9 – 8　三维混料机主要技术参数

型　号	10 型	50 型	100 型	200 型	400 型	800 型	1000 型
料筒容积/L	10	50	100	200	400	800	1 000
最大装料容量/L	8	40	80	160	320	640	800
最大装料质量/kg	5	25	50	120	250	500	700
主轴转速/(r·min^{-1})	0 ~ 15	0 ~ 15	0 ~ 15	0 ~ 15	0 ~ 15	0 ~ 15	0 ~ 15
功率/kW	0.55	1.1	1.5	2.2	1.1	7.5	7.5
质量/kg	200	300	500	800	1 200	2 000	2 500

2. 金刚石工具烧结压机

烧结压机是一种金刚石工具制造专用压机，可以烧制 φ300 ~ 3 500 mm 切割锯片、金刚石刀头、小型整体金刚石切割片、金刚石珩磨条、金刚石拉丝模等产品。烧结压机的规格、型号很多，但其工作原理都是一样的。将在混料机中混合好的金刚石、胎体材料等混合料按一定的重量称好装入石墨模具中（见图9-6，以金刚石切割片刀头为例），放入带有电极的上、下压头中通过液压系统对其施加一定的压力，然后接通加热电源，将低电压，大电流（几千安至一万多安），通过电极压头传到受压工件模具上，由于石墨模具及含有金刚石金属粉料的工件是具有低内阻的导体，故大电流通过使其内阻发热，而产生热量（$Q_热 = 0.24I^2 r_{内阻}$），最后可形成高达1 000℃的高温，使金属胎体在高温下熔融，在压力下，经过一定的时间与金刚石紧密结合在一起，就生产出了所需产品。

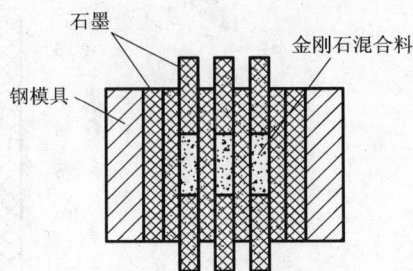

图9-6 金刚石模具图

在烧结压机中生产出的产品是一次性加压、成形、烧结，工艺简单，热效率高，质量好，周期短（一般一次烧结工艺<15 min），因此是金刚石工具行业最广泛使用的生产设备。压机的压力规格一般都有150 kN（15 tf）、250 kN（20 tf）、1 MN（100 tf）等，加热功率有30 kVA、50 kVA、60 kVA、100 kV、120 kVA等。

当前国内较先进的烧结压机都采用了红外测温技术，PC可编程控制器智能化温控仪，可控硅功率元件、彩色显示等技术，实现温度、压力曲线的预设定，并适时显示、跟踪压力、温度曲线，具有自动化程度高、操作方便、控温精度高等优点。

RYJ系列压机，见图9-7。可根据制品的生产工艺要求对压制和烧结同步进行，可按给定工艺过程对生产过程完成半自动化控制，压机的主机部分为下压式四柱油压机，具有刚性好、平行度高等特点。液压系统由专门设计的组合油泵、集成阀、油缸组成，与电气控制配合可完成压机的前进、升压、保压、回程等动作。具有高效、低耗、可靠性好等特点。其主要技术参数见表9-9。

图9-7 RYJ型压机

表9-9 RYJ型烧结机主要参数

参 数	型 号		
	RYJ-2000	RYJ-2000A	RYJ-2000C
额定压力/kN	150	250	250
额定油压/MPa	20	20	20
压头面积/mm²	200×200	250×250	250×250
加热功率/kVA	50	60	60
加热电流/A	10 000	12 000	12 000
电机功率/kW	0.75	0.75	0.75
压头平行度/mm	<0.1	<0.1	<0.1
测温元件	远红外测温探头	远红外测温探头	远红外测温探头
外形尺寸/mm	1 300×1 060×1 600	1 300×1 060×1 600	1 300×1 060×1 600
设备净重/kg	1 100	1 200	1 200
额定压力/kN	150	250	250

3. 金刚石锯片磨弧机

磨削金刚石锯片刀头的圆弧面是金刚石锯片生产必不可少的工序,而激光焊金刚石锯片对刀头圆弧面的要求比普通锯片要高。圆弧面加工质量的好坏直接影响锯片的性能和寿命,良好的圆弧面可以提高锯片的几何形状和尺寸精度,降低锯片的偏摆量,提高焊接强度,防止脱齿。激光焊金刚石锯片磨弧机是高档锯片生产厂的必备设备。本机适用于直径 $\phi105 \sim 600$ mm 的各种规格激光焊锯片刀头弧面的加工,是锯片生产的必需设备,图 9 - 8 为激光焊金刚石锯片磨弧机。

图 9 - 8　激光焊金刚石锯片磨弧机

圆弧面加工质量的好坏直接影响锯片的性能和寿命,良好的圆弧面可以提高锯片的几何形状和尺寸精度,降低锯片的偏摆量,提高焊接强度,防止脱齿。激光焊金刚石锯片磨弧机是高档锯片生产厂的必备设备。本机适用于直径 $\phi105 \sim 600$ mm 的各种规格激光焊锯片刀头弧面的加工。

4. 高频焊机

高频焊机用于金刚石刀头的焊接,如金刚石锯片的焊接和锯齿焊接,见图 9 - 9。高频设备主要工作原理是高频的高频大电流流向被绕制成环状或其他形状的加热线圈(通常是用紫铜管制作)。由此在线圈内产生极性瞬间变化的强磁束,将金属等被加热物体放置在线圈内,

图 9 - 9　高频焊机

磁束就会贯通整个被加热物体,在被加热物体的内部与加热电流相反的方向,便会产生很大的相对应涡电流。由于被加热物体内存在着电阻,所以会产生很高的热量,使物体自身的温度迅速上升,达到对所有金属材料加热的目的。

WH - VI 型焊机的主要技术参数列于表 9 - 10。

表 9 - 10　WH - VI 型焊机的主要技术参数

主要参数	WH - VI - 16	WH - VI - 36	WH - VI - 50	WH - VI - 80
输入功率/kW	16	36	50	80
输入电压	单相(220 ± 10%) V 50 ~ 60 Hz	三相四(380 ± 10%) V 50 ~ 60 Hz	三相(380 ± 10%) V 50 ~ 60 Hz	三相(380V ± 10%) V 50 ~ 60 Hz
振荡频率/kHz	25 ~ 150	25 ~ 100	15 ~ 35	30 ~ 50 kHz
体积/mm³	500 × 240 × 450	600 × 270 × 540	550 × 650 × 1260	660 × 450 × 550

5. 金刚石锯片应力校正机

金刚石锯(锯条)基体应力校正机,俗称"碾压机",是石材加工用金刚石锯片(锯条)基

体专用修整设备,见图9-10 它将锯片和锯条基体在生产和使用中产生的不规则应力集中点,经过合理的碾压,使基体内应力重新均匀分布,以调整因应力集中而产生的变形,增加基体的表面强度,重新达到基体所需的使用标准。经过碾压的基体既不会改变原有的基体形状,也不会造成新的变形,从而提高锯片的使用寿命和耐用度,经过调整后的锯片特别适合在组合锯机上使用。金刚石锯片应力校正机由液压系统通过油缸驱动一个碾轮进行加力,由电机通过减速机驱动另一个碾轮旋转,通过两个碾轮对锯片基体进行合理的碾压,使锯片基体的内应力进行重新分布,达到调整应力的目的。

图9-10　金刚石锯片应力校正机

9.3.5　金刚石工具的应用

金刚石工具具有超硬、超耐磨、耐高温、耐腐蚀等优异性能,已成为切割与加工花岗岩、大理石等各类矿石、砖、耐火材料等各种建筑材料及钢筋混凝土、沥青路面、机场跑道等不可替代的新型工具,并广泛用于 Cu、Zn、Al 等难加工有色金属、高硬度难加工非金属材料的加工以及超密加工等,用途十分广泛。

第 10 章　铜基粉末冶金电工材料

纯铜具有优异的导电性，电阻率为 1.724×10^{-2} μΩ·m，电导率为 58 MS/m，在所有金属中，其电导率仅小于银，位于纯金属的第二位。由于其导电性能好、价格便宜等优点，纯铜广泛应用于电力、铁路、汽车、建筑、电器、电机、计算机等几乎所有的电力传输和信号传输行业。国际上，通常定义退火纯铜的电导率为 100% IACS，并以此作为参考标准，其他材料的电导率与其的比例表示导电性能的好与差。

纯铜虽然具有优异的导电性，但是其耐磨性、耐高温性、抗电蚀性等较差，通过添加 Ni、Zn 等合金元素制备铜合金，其耐磨性、耐高温性有所提高，但导致其导电性急剧下降，影响其使用。为了弥补纯铜的上述不足，充分发挥其优异的导电性，研究人员利用粉末冶金方法开发出铜－石墨电刷（又称之为炭刷）、电触头、焊接电极用弥散强化铜等铜基粉末冶金电工材料。

在铜基粉末冶金电工材料中，铜－石墨复合材料的使用量最大，包括在发动机和电动机中用来转换和传输电流的重要零件铜－石墨电刷、应用于列车的受电弓等，同时广泛应用于所有电机（除鼠笼式感应电机和无刷电机外）、发电机、火车等设备的电力传输。

10.1　铜－石墨电刷

根据电刷外观颜色分类，可以分为黑色电刷和有色电刷，前者主要以石墨、焦炭和炭黑等粉末为原料，加沥青或煤焦油等黏结剂混合、压制、焙烧或高温石墨化处理（2 000 ~ 2 500℃）制成。该电刷具有良好的耐磨性、易加工、电阻率为 6 ~ 60 μΩ·m，适合于较高电压、较低电流、高速运动和换向困难的电机中。

有色电刷以铜或银等金属粉末和石墨粉为主要原料，并添加少量锡、铅等金属粉末混合、压制、烧结制成。由于银的价格昂贵，应用最多的是铜－石墨电刷，如图 10 - 1 所示。在国标 JB/T 4003—2001 中规定，金属－石墨电刷类别代号为 J。铜－石墨电刷的电阻率为 0.03 ~ 12 μΩ·m，电阻率低、载流量较大，允用电流密度为 25 000 ~ 90 000 A/m²，适合于大电流交流电机、低电压高电流密度的电解、电镀用直流发电机，也适用于低压小型牵引电机、汽车和拖拉机的起动电机等。

为了改善铜－石墨电刷的某些性能，也可少量添加一种或数种其他金属或化合物。加入锡、铅、锌可在烧结时产生液相，促进致密化。加入铁、铬，可强化铜基体，使材料具有适宜的磨削性。加入银、锡、铅、锌、铝可进一步提高耐弧性和韧性，降低摩擦系数。加入钴可减少铜的氧化，降低电刷的磨损量，稳定电机转速。加入氧化物、碳化物、硫化物等，可减少材料的氧化和磨损，保证接触电阻小，从而减少火花。

电动机电刷质量的好坏直接影响电机的使用性能，是电动机和发电机中定子与转子之间电流传输的重要零件，电刷的使用已经有 120 多年的历史。早在 1885 年，Geoge Forbes 获得第一个炭电刷专利，与最初的由铜丝束制成的定子与转子之间的电流传输件相比，炭电刷的

图 10 –1　铜 – 石墨电刷实物图

寿命较长，但导电性较差。随着电机的日益普及，炭刷需要通过更大的电流，炭和石墨材料已经不能适应使用要求。为增加炭刷的导电性，将几片金属丝网模压在炭刷中，提高了炭刷的导电性，但是这个方法既繁琐又不经济。后来出现了由铜和石墨粉末混合物制成的金属石墨电刷。

10.1.1　铜 – 石墨电刷的工作原理

铜 – 石墨电刷的工作一方面由于电刷与换向器之间的水解电离作用，在电机换向器表面不断地形成氧化膜；另一方面由于机械和电气磨损，氧化膜不断地被破坏，氧化膜经常维持动平衡状态。由于这层氧化膜的存在，改变了电刷与集电环的接触特性、减少了摩擦、降低了磨损、延长了使用寿命。氧化膜的作用是：①使电刷与换向器之间摩擦系数小，从而使电刷、换向器磨损减小；②增加电刷与换向器间的接触电压降，因为氧化膜电阻大，限制被电刷短路元件内的短路电流，改善换向；③延长换向器寿命。根据换向器上氧化膜的好坏，基本上可以判断电机工作时的换向情况。氧化膜形式的好坏与电机负荷大小、温度、湿度、电刷材质、周围条件有关。理想的氧化膜颜色是咖啡色，薄而光亮。氧化膜过厚将会造成电压降过大，电刷、换向器表面温度升高，氧化膜剥落等缺陷。

电机中电刷的主要作用是连接转动和静止部分。如图 10 –2 直流电机结构及工作原理图所示，电刷 A′、B′分别与两个半圆环接触（这两个半圆形的铜片就叫做换向片，它们合在一起叫做换向器），当线圈不停地旋转时，虽然与两个电刷接触的线圈边不停的变化，但是，电刷 A 始终是正电位，电刷 B 始终是负电位。具体来讲：①将外部电流（励磁电流）通过炭刷而加到转动的转子上；②将大轴上的静电荷经过炭刷引入大地（接地炭刷）；③将大轴（地）引至保护装置供转子接地保护及测量转子正负对地电压；④改变电流方向。

电刷与换向器的接触电压降能限制换向元件中的附加短路电流，通常接触电压降越大，滑动接触点上的电损耗增加越快，会引起电刷和换向器过热。接触电压降与电流密度有关；当环境温度升高，接触电压降升高；电刷压力增加，接触电压降随之降低；而当压力低于 10 kPa 时，电刷跳动，往往出现火花和电压降不稳定。因此电刷的压力应适中，才能保证电刷的性能和寿命。

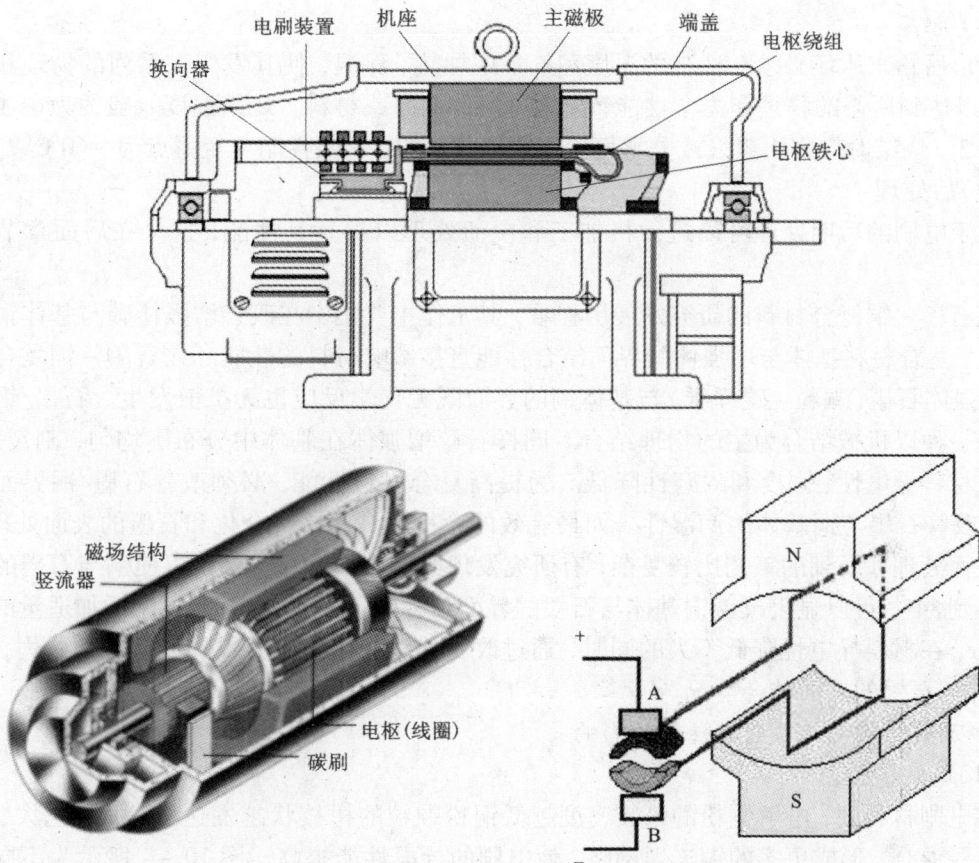

图 10 – 2　直流电机结构示意图及其工作原理图

10.1.2　铜 – 石墨电刷的制备工艺

1. 铜 – 石墨电刷的制备工艺流程

铜 – 石墨电刷的制作工艺流程如图 10 – 3 所示。

（1）混料

选用合适粒度的粉末，按比例进行称重、混料，混料方式为干混，务必要混合均匀，否则将影响到烧结后产品的性能。

（2）压制成形

粉末压制成形是将混合均匀的粉末成形为具有一定密度和强度的坯块工艺过程。成形分为模压成形和特殊成形两大类，应用最为广泛的是模压成形方法，还可以在

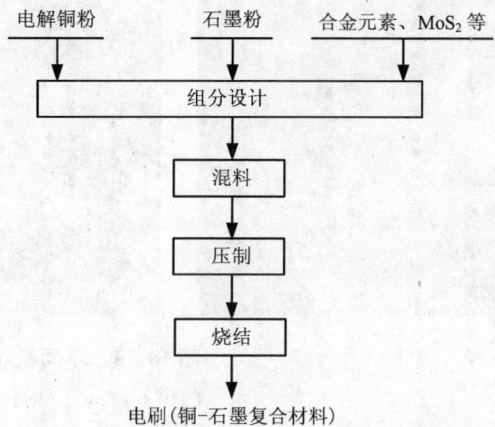

图 10 – 3　铜 – 石墨电刷的制备工艺路线图

压制时将铜导线压入到坯体中。

(3)烧结

成形后粉末压坯必须在适当的温度和气氛中加热、保温，使其发生一系列的物理和化学变化，以达到所需的物理和力学性能，成为可用的制品或材料。烧结温度一般约为主成分熔点的2/3。烧结时需要用氢气或分解氨等还原气体保护，一般控制气氛露点为 -60℃以下。

(4)后处理

对于电刷的后期处理可以进行机加工和浸渍处理以提高其性能，这个在后面章节有所阐述。

从石墨 - 铜复合材料的研究发展历程看，其工作主要集中在改善增强体碳与基体铜的润湿性上，复合材料基体与增强体的界面结合性能直接影响材料的性能。在石墨 - 铜复合材料中，增强体石墨(颗粒、碳纤维)与基体铜的界面既无化学反应也无扩散发生。石墨/铜界面结合是一种以机械结合为主的物理结合。同样石墨增强体在基体中分布不均匀，割裂基体，也造成材料导电性、强度和耐磨性降低。为提高复合材料性能，必须改善石墨/铜界面结合状态，改善石墨与铜基体的润湿性。而最有效的途径就是基体合金化和石墨的表面处理，石墨的表面处理涉及到的工艺比较复杂，有研究发现 Cu - 0.6% Cr 合金可以使铜与石墨的接触角减小到84°，可以显著改善铜基体与石墨的界面结合力。因此在 Cu 基体中添加适量的合金元素 Cr，在材料导电性降低不大的同时，通过改变基体的化学成分以降低其表面张力，促进 Cu 基体与石墨的界面结合情况。

2. 原料对铜 - 石墨电刷性能的影响

(1)电解铜粉

在电刷材料中，电解铜粉的松装密度越低铜粉颗粒的树枝状越发达、表面积越大，有利于与石墨混合，形成更多的铜连通网络，使电刷的导电性能提高。图 10 - 4 所示为不同松装密度铜粉的显微形貌，可以看出，低松装密度的铜粉更有利于在电刷材料中铜的连接，有利于提高电刷的导电性。在相同松装密度的情况下，铜粉粒度越细，粉末的表面积越大，越有利于形成更多的铜连通网络，提高导电性。

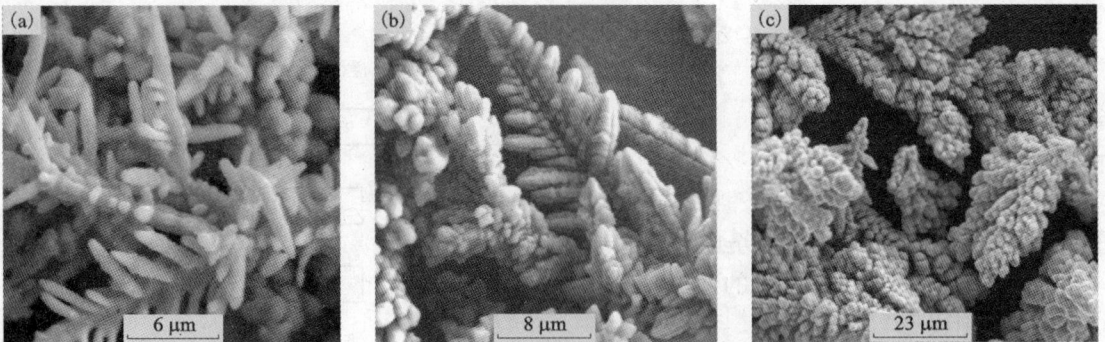

图 10 - 4　不同松装密度铜粉的显微形貌

(a)0.6 g/cm³；(b)1.1 g/cm³；(c)1.66 g/cm³

在铜 - 石墨电刷中，良好的导电性和热导性非常重要。因此，必须控制铜粉中的杂质含量。

随着铜粉含量的增加，电刷的导电性能随之升高，同时由于石墨含量的减少，将导致电刷的摩擦磨损性能变差。

（2）石墨

1）石墨含量。在铜－石墨电刷材料中，电刷的导电性能主要依靠铜，而摩擦磨损性能则依靠石墨来实现。石墨含量越高，电刷的导电性能越差，而耐摩性越好，如表 10 - 1 所示。

表 10 - 1 常用铜 - 石墨电刷材料的牌号和性能

牌号	密度 /(g·cm^{-3})	电阻率 /(μΩ·m)	最大电流密度 /(kA·m^{-2})	使用电压 /V	肖氏硬度
21Cu - 79C	2.2	2.4	125	<72	28
35Cu - 65C	2.2	1.6	125	<72	28
50Cu - 50C	2.75	0.6	130	<36	28
65Cu - 35C	3.5	0.16	190	<18	20
75Cu - 25C	4.0	0.08	235	<15	18
94Cu - 6C	6.0	0.03	235	<6	6
97Cu - 3C	6.5	0.01	235	<6	5

2）石墨粒度。表 10 - 2 给出了石墨含量 10%（质量分数）、不同石墨粒度的铜 - 石墨复合材料压制、烧结和复压后的密度。可见，铜 - 石墨复合材料压制后的密度在 6.17 ~ 6.27 g/cm^3 范围，取铜 - 石墨（10%）复合材料的理论密度为 6.918 6 g/cm^3，则其相对密度在 89.19% ~ 90.64% 之间。

表 10 - 2 铜 - 石墨复合材料压制、烧结和复压后的密度

石墨的粒径 /μm	密度/(g·cm^{-3})		
	压制后	烧结后	复压后
1	6.27	6.14	6.61
6	6.20	6.15	6.66
10	6.19	6.15	6.70
25	6.20	6.14	6.70
150	6.17	6.15	6.73
270	6.19	6.13	6.74

铜 - 石墨复合材料的电导率由材料中铜基体构成的各导电单元共同决定，并受材料成分和孔隙率的影响。铜 - 石墨复合材料的电导率随石墨平均粒径的变化关系如图 10 - 5 所示，随着石墨平均粒径的增大，电导率整体上逐渐增大。根据石墨粒度范围，极细粒度（1 μm）的

电导率最低，粒度在6~25 μm之间的电导率增长平缓，当粒度为150 μm时，其电导率最大，而粒度为270 μm的电导率则低于150 μm。

抗弯强度是与材料整体性质有关的力学性能，体现了材料整体的结合强度。铜－石墨复合材料的抗弯强度随石墨平均粒径的关系如图10－6所示，总体上看，石墨粒度愈大其抗弯强度愈高。当石墨平均粒径超过150 μm后，其抗弯强度下降。铜－石墨复合材料可看作是由铜基体、石墨和孔隙组成，孔隙是铜－石墨相界面的一部分。随着石墨粒度的减小，材料中的铜－石墨相界面增加，伴随孔隙率增加，而孔隙的承载能力为零且孔隙也易引起应力集中，因而导致试样有效承载面积下降，材料的抗弯强度下降。大粒度石墨范围中，平均粒径为150 μm的铜－石墨复合材料抗弯强度优于270 μm，可归因于制备过程中大颗粒石墨碎化。

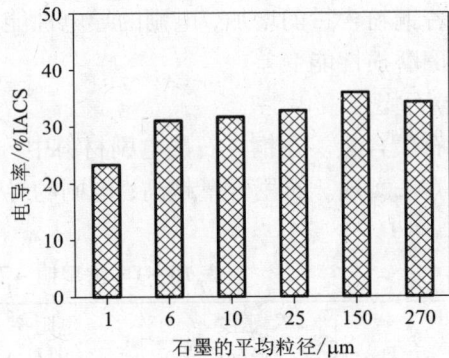

图10－5 铜－石墨复合材料电导率与石墨粒度的关系

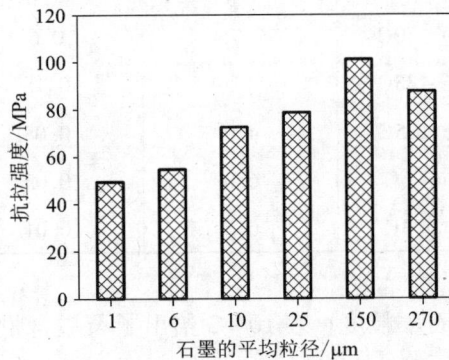

图10－6 铜－石墨复合材料抗弯强度与石墨粒度的关系

3）石墨化度。人造炭素材料（如电极石墨、炭/炭复合材料等）通常是用含碳物质（如沥青、炭黑、甲烷气、丙烷气等）作原料，经碳化后，通过高温热处理使其石墨化，这些碳化的材料都是非晶物质，石墨化的过程就是非晶炭逐步晶化以及不完整结晶逐步向高结晶度转变的过程。所谓石墨化度，即碳原子形成密排六方石墨晶体结构的程度，其晶格尺寸愈接近理想石墨的点阵参数，石墨化度就愈高，对铜－石墨材料的耐磨性与导电性有所提高。

在石墨化度相同时，表观密度较高的材料导电性能较好；由于石墨化度的升高对其导电性能的提高较少，故导电性能对石墨化度的敏感程度较低。

（3）添加剂

1）铅、锡。采用铅为辅助材料的理由是铅质软，有黏合作用，在运行的时候可使铜－石墨电刷的组织致密。而且在运行受热后，铅的微粒容易分离而将电刷接触面上的气孔填塞起来，使接触面非常光滑。由于铅的存在，能够承受一定的撞击性摩擦。然而，铅的导电及导热性较其他金属低，散热较为困难，并且铅有毒性，所以现在电刷中很少加入铅。对于Sn而言，其质软，同样具有黏合作用，能够提高电刷的耐磨性且不污染环境，故在铜－石墨电刷中可以适量添加锡以提高其耐磨性。

2）二硫化钼（钨）。在铜－石墨复合材料中加入适量的MoS_2，使其电阻率降低，但硬度和耐磨性能提高。实验表明，MoS_2的合理加入量为4%左右（如表10－3所示）；当MoS_2加入量达6%时，易造成偏聚，而不能改善摩擦磨损性能。采用粉末冶金法制备的MoS_2－Cu－C

（石墨）复合材料比铜－石墨复合材料具有更好的综合性能。

表 10－3　不同二硫化钼含量的二硫化钼－铜－石墨复合材料的性能

$w(MoS_2)/\%$	电阻率/($\mu\Omega\cdot m$)	硬度 HR10/588	磨损体积/mm^3
0	1.081 4	92.75	0.463 4
2	0.866 4	97.25	0.190 7
4	0.758 9	99.75	0.148 4
6	0.716 5	101	0.376 9

二硫化钨也可作润滑剂，性能比二硫化钼好，摩擦系数较低，抗压强度较大。可用于高温、高压、高转速、高负荷以及在化学性活泼介质中转运的设备。与其他物料配置的锻压、冲压润滑剂，能延长模具寿命，提高产品光洁度。与聚四氟乙烯和尼龙等配制的填充材料，可用于制自润滑部件。

3）铬、钒。Cu 和石墨之间的润湿性很差，加入 Cr 或 V 金属能够有效的改善 Cu/C 的界面润湿性。以 Cr 为例，其与石墨的润湿过程实质上是两者在界面相互作用的结果，但是 Cr 的存在及质量分数的大小对润湿过程起着重要作用。这是因为金属 Cr 是一种表面活性元素，而表面活性元素能够降低液态金属的表面张力和固－液界面能，同时活性元素一般易在表面或界面富集。活性元素的加入有时会对界面反应有所影响或直接参与界面反应，进而影响润湿过程。Cr 不仅具有上述特征，而且还是一种与石墨的亲和力极强的元素，加上 Cr 在铜基体中的固溶度有限（在 1 000℃时为 0.37），随 Cr 质量分数的增加，Cr 向界面扩散和富集并与石墨作用的趋势增强。

图 10－7 所示为 Cr 含量对铜－石墨复合材料电阻率的影响，可以看出当 Cr 含量为 0.3% 时使材料导电性能略有提高，由于 Cr 改善了铜与石墨界面结合，减少了石墨对电子的散射以及空隙的减少都有助于导电性能的提高。当 Cr 含量为 0.6% 时，对导电性几乎没有影响，但是，当 Cr 含量超过 0.6% 时，电阻率上升很快，对材料的导电性急剧下降。

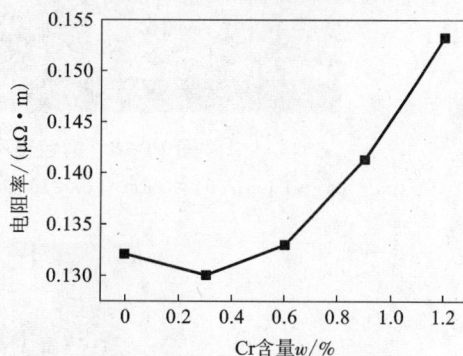

图 10－7　Cr 含量对铜－石墨
复合材料电阻率的影响

4）铜包石墨。通过特殊工艺，在石墨表面包覆金属，然后再与金属复合形成金属基石墨复合材料。在石墨表面进行化学镀铜后再与铜粉进行混合烧结制备电刷，这种工艺方法不仅能够改善石墨与铜的润湿性，而且提高石墨粉在铜中分布的均匀性，形成有效的铜网络结构，从而很大程度上提高了电刷的导电性能。

为获得高导电性和耐磨性，铜－石墨的组织最好为铜包覆石墨，形成均匀连续的空间三维网络，并使石墨均匀分布，如图 10－8 和图 10－9 所示。石墨与金属混合制成的复合材料集两者的优点：既有导电性、导热性、润滑性又有很高的机械强度。但是液态铜与石墨的润湿性不好，因此，铜－石墨复合材料的界面只能通过机械互锁连接在一起，界面之间的结合强度低，材料在承受载荷时，往往造成石墨增强体的拔出、剥离或脱落。制备具有优良力学性能的铜–石墨复合材料的关键是改善石墨与铜的润湿性，有效方式之一是在石墨粉末表面镀铜，然后再将镀铜–石墨粉与铜混合制成铜–石墨复合材料。这样，材料由原来的石墨–铜接触变为铜–铜接触，从而改善了石墨与铜的润湿性。表10–4所示为镀铜–石墨–铜电刷与铜–石墨电刷性能的比较。

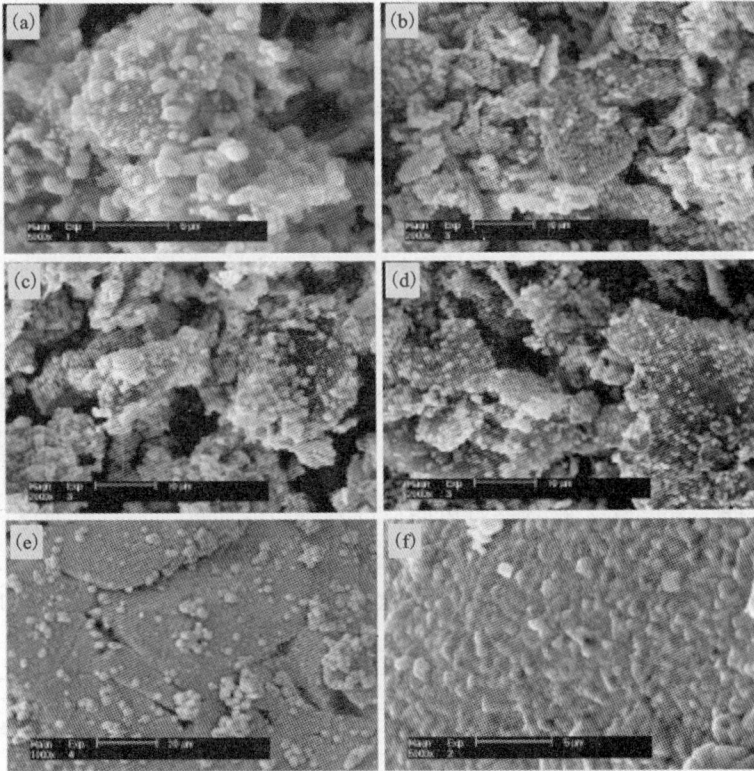

图 10–8 铜包覆不同粒度石墨的 SEM 形貌

(a)≤1 μm；(b)≤6 μm；(c)≤10 μm；(d)≤25 μm；(e)≤150 μm；(f)≤270 μm

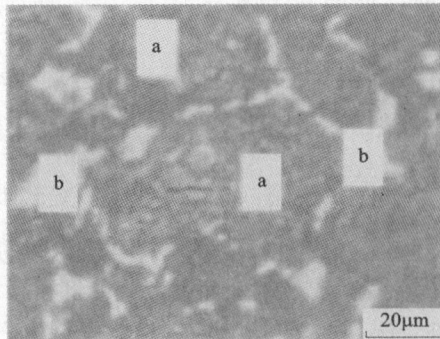

图 10–9 镀铜–石墨粉烧结电刷制品的金相照片

a—石墨；b—铜

表 10 - 4　铜 - 镀铜 - 石墨电刷与铜 - 石墨电刷性能的比较

特点	密度/(g·cm^{-3})	电阻率/(μΩ·m)	硬度(HB)
镀铜 - 石墨 + Cu(85% Cu)	5.120	0.090 0	64.1
国产市售商品(J164)(85% Cu)	5.379	0.133 2	60.0

铜包石墨粉的生产工艺参见第 4 章第 4.4 节的内容。

（4）润滑剂

在高导电性铜基粉末冶金零件的生产中，润滑剂具有独特作用。如图 10 - 10 所示，在所有添加润滑剂的压坯中，添加硬脂酸锂的压坯电导率最高；采用合成蜡润滑时，在 276 MPa 下压制的压坯，其电导率约为 78%；添加硬脂酸锂的压坯，电导率约为 88%。润滑剂的加入量对铜基粉末冶金零件的电导率如图 10 - 11 所示。在 276 MPa 下压制的压坯中含有约 0.6% 硬脂酸锂，在 414 MPa 下压制的压坯中，含有约 0.5% 硬脂酸锂时，它们的电导率最高。

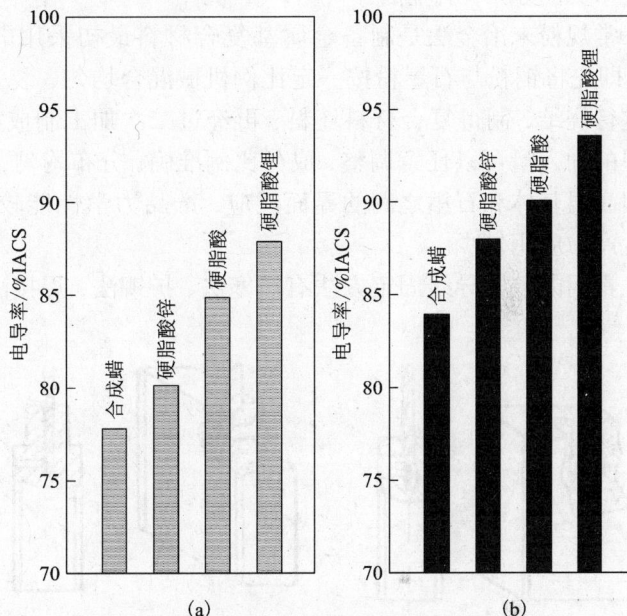

图 10 - 10　润滑剂对铜基粉末冶金零件电导率的影响
压制压力：(a) 276 MPa；(b) 414 MPa

3．铜 - 石墨电刷的混料工艺

混料是趋向于减少混合物非均匀性的操作过程。在整个系统中，各组分在基本组元没有本质变化的情况下细化和再分布。混料主要依靠压缩、剪切、分散、置换来实现，包含混合和分散两方面的含义：①混合就是使两种或多种组分空间的分布情况发生变化；②分散是指混合中一种或多种组分的物理特性发生了变化，如颗粒尺寸减小。混合和分散一般是同时进行和完成的。达到均匀分散的目的。

混合有机械法和化学法两种。其中应用最广泛的是机械法，即用各种混合机如球磨机、V形混合机、锥形混合器、酒桶式混合器和螺旋混

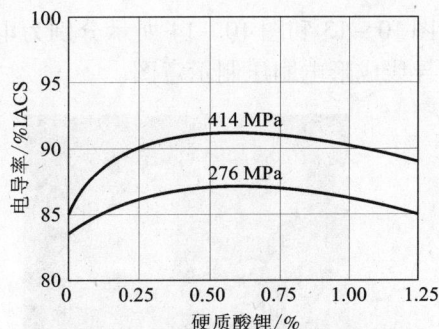

图 10 - 11　润滑剂加入量对铜基粉末
冶金零件电导率的影响

合器等将粉末或混合料机械地掺和均匀而不发生化学反应。机械混合的均匀程度取决于下列因素：混合组元的颗粒大小和形状、组元的密度、混合时所用介质的特性、混合设备的种类和混合工艺（装料量、球料比、时间和转速等）。生产铜 - 石墨复合材料时，为了避免颗粒的

加工硬化，混料时不需要加入研磨体。由于铜、石墨等松装密度的不同，导致容易分层，因此不易混合均匀。采用 V 形混合机，利用其在工作时，料桶从相同旋转速度绕同一水平轴旋转，使物料作合－分，分－合的不断上下翻动来提高铜－石墨混合均匀性。

4. 铜－石墨电刷的成形工艺

铜－石墨电刷一般采用常规粉末冶金法进行生产，此外熔渗法也可以用于生产电刷材料，下面具体介绍。

（1）常规粉末冶金法

常规粉末冶金法是制备金属基复合材料最初采用的加工方法。最常用的方法是固相烧结，即先将铜粉与石墨粉按一定比例机械混合均匀，装入模具中经冷压，然后在还原性气氛下进行烧结，制得复合材料坯料，再经过二次加工制成零件或型材。该方法的优点是铜粉与石墨的加入量可以任意调整，成分比例准确，分布均匀，不易出现偏析；制造温度较低，减少了因高温基体和石墨之间的界面反应，产品力学性能较高。此外，还有液相烧结和热压等，但生产中应用较少。

常用的电刷导线固定方法有填塞法、扩铆法、焊接法、模压法等，如图 10－12 所示。

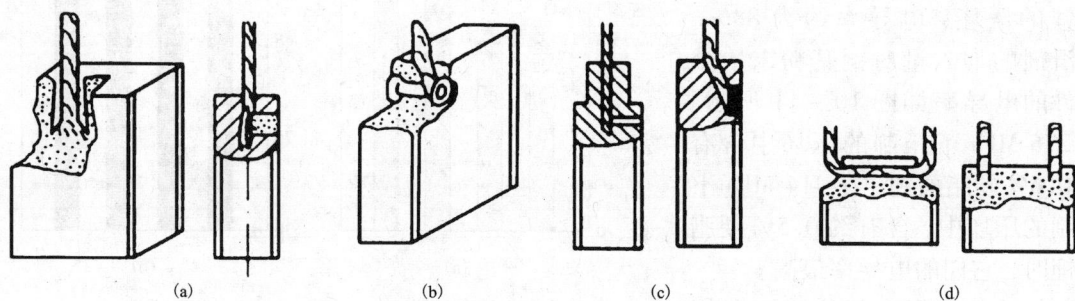

图 10－12　软接线的固定方法
（a）填塞法；（b）扩铆法；（c）焊接法；（d）模压法

图 10－13 和图 10－14 所示分别为电刷专用粉末成形机及电刷栽线机。图 10－15 所示为带导线成形电刷压制示意图。

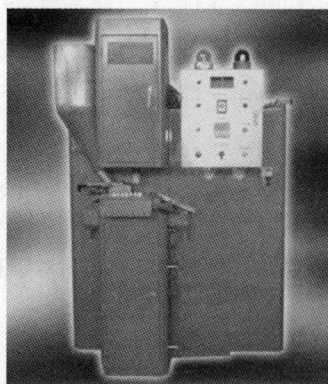

图 10－13　SPG－TS 系列全自动电刷专用粉末成形机

图 10－14　八工位电刷全自动栽线机

（2）熔渗法

熔渗法也可用于电刷材料的生产，对金属含量小的铜石墨材料，如铜含量为 20% ~ 50% 时可以采用熔渗工艺，即先制成具有一定孔隙率的石墨烧结体，然后将熔融的铜液体熔渗到有孔隙的石墨基体里从而得到低金属含量的铜 - 石墨材料。但是由于石墨的密度远低于铜，而且石墨与铜之间的润湿性很差，因此必须采取相应的措施，如加压熔渗，加入改善润湿性的物质等，从而使熔渗过程顺利进行。

以意大利 EBN 公司的汽车电刷带导线压制为例：烧结炉内保护气体主要采用分解氨外加氮气，液氨分解装置安装在炉体冷却带上，氮气为瓶装。每小时需氨分解气体为 5 m³（每千克氨分解为 2 m³），氮气 25 m³。成分比为 H_2 12.5%、N_2 87.5%。

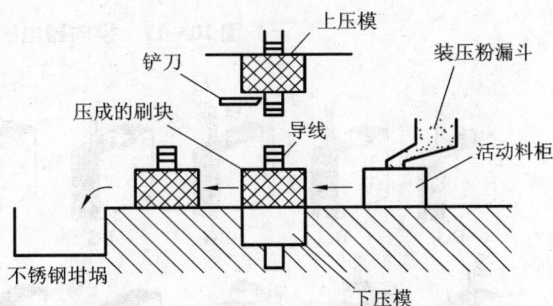

图 10 - 15　带导线成形电刷压制示意图

烧结曲线：如炉体示意图 10 - 16 所示，预热和高温带有四个温区，自动控制四个测温点，根据产品情况，规定四点温度，对炉型 12.5 m 的汽车电刷的烧结炉（带导线成形的），其测温点 1 为 200℃、测温点 2 为 400℃、测温点 3 为 600℃、测温点 4 为 700℃。

装炉方法：带导线成形汽车电刷散装在方形铁坩埚中，表面用筛网覆盖，每个坩埚可装 200 ~ 300 块电刷。

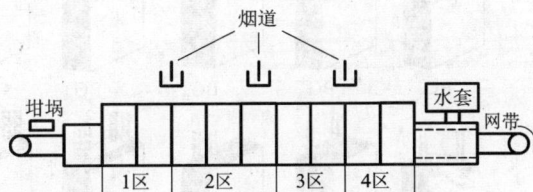

图 10 - 16　网带式连续烧结炉示意

烧结速度：连续炉的运转速度可以调整，行进速度为每分钟 20 ~ 200 mm，以 12.5 m 炉为例，周期如下：

行进速度 20 mm/min，则 12.5/0.02 = 645 min ≈ 11 h

行进速度 200 mm/min，则 12.5/0.2 = 64.5 min = 1 个多小时

汽车电刷每小时产量为 15 kg，每日为 360 kg。

5. 铜 - 石墨电刷的整形或加工

不同的电机对电刷的尺寸和结构型式要求不同。电刷的主要尺寸为切向尺寸（t），轴向尺寸（a）和径向尺寸（r），如图 10 - 17 所示。电刷的结构型式（BG）如图 10 - 18 所示。详情可以参考机械标准 JB/T 2623 - 1994。

6. 铜 - 石墨电刷的浸渗处理

为了控制最终铜 - 石墨材料的致密程度及孔隙率，通过浸渗处理来获得不同性能的电刷材料。浸渗又称浸渍，是一种微孔（细缝）渗透密封工艺，将密封介质（通常是低黏度液体）通过自然渗透（即微孔自吸）、抽真空和加压等方法渗入微孔（细缝）中，将缝隙填充满，然后通过自然冷却或加热等方法将缝隙里的密封介质固化，达到密封缝隙的作用。常见的浸渗剂有

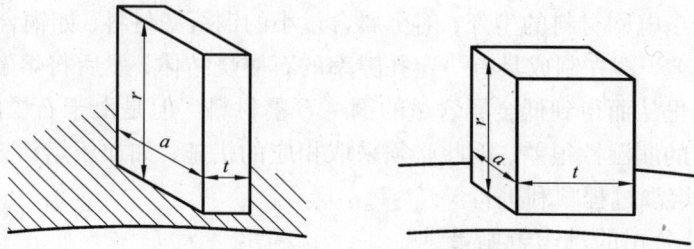

图 10 - 17　换向器电刷和集电环电刷

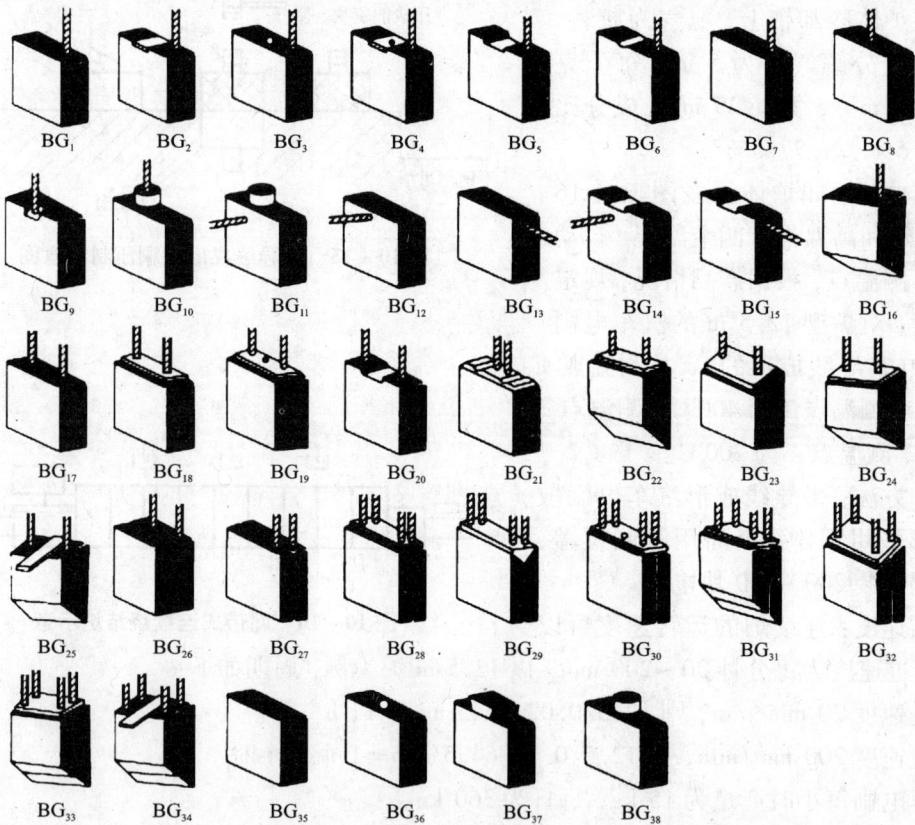

图 10 - 18　电刷的结构形式

很多,如水、蜡、某些植物油、盐溶液(水玻璃)、金属、树脂等。工业化生产里广泛使用的主要是水玻璃、金属、树脂。金属作为浸渗剂主要指低熔点金属,如铜(铜合金)、锡等浸渗剂。

　　铜 - 石墨电刷是用铜粉和石墨为原料,压制成形后烧结而成的,其内部存在着包括粉末颗粒之间细小气隙在内的孔隙网络,即使是高密度的粉末冶金零件,这种孔隙依然存在。通过浸渗处理可使其内孔隙完全被浸渗剂填充,从而提高其密封、耐摩擦等性能。

　　对电刷浸以不同材料,不仅对于高空电刷起到了明显效果,对于一般电刷也起到了很好的效果。浸渍材料的使用将电刷质量提高到一个新的水平。如用合成树脂浸渍电刷,则能提高电刷的机械强度,防止破损,提高使用寿命,该种电刷在机械震动较严重的电机(如牵引电机等)上工作,收到了较好的效果。又如用熔融的金属(铜、银或其合金)浸渍电刷,在电刷体内形成金属连续相结构,从而使该种电刷的导电性能接近铜刷,而润滑性能又接近电化石墨刷,它可以在较苛刻的条件下工作。此外采用矿物油、菜油、石蜡、皂素、硬脂酸丁脂、葵二酸二丁脂等浸渍材料,均可单一的或综合地提高电刷的使用性能。浸渍电刷必将得到越来越广泛的应用。

10.1.3　铜 – 石墨电刷的性能

电刷的性能具有方向性,这在电刷的性能测试中有重要的作用。石墨在压模内受力后会出现较大的取向性,从而使压块内部在垂直于压力的方向上产生层状结构,这种分层现象使电刷材料的物理和力学性能都带有方向性。另外,由于石墨晶体的层状结构,也使一部分电刷制品的物理和力学性能具有各向异性。

1. 铜 – 石墨电刷的静态性能

(1)电阻率

电阻率是电刷材质固有的电阻性质。同一电刷品种的电阻率与体积密度、石墨化度等都有关,同一材质电刷气孔率有所不同,导电性能就有很大差异。电刷的电阻率因品种不同而不同,因此成为选用电刷时非常重要的特性基准。不同电刷的电阻率值分布很宽,金属石墨电刷为 $0.05 \sim 20 \ \mu\Omega \cdot m$。电阻率与接触电阻有关,它是判断换向是否良好的一个标志。

(2)体积密度

体积密度是衡量材质疏松和均匀性的尺度,其测定方法一般采用体积质量法,铜 – 石墨电刷的密度随铜含量的增加而增大。用作滑动电触电材料的铜 – 石墨复合材料,在高速滑动时,因自身的惯性和对磨导线的波状震动而发生相互剧烈的碰撞,复合材料密度越小,其随动性越好,碰撞减轻,有利于减轻摩擦副的磨损,延长使用寿命。

(3)硬度

电刷的硬度是电刷的主要静态性能之一,对电刷的运行状况有很大的影响。同一牌号的电刷,硬度越均匀越好。一般地,硬度高的电刷具有高的耐磨性,对于硬度较低的电刷可通过加入其他金属或耐磨性物质提高电刷的耐磨性。

(4)抗弯强度

电刷沿压制压力方向与压型侧压力方向的抗折强度差异很大,压制压力方向的抗弯强度比压制侧压力方向大20%到4倍。抗弯强度受电刷材料原料的颗粒大小、结合强度(颗粒间的结合力)以及电刷显微组织的影响很大。

(5)电刷的静态性能与换向性能、耐磨性能的关系

一般来讲,硬度、抗弯强度和体积密度小的电刷换向性能好,抗弯强度、体积密度和弹性模量大的电刷耐磨性好,但如果当换向不良而产生火化时,电刷的磨损会异常增大。表 10 – 5 所示是一些常用电刷的性能。

表 10 – 5　常用的一些进口铜 – 石墨电刷牌号、性能及用途

铜含量	各国可互换牌号		主要技术性能参数				用　途
	产地	牌号	电阻率 /(μΩ·m)	密度 /(g·cm^{-3})	电流密度 /(A·cm^{-2})	线速度 /(m·s^{-1})	
48% ~50%	德国	RC53	1.3	3.2	12	35	适用:钢铁、冶金、水泥、电业、线缆、纸业行业的低压、交直流电机集电环(滑环)
	英国	CM9	3	2.8	11	35	
	日本	M550	2.5	2.96	15	35	
	法国	CG651	1.4	2.9	13	35	
65% ~70%	德国	RC73	0.2	4.2	15	30	
	英国	CM5H	0.35	3.9	14	30	
	英国	CM5B	0.9	3.5	14	30	
	法国	CG665	0.3	4.05	18	30	
	日本	M – 2	0.5	4.4	20	30	
80% ~90%	德国	RC87	0.1	5.2	20	25	适用:低电压、大电流、接地装置、电镀、电线电缆、制版、铜箔等行业的流水线
	英国	CMIS	0.32	5.5	23	30	
	法国	OMC	0.06	5.98	28	20	
	日本	M – 1	0.08	5.41	25	20	
48% ~51%	德国	RS50	5.7	3.2	15	20	适用:测速电机、微型电机
	英国	SM3	2.05	2.5	15	20	
	日本	RX50	2.7	3.2	12	20	
	法国	CA30	—	3.2	12	20	
68% ~70%	德国	RS70	0.8	3.2	15	20	
	日本	RX70	0.25	4.45	15	20	
	法国	AG35	—	4.3	15	20	

2. 铜 – 石墨电刷的动态性能

(1)摩擦系数

摩擦系数是滑动接触的基础参数,它表示电刷与换向器或集电环之间相互的摩擦力的大小。影响摩擦系数的因素较多,摩擦系数与滑动接触面的临界薄膜层及其形成原因有关。有效接触面积的大小与摩擦系数密切相关;电刷压力和集电环的偏心等机械方面的原因也直接影响摩擦系数;另外摩擦系数还与电刷的材质和特性、集电环的温度和大气湿度密切相关。

(2)磨损特性

在电刷动态特性中,特征最明显的是磨损特性。电刷的磨损一般可分为机械磨损和电气磨损。机械磨损是在不通电状态下的磨损,它使电刷磨下的碎片在滑动接触过程中脱落,这是因电刷同稍微不光滑的换向器或集电环的表面接触发生的,它主要影响电机的安全性和临界薄膜层的形成。电气磨损是在通电状态下滑动接触时产生的,有一般的电气磨损和产生电弧或火花时的电气磨损,一般的,电刷的电气磨损比机械磨损要大得多。正负刷在不同轨迹上滑动,正刷因电气性的原因使石墨堆积在集电环表面而形成临界薄膜层,负刷则具有研磨薄膜的作用。因而,正刷是通过临界薄膜层的磨损,负刷一般是在滑动接触面上的磨损,此滑动接触

面处于临界薄膜层不完善的状态,所以负刷的磨损是电气磨损和机械磨损的协同作用。

（3）接触电压降

电刷的接触电压降特性表示具有滑动接触全部因素的综合性质。它是表示电刷特性的一个重要因素,在实际使用方面,作为判断电刷好坏或换向性能的依据。电刷运行时间、电流密度、圆周速度、有无薄膜以及电刷的材质等对接触电压降均有影响。

（4）接触电阻

接触电阻是电刷与导电环接触部位之间存在的一个附加电阻,这是电接触中客观存在的重要物理现象之一,对低频汇流环通常希望将接触电阻减小到最低的程度,过大的接触电阻会使接触部位发热、温度升高、致使接触件表面氧化作用加快,从而减小接触导体的有效截面积,使接触电阻进一步增大。而接触电阻的变化率包括非线性变化、不连续变化,突然变化等,它们都将导致到负载电压上产生接触噪声和故障,直接影响到汇流环信号传输的可靠性和稳定性,甚至出现故障失效。

10.1.4　铜-石墨电刷的应用

电刷是电动机和发电机中用来转换和传导电流的一类零件。除鼠笼式感应电机和无刷电机外,其他电机都要使用电刷。电刷的质量好坏直接影响电机的使用性能,是电机的重要零件。电刷主要有薄片、圆棒和圆筒3种形式。铜-石墨电刷凭借其电阻率低、导电性好,载流量大的特点,适用于大电流（高电流密度）交流电机,低电压高电流密度的电机、电镀用直流发电机,也适用于低压小型牵引电机,汽车和拖拉机的起动电机等。

受电弓（图 10-19）是电力牵引机车上从接触网获得电能的一类电气设备,是电力机车获得动力来源的重要集

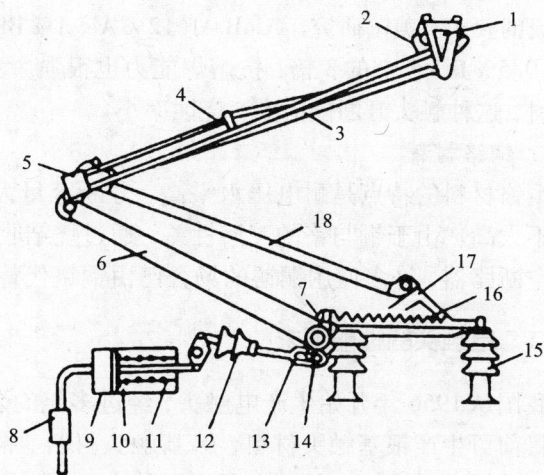

图 10-19　单臂受电弓结构示意图

1—滑板；2—支架；3—平衡杆；4—上框架；5—铰链座；
6—下臂杆；7—扇形板；8—缓冲阀；9—传动气缸；10—活塞；
11—降弓弹簧；12—连杆绝缘子；13—滑环；14—连杆；
15—支持绝缘子；16—受弓弹簧；17—底架；18—推杆

电元件。滑板安装在受电弓的最上部,直接与接触网导线接触,在静止或滑动状态下从接触网导线上获得电流,为机车供应电力,受电弓滑板在大自然环境中工作,并且在运行中与接触网导线不断产生冲击力。因此,受电弓滑板与接触网导线构成的是一对机械与电气耦合的特殊摩擦副,对选用材料的导电性能和摩擦磨损性能有严格的要求。

10.2　电触头

电触头亦称触头或接点,是电器中的关键部件,起接通与分断电流的作用,直接影响开关和电器运行的可靠性与使用寿命,所以人们将电触头称为电器的"心脏"。

铜具有高导电、导热性,而且资源相对比较丰富,价格相对低廉,所以铜合金及复合材

料是重要的电触头材料。其中,铜基合金主要用作真空触头材料,一般用熔炼方法和粉末冶金法制取。铜触头主要包括 W – Cu、Mo – Cu、WC – Cu、Cr – Cu 等。

1. 铜钨(钼)系触头材料

铜钨(钼、碳化钨)系触头材料中,钨(钼)按质量分数要大于50%,碳化钨的质量分数要大于35%,这是形成钨、钼或者碳化钨多孔性骨架的最低限度。铜钨系触头材料具有良好的耐电弧烧蚀性、抗熔焊性、强度高等优点。但由于其开断能力不大,只适用于小容量的真空断路器和真空接触器。近几年随着触头结构和灭弧介质的改进,铜钨触头的开断容量有了很大提高,如在少油断路器中达到了 1 200 MVA。在铜钨合金中添加镍可使其抗电弧腐蚀性能得到进一步提高。

2. 铜铋合金触头材料

铜铋合金具有良好的抗熔焊性、较低的截流值、一定的开断能力。但因强度低、电弧烧蚀大,故触头寿命较短,可用于 20 kW 以下的真空断路器中。为满足更高电压等级及分断更大电流的要求,美国研究了 CuBiAl(12% Al,1% Bi,质量分数)合金,这种合金耐电压能力是铜铋(0.5% Bi)合金的 3 倍,抗熔焊能力也很强。为提高分断容量,日本又研究了 CuTeSe 触头材料,这种触头开断能力大,烧蚀率小。

3. 铜铬材料

铜铬材料的特点是耐电压水平高、分断容量大、有很强的吸气能力、耐烧蚀特性好、截流值不太高。由于铜与铬的互溶性差,通过烧结收缩致密化有一定困难。多用于 12 kW 以上的真空断路器,许多使用铜铋的场合已由铜铬代替。

10.2.1 电触头的性能要求

我国从 1956 年开始生产电触头,经过多年的研究与生产,在电触头的性能上有了很大进步。目前可生产银基触头材料、钨基触头材料、铜基触头材料、贵金属基弱电接点材料等,基本上能够满足我国高低压电器发展的应用(如图 10 – 20 和图 10 – 21 所示)。

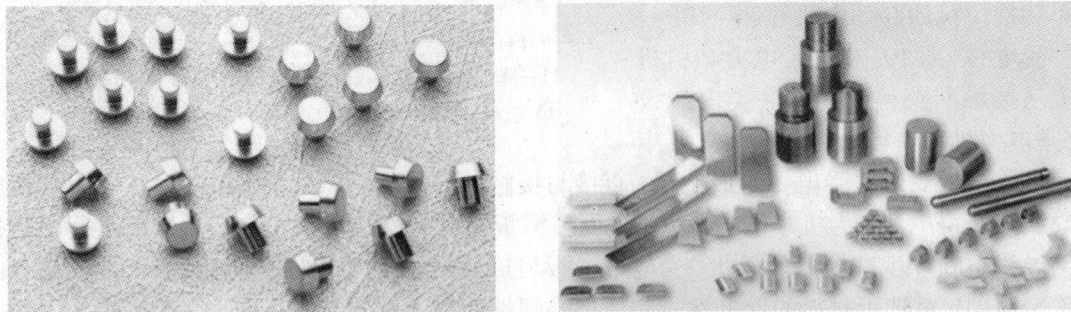

图 10 – 20 电触头图片

理想的电触头材料必须满足下述要求:

①物理性能。电阻率低、导热率高、熔点和沸点高、熔化热和升华热高、热稳定性好、热容量大、蒸气压低、起弧最低电流与电压高、电子逸出功高等。

②力学性能。室温及高温强度高,硬度高,塑性和韧性好。

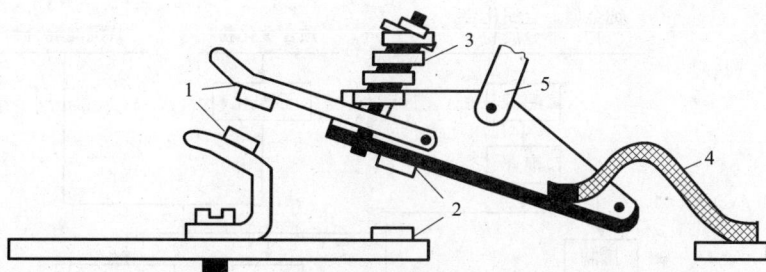

图 10 – 21　电触头的应用示意图
1—弧触头；2—主触头；3—触头压力弹簧；4—软连接；5—传动机构

③电接触性能。耐电弧烧损，接触电阻低且稳定，熔焊、桥接及金属转移的倾向小。

④化学性能。在较宽的温度范围内于不同介质中的耐蚀性好，大气中不易氧化、碳化、硫化及形成不易导电的化合物或盐渣膜层，即使形成氧化物或硫化物，其挥发性应高，电化学电位高，耐化学腐蚀，气体溶解倾向小。

⑤加工制造性能。触头材料应能被焊接或其他方法固定到触底、触桥上。

10.2.2　电触头的制备工艺

传统粉末冶金方法制造的触头简称烧结触头，其制造工艺如图 10 – 22 所示。

电触头的制取方法主要有以下两种。

1. 压制—烧结—复压法

它是粉末冶金的传统方法。首先将铜粉和钨粉按所需成分的比例混合，如需添加活化剂，则也同时加入混合。混合粉经压制成形，烧结成半成品。烧结可以在低于铜熔点的温度下进行，为固相烧结；烧结也可在高于铜熔点的温度下进行，为液相烧结。烧结需要在保护性气氛下进行。而两种烧结工艺制得产品的相对密度较低，为理论密度的85%～92%。因此需要复压使其进一步致密化。复压后其相对密度可提高到96%～98%。随着铜 – 钨材料中含钨量增大，复压所需的压力也明显增大，复压致密化变得困难。所以，这种方法比较适用于含钨量较低的材料或者加工塑性比较好的材料。对于含钨少于60%的铜 – 钨材料多采用这种方法生产。

2. 熔渗法

基本工艺是将钨粉或掺入少量铜粉及添加剂混合后的钨粉压制成形，然后将压坯在保护气氛下预烧结成具有多孔性钨坯骨架；其孔隙则按该牌号所含的铜量计算应浸渗渗入的铜量来控制；将熔化的铜通过毛细管渗入烧结完毕的钨骨架中；熔渗也需在保护气氛下进行。熔渗后既得所需的铜 – 钨触头，其相对密度可达96%～99%。目前大部分钨（钼）基复合材料是采用这种方法制取的。但熔渗的方法对于精确控制成分有一定的困难。

为了增加铜和钨这两个互不相溶金属之间的润湿性，从而提高铜 – 钨的烧结密度，得到良好的熔渗效果，不少生产厂家在其制取过程中加入少于0.5%的镍粉为活化剂。因为镍既与铜形成无限固溶体，又与钨能形成镍 – 钨金属化合物。镍的引进也对材料的性能带来明显影响，导致材料的硬度和强度提高，导电导热性能降低。

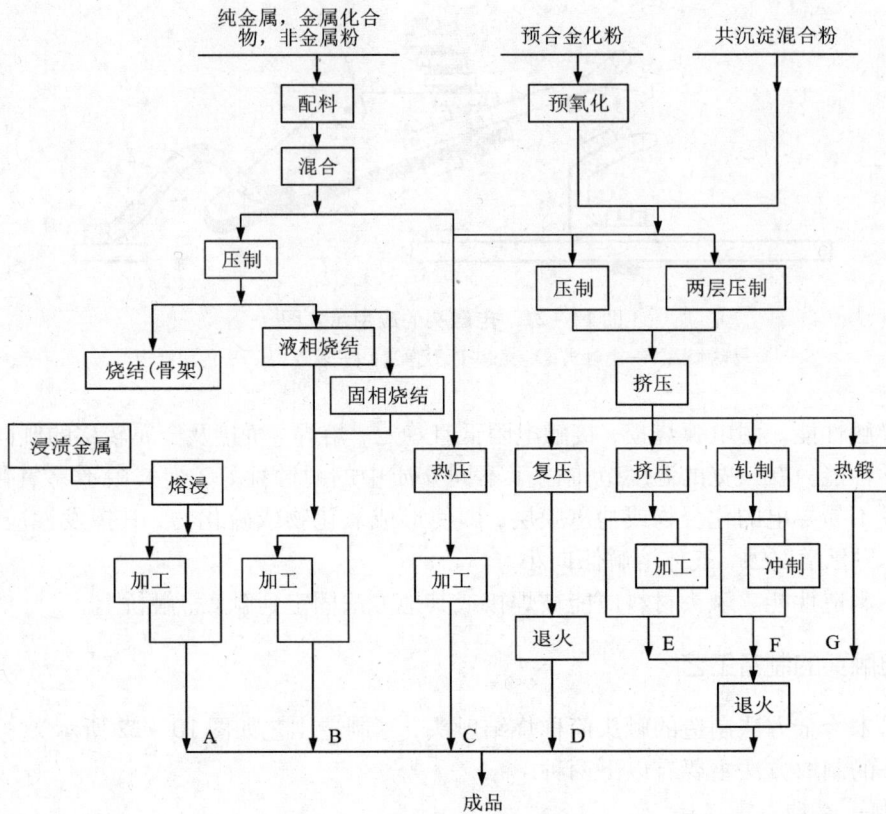

图 10 – 22 烧结电触头制造工艺流程

3. 原料对电触头性能的影响

（1）基体铜粉

1）铜粉含量对电触头的影响。以铜为基体的电触头中，不同的铜含量对电触头的性能有很大的影响，随着铜含量的增加，电触头密度的电导率升高。

电触头的密度主要取决于材料的组成，但对于相同牌号的产品，其密度主要取决于产品的致密程度。电触头的电导率明显随着材料中铜含量的增大而增大，但对于同牌号产品，致密程度愈高其电导率愈高。对电导率影响更大的是这些材料在制取过程中是否添加作为烧结活化剂的镍（或其他元素）及添加量的多少，它们将引起材料电导率的明显降低。电触头的硬度取决于材料中所含硬质相 W、Mo、WC 的多少。对于同一牌号，致密程度和成分的偏差将产生一定影响；最后，材料的硬度与所处的状态有关：经过冷加工处理，如复压的材料硬度明显提高；而经过退火处理的材料硬度则明显下降。

2）铜粉松装密度和纯度对电触头的影响。铜粉的松装密度和纯度主要对电触头的导电性有很大影响。松装密度低的铜粉，由于其特殊的结构，能够在材料中形成较好的网络结构，能够提高铜基触头的导电性。而纯度高的铜粉制得的电触头导电性好。

（2）增强相

由于硬质相 W、Mo、WC 的熔点和硬度都很高，与铜粉制成电触头，其电接触性能和硬

度较纯铜有明显提高。由铬－铜二元相图可见
(如图 10－23 所示),铬和铜在高温下的液相形
成完全溶解的合金,但在固态时,铬在铜中仅有
极小的溶解度:在接近铜的熔点,铬的溶解度仅
为 0.6% (质量分数);降温到 600℃以下时,其
溶解度更降低至 0.05% (质量分数)以下;而铜
在铬中的固溶度则更低。在一个相当宽的范围
内,铜－铬电触头的耐电压强度和截流值的变
化不大;电导率随着 Cu 含量增高而明显增大;
硬度随着 Cu 含量的增加而降低,如图 10－24
所示。

　　铜－石墨电触头是在铜的基体中加入约
5%的石墨,当石墨含量更高时可用作滑动触
头。铜－石墨触头具有良好的抗熔焊性,经常
用作断路器的静触头与 Ag－Ni 材料配对使用。
由于石墨与银的润湿性差,故材料的抗电磨损
性较差。随着石墨含量的增加,电磨损量增加,
机械强度降低。同样石墨的纯度越高和石墨化

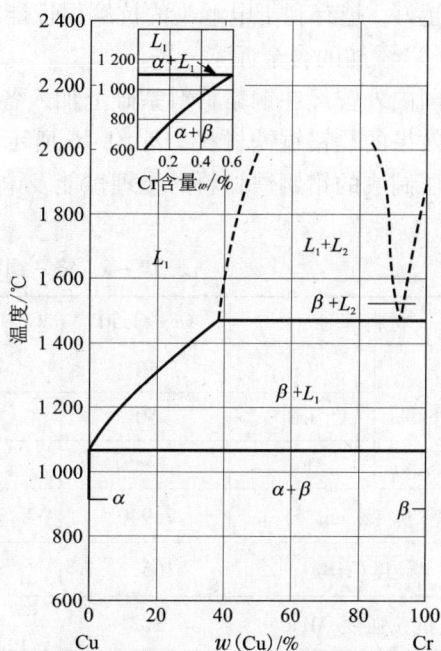

图 10－23　Cr－Cu 二元系相图

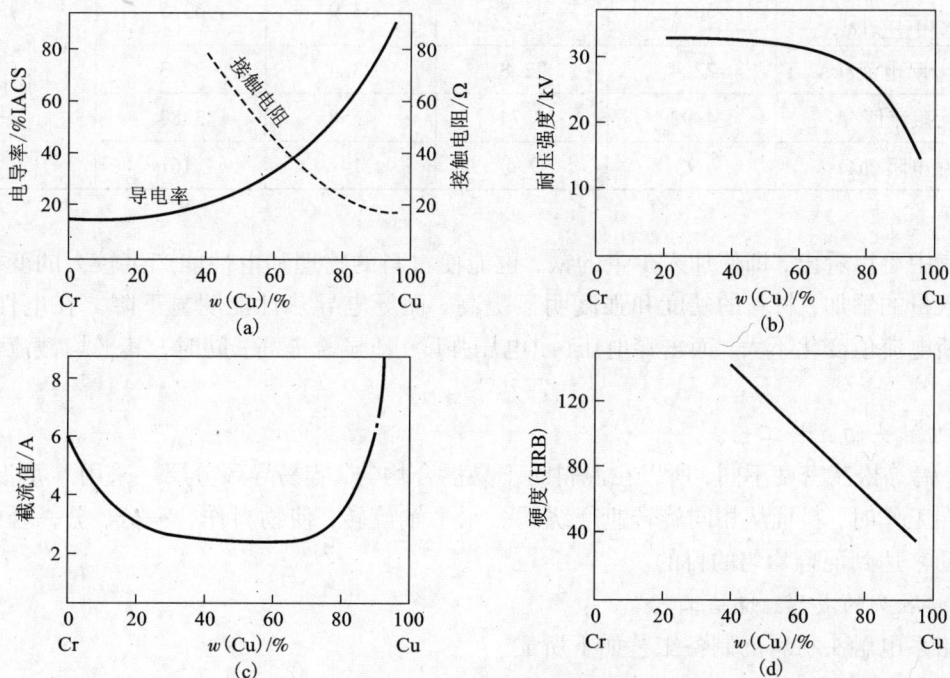

图 10－24　Cr－Cu 合金组成与性能的关系

(a)电导率;(b)耐电压强度;(c)截流值;(d)硬度

程度越好，越有利于电触头的抗磨损性能。

（3）添加的合金元素

国内外曾经在铜铬材料基础上加入各种元素的三元系材料进行过不少的研究，其中取得较好效果的是铬铜铁材料，表10-6所示为加入不同铁含量，用混粉－压制－烧结后，经热等静压制成的铬铜铁材料的物理性能及电性能的测量结果。

表10-6　铬－铜和铬－铜－铁材料性能的比较

材料牌号		Cr – Cu50	Cr – Cu – Fe3	Cr – Cu – Fe5	Cr – Cu – Fe7	Cr – Cu – Fe9
成分/%	Cr	50	48.5	47.5	46.5	45.5
	Cu	50	48.5	47.5	46.5	45.5
	Fe	—	3	5	7	9
密度/$(g \cdot cm^{-3})$		7.940	7.934	7.936	7.936	7.932
硬度(HB)		105.3	146	156.3	167.3	179.8
抗拉强度/MPa		303	317	340	365	381
电阻率/$(\mu\Omega \cdot m)$		0.065 4	0.084 5	0.091 7	0.098 7	0.011 2
导热率/$(W \cdot m^{-1} \cdot K^{-1})$		105.7	76.3	66.5	63.8	50.8
(0.75 mm 间距) 击穿电压/kV		38.1	45.5	53.9	63.5	未做试验
短路开断电流/kA		22.4	22.8	23.4	22.3	
平均截流值/A		4.92	4.74	4.58	3.84	
接触电阻/$\mu\Omega$		9	9.5	14	16	

从表中可以看出，即使加入少量的铁，也能使材料的物理和电性能产生较大的变化。随着铁加入量的增加，材料的硬度和强度明显提高，而导电导热性能明显下降。在电性能上，短路开断电流值变化不大，而击穿电压(耐电压强度)却显著提高，同时，其平均截流值有所下降。

4．电触头的混料工艺

铜、钨等松装密度不同，所以在混料时不易混合均匀，容易导致分层。采用 V 形混合机，利用其在工作时，料桶从相同旋转速度绕同一水平轴旋转，使物料作合—分，分—合的不断上下翻动来达到混合均匀的目的。

5．电触头的成形、烧结工艺

铜铬系电触头材料的制备工艺如下所述。

（1）混粉烧结法

它是将铜粉和铬粉按所需的组分均匀混合后，压制成形，烧结，然后将烧结体进一步致密化处理得到最后的产品。烧结可以采用低于铜熔点的温度下的固相烧结，也可采用在高于铜的熔点的温度下液相烧结，但两者得到的烧结体的相对密度均较低，必须进行后续致密化处理。常用的加工方法有复压、热压、挤压和等静压等。加工后的产品，其相对密度才能达到 97% 以上。这种方法可以用于制取任何比例组成的铜铬真空触头材料。但该法生产的铜铬材料含氧量一般比熔渗法略高。

（2）熔渗法

熔渗法是最早制取铜铬合金的方法，是以松装的铬粉或稍加压制的铬粉经过真空烧结后再用熔融铜进行熔渗；也可以在烧结前的铬粉中预混合部分铜粉，用压制—烧结—熔渗方法制取。这种方法比较适于制取铬含量较高的铜铬材料（如 Cr≥40%，质量分数），而一般不适宜于制备铬含量低的铜铬材料（如 Cr≤30%，质量分数）。

6. 电触头的热处理工艺

Cu－Cr 系材料与 Cu－W 系材料在金属学上的区别是：Cu－W 系一般来说是互不相溶系，即使在高于铜熔点的温度下出现液相也互不相溶的；而 Cu－Cr 系则是部分固溶（虽然其固溶度很小），而当出现液相时，Cr 在 Cu 中的溶解度迅速增大。如在 400℃ 以下时，Cr 在 Cu 中的溶解度低于 0.03%（质量分数），至 1 076℃ 固溶线时，溶解度已达到 1.28%（质量分数），到更高温度的液相时，溶解度更大甚至最后形成单一液相。因此，经过高温烧结或熔渗的 Cu－Cr 或 Cu－Cr－Fe 材料，溶解在 Cu 相中的 Cr 和 Fe 在冷却到室温时，虽有部分析出，但仍处于过饱和状态。而过量的 Cr 和 Fe 在 Cu 相中的存在必然大大降低 Cu－Cr 系电触头材料的导电、导热性能。采取适当的热处理制度，使 Cu 相中过饱和溶解的 Cr、Fe 析出，使之尽可能接近平衡状态，即可大大提高 Cu－Cr 系材料的导电导热性能。

表 10－7 所示为不同材料组成以及热处理前后材料的 Cu 相中 Cr 含量的变化，由此表明热处理后，Cu 相中的 Cr 有明显降低。而 Cu－Cr－Fe 合金的 Cu 相中除了 Cr 降低外，Fe 也有明显降低，因此，热处理对于 Cu－Cr－Fe 材料的效果更明显。

表 10 －7　热处理的 Cu － Cr 系合金成分及热处理前后 Cu 相中 Cr 含量的变化

合金编号		1	2	3	4	5	6	7	8
合金组成 /%	Cu	75.0	70.0	60.0	50.0	71.0	66.0	56.0	48.5
	Cr	25.0	30.0	40.0	50.0	25.0	30.0	40.0	48.5
	Fe	—	—	—	—	4.0	4.0	—	3.0
Cu 相中 Cr 含量/%	处理前	0.18	0.24	0.36	0.42	0.37	0.45	0.64	0.76
	处理后	0.11	0.15	0.24	0.30	0.23	0.30	0.42	0.56

图 10－25 及图 10－26 所示分别是热处理温度和保温时间与材料电导率的关系。从热处理温度图上可见，在 400℃ 以下，Cu－Cr 合金的电导率变化极小，说明 Cr 的析出过程没有明显开始。而当温度超过 500℃ 后，电导率有所下降，主要是 Cr 又有重新固溶的现象。对于 Cu－Cr－Fe 合金，400℃ 处理时有明显的析出现象，而到高于 500℃ 时，电导率急剧下降，其原因也是发生明显的固溶作用。在 500℃ 时，随着时间的延长、电导率先升高，保温 4 h 以后，基本保持不变，如图 10－26 所示。

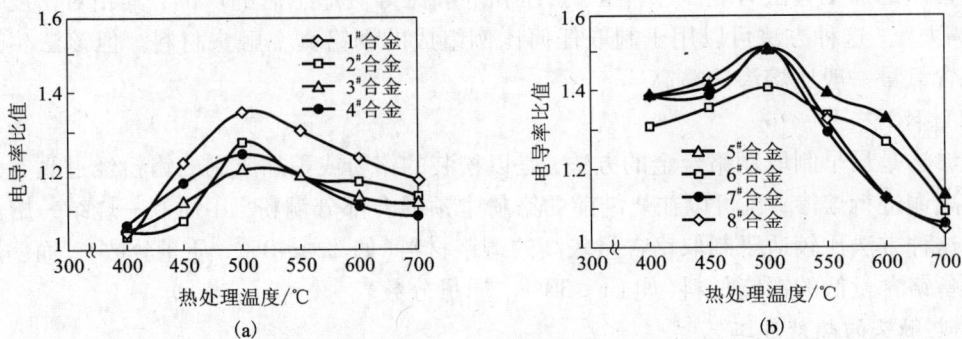

图 10 – 25　热处理温度对电导率的影响

（以处理前电导率为 1，保温时间 4h，合金编号见表 10 – 1）

（a）Cr – Cu 系；（b）Cr – Cu – Fe 系

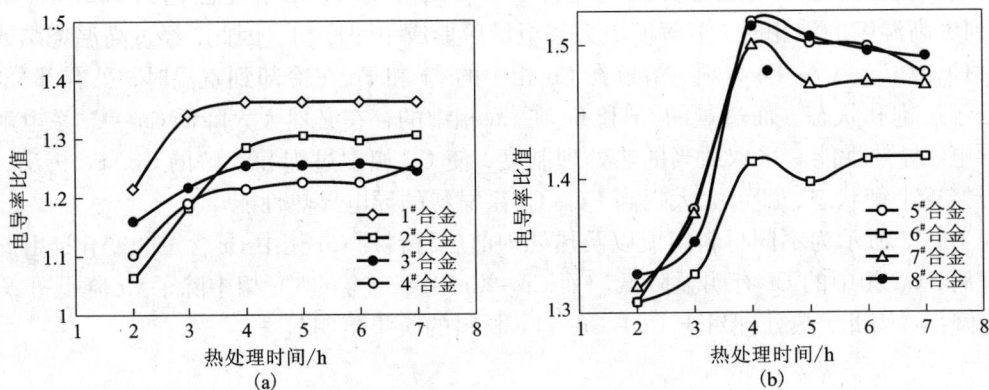

图 10 – 26　热处理时间对电导率的影响

（以处理前电导率为 1，保温温度 500℃，合金编号见表 10 – 1）

（a）Cr – Cu 系；（b）Cr – Cu – Fe 系

10.2.3　电触头的性能

不同的应用环境不同，对电触头的性能要求也不同。其中铜基（Cu – W、Cu – Mo）合金电触头的性能如表 10 – 8 所示，Cu – Cr 真空电触头的性能如表 10 – 9 所示。

表 10 – 8　Cu – W、Cu – Mo 电触头牌号及性能

牌号	密度/(g·cm^{-3})		电导率 /%IACS	硬度	拉伸强度 /MPa
	计算值	实例			
铜 – 钨(%)10Cu – 90W	17.31	16.8 ~ 17.2	20 ~ 24	HRC30	765
15Cu – 85W	16.45	16.00	20	HV190(退)	—
20Cu – 80W	15.84	15.20	30 ~ 40	HRB95 ~ 105	758
25Cu – 75W	15.11	14.50	33 ~ 48	HRB92 ~ 100	—
30Cu – 70W	14.45	13.85 ~ 14.18	36 ~ 51	HRB86 ~ 96	—

牌号	密度/(g·cm⁻³)		电导率 /% IACS	硬度	拉伸强度 /MPa
	计算值	实例			
35Cu - 65W	13.85	13.35	54	HRB83 ~ 93	—
40Cu - 60W	13.29	12.80 ~ 12.95	42 ~ 57	HRB75 ~ 86	—
45Cu - 55W	12.87	12.76	55	HRB79	434
50Cu - 50W	12.30	11.90 ~ 11.96	45 ~ 53	HRB60 ~ 81	—
铜 - 钼(%)25Cu - 90Mo	9.85	9.53 ~ 9.75	18	HV180	—
30Cu - 90Mo	9.78	9.40 ~ 9.66	26	HV150 ~ 190	—
40Cu - 90Mo	9.65	9.31 ~ 9.56	26 ~ 30	HV140 ~ 180	—
50Cu - 90Mo	9.52	9.20 ~ 9.43	28 ~ 32	HV130 ~ 170	—
铜 - 碳化钨(%)30Cu - 70WC	12.78	12.65	30	HRC38	—
44Cu - 56WC	11.77	11.64	43	HRF99	—
50Cu - 50WC	11.39	11.00 ~ 11.27	42 ~ 47	HRF90 ~ 100	—

表 10 - 9　Cu - Cr 系真空电触头的牌号及性能

牌　号	气体 O₂ 含量/10⁻⁶	电导率/(MS·m⁻¹)	硬　度
铜铬系 75Cu - 25Cr	< 500	25	HV110
70Cu - 30Cr	< 500	23	HV110
60Cu - 40Cr	< 500	20	HV110 ~ 130
50Cu - 50Cr	< 500	18	HB100
50Cu - 47Cr - 3Fe	< 800	12	HB100
50Cu - 45Cr - 5Fe	< 800	10	HB120
40Cu - 50Cr - 10Fe	< 800	10	HV150

10.2.4　电触头的应用

Cu - W 系材料主要用于高、中压电器中，具有很好的耐电压能力，最小的电弧损伤，良好的力学性能。因此，它们被用于中压的接触器、断路器、开关和高压的断路器，保护开关等。

Cu - Cr 系真空电触头材料主要用于城乡配电网络，电力机车的配电系统及大型机电设备的保护开关等中压电气设备中。其中 Cu - Cr - Fe 材料由于其高的耐电压强度，更适合于电压等级较高的场合，并且有可能进一步应用于高压电器中。

10.3　焊接电极

电阻焊接是使电流直接通过被焊接的工件，并同时对工件施加压力，使接头处金属发生热变形或熔化而被焊接在一起的方法。常用的电阻焊有点焊、缝焊和凸焊。电阻焊中用来导电的电极即焊接电极。图 10 - 27 所示为一种点焊装置。在低电压大电流的作用下，工件间的接触表面被电流加热到熔融状态或变软，在电极的作用力下，焊接在一起。在使用过程中，电极需要通过恒定的电流，保持较高的强度和好的导电性能。

10.3.1 焊接电极的工作原理

由于焊接电极在工作过程中既要经受高温又要承受很大的压力，电极顶部极易变形，成为蘑菇状。顶部直径增大又使焊接区的电流密度降低，从而使焊接质量降低且不稳定。若经常修理电极顶部，将造成生产停顿，对自动化生产不利。同时，电极材料和工件金属间的合金化会大大加快电极变形的速度。如工件中含有 Zn、Sn、Al 等能和铜迅速合金化的金属时，铜合金电极将和工件发生严重黏附，使焊接中断。因此，对焊接材料的要求是应具有高的电导率、导热率，接触电阻低，在操作温度和应力作用下具有一定的强度和硬度，能抵抗变形。

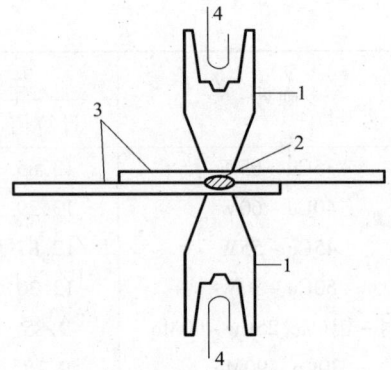

图 10 - 27　点焊接装置示意图

1—电极；2—熔核；3—工件；4—水冷

焊接电极(如图 10 - 28 所示)一般分为两类：铜基合金和难熔金属。铜基合金用粉末冶金法和熔炼法制造，其中最常用的 Cu - Cr 合金正在被粉末冶金工艺制备的弥散增强铜的 Cu - Al$_2$O$_3$ 合金所取代，其中 Cu - Cr 合金在电触头中有所介绍，不再赘述。Cu - W 复合电极材料的制取工艺与 Cu - W 电触头材料相同，多采用熔浸法，也可以用沉淀硬化型铜合金浸渗多孔钨，而与纯铜浸渗钨的材料相比，使 500℃ 以下的强度和承载能力提高，但电导率有所下降。而弥散强化铜在 930℃ 以下保持高的强度，下面主要介绍弥散强化铜电极和难熔金属电极中的 Cu - W 电极。

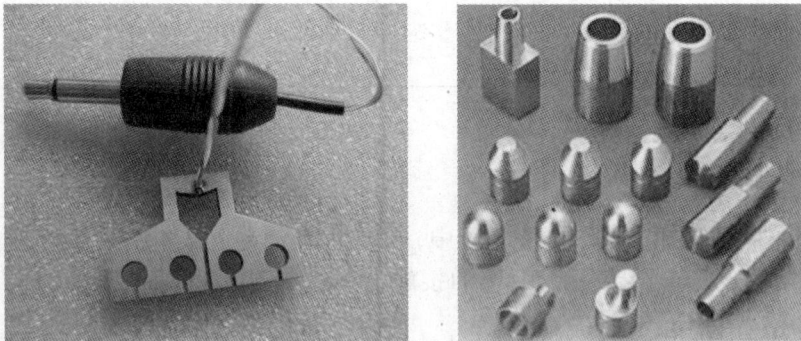

图 10 - 28　焊接电极

10.3.2 弥散强化铜电极的制备工艺

弥散强化铜电极是一种在铜基体中均匀弥散分布着细氧化铝粒子的材料，具有高温强度高、导电和导热性能好等优点。1973 年美国市场上出现了一系列弥散增强铜材料，其代表性的产品为 SCM 的 C15715 和 C15760 两个牌号。我国从"七五"期间由中南工业大学、洛阳铜加工厂等单位联合研究开发，取得一定的进展。近年来，北京有色金属研究总院成功开发，并实现小批量的生产。

弥散强化铜主要依靠均匀弥散分布在铜基体中的细小氧化铝颗粒，提高了其高温性能，并保持了良好的导电、导热性能。其中氧化铝含量为 0.3% ~ 1.1%（质量分数），其余为铜，Al_2O_3 粒子直径为 3 ~ 12 nm，粒子间距一般为 50 ~ 100 nm。材料具有高强度和高电导率、导热率等综合性能，更重要的是当工作温度接近铜基体熔点时，上述性能仍可以大部分保持，如表 10 – 10 所示。而熔铸的 Cu – Cr 合金在 450℃ 以上时硬度就急剧下降。

表 10 – 10　弥散强化铜复合材料的牌号及性能

牌号	$w(Al_2O_3)$/%	硬度	电导率/% IACS	熔点/℃	软化温度/℃	导热率/($W \cdot m^{-1} \cdot K^{-1}$)
5715	0.3%	HRB 76	92	1 083	930	
C15760	1.1%	HRB 83	77	1 083	930	
Al – 10	0.2%		92	1 082		359.82
Al – 35	0.7%	HV 91	85	1 082		338.90
Al – 60	1.2%		80	1 082		322.17
	0.71%	HV 139	85.2			
	1.03%	HV 145	85.0			

退火温度对弥散强化铜和 Cu – Cr 合金硬度的影响如图 10 – 29 所示。

弥散强化铜电极材料的质量很大程度上取决于制备方法。常用的制备方法有机械混合法、共沉淀法、粉末内氧化法等。就弥散物细小均匀而言，粉末内氧化法能得到最好的制品。将一定铝含量的 Cu – Al 合金熔化，并用高压 N_2 雾化成粉末。为了使 Cu – Al 合金粉中的 Al 氧化而 Cu 不氧化。可以混入一种主要成分为氧化亚铜的氧化剂。混合物加热至 870℃ 并保温 1h，氧化亚铜分解，氧向 Cu – Al 粉中扩散，Al 优先氧化而 Cu 不氧化。粉末中过剩的氧可以通过在分解氨或氢气中还原粉末来消除。因为铜的氧化物可在分解氨或氢气中被还原，而氧化铝是不可能被还原的。其制造工艺详见第 4 章第 4.1 节。

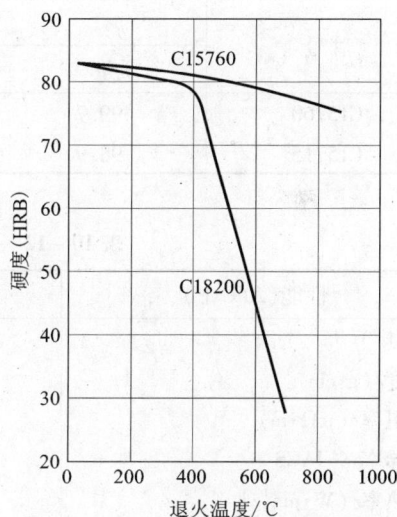

图 10 – 29　P246 退火温度对弥散强化铜 C15760 和 Cu – Cr 合金 C18200 硬度的影响

将已经内氧化的粉末封装在铜包套中，热挤压成全致密的棒材，再将棒材冷拉至所要求的尺寸。在经热挤压的材料内部，形成了平行于棒轴向的纤维结构，若转变为等晶结构便可获得优良的电极性能。这一点可以将冷拉后的棒材切割成毛坯，然后进行闭模冷镦，使横向尺寸增加 50% 以上，再将墩粗的毛坯通过冷成形转变为尺寸、形状满足要求的成品电极。

目前在市场销量最广的产品为 SCM 公司的 C15760 和 C15715 两个产品，其化学成分见表 10 – 11 所示。弥散强化铜的主要成分为铜，虽然添加少量的氧化铝，但其物理性能与纯铜相似(如表 10 - 12 所示)。从表中可以看出,弥散强化铜的熔点和铜相同,因为基体一熔化,氧化铝就与熔体分开了。从图 10 - 30 所示中可以看出,室温下弥散强化铜的电导率和导热率为纯铜的 78% ~ 92%。

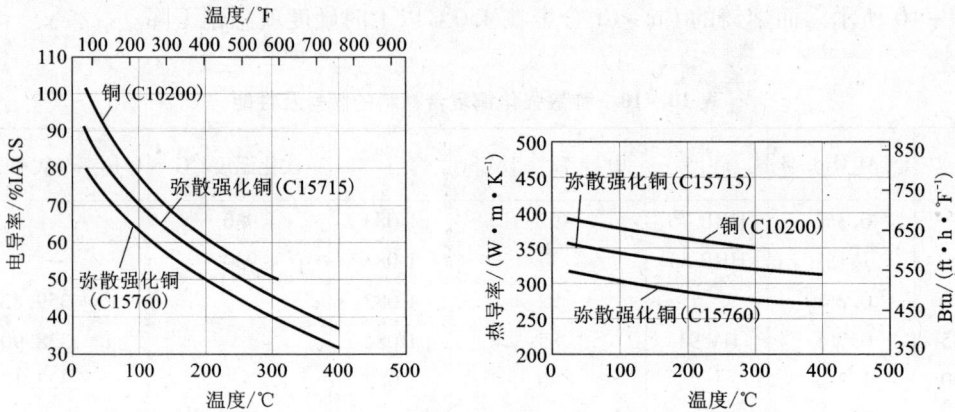

图 10 - 30　弥散强化铜和纯铜在高温下的电导率和导热率

表 10 - 11　弥散强化铜的化学成分

牌号	铜		氧化铝	
	质量/%	容积/%	质量/%	容积/%
C15760	99.7	99.3	0.3	0.7
C15715	98.9	97.3	1.1	2.7

表 10 - 12　弥散强化铜与无氧铜的物理性能

性能(20℃下)	C15760	C15715	无氧铜
熔点/℃	1083	1083	1083
密度/(g·cm^{-3})	8.84	8.81	8.94
电阻率/(μΩ·m)	0.018 6	0.022 1	0.017 1
电导率/% IACS	92	78	101
导热率/(W·m^{-1}·K^{-1})	365	322	391
热膨胀系数/(mm·℃$^{-1}$)	16.6×10^{-6}	16.6×10^{-6}	17.7×10^{-6}
弹性模量/GPa	115	115	115

10.3.3　焊接电极的应用

弥散强化铜电极已广泛应用于汽车和仪表行业,用来焊接镀锌钢、冷轧钢等,克服了 Cu - Cr 电极与 Zn 形成合金,导致黏附工件的缺点。还可用于 LED 等用的均热材料,难熔金属中 W、Mo 电极主要用于熔焊和电钎焊。40Cu - 60W 可用作不锈钢的点焊,而 Cu - WC 复合电极可以用于耐磨性要求高的电锻和电墩模。

第 11 章　铜基粉末冶金热管理材料

热管理(thermal management)是指通过采用封装材料和适当的封装手段，实现恰当的散热功能，保证元器件、组件和系统工作于适当的温度环境。由于纯铜具有优异的导热性，导热率为 401 W/(m·K)，热容为 385 J/(kg·K)，是一种优良的热管理(传热、散热)材料，广泛应用于电器、计算机等行业。但是纯铜的热膨胀系数较大，为 16.5×10^{-6}/K，而芯片或陶瓷基板的膨胀系数较小(常用的材料为硅和砷化镓，它们的热膨胀系数分别为 4.1×10^{-6}/K 和 5.8×10^{-6}/K)，与纯铜进行焊接时，由于两者热膨胀系数差异较大，芯片在工作时热膨胀不一致，容易导致芯片开裂，导致快速微处理器及功率半导体器件在应用中常常因为温度过高而无法正常工作。电子器件的散热问题是电子信息产业发展面临的技术瓶颈之一。为了充分利用纯铜的高导热性能，添加低膨胀系数的金属或非金属元素，如 W、Mo、SiC、金刚石等，可以调整合金或复合材料的热膨胀系数。

目前应用粉末冶金工艺生产的铜基粉末冶金热管理材料主要包括热沉材料、热管和散热材料 3 种。

11.1　铜基粉末冶金热沉材料

随着信息化的高速发展，微电子技术的电子产品集成度越来越高，相应功率密度越来越大，最高达 1 000 W/cm^2，因此对相应热沉材料的可靠性、性价比等提出了更高的要求。新型电子封装材料的研究开发已成为提升电子器件功率水平的技术关键。理想的电子封装材料应具有高的导热率、与 Si、GaAs 等半导体材料及陶瓷基板完全匹配的热膨胀系数、低密度、足够的强度和刚度等性能。

11.1.1　热沉材料的工作原理

无机非金属材料的热传导主要是由晶格振动的格波(声子)来实现，高温时还可能有光子热传导，金属材料中电子是主要的传热机构。

固体材料热膨胀的本质，实际上是晶格点阵在做非简谐振动，晶格振动中相邻质点间的作用力实际上是非线性的，点阵能曲线也是非对称的。可按双原子模型分析双原子晶格点阵能与原子间距的关系，再采用玻尔兹曼统计法，计算平均位移得到热膨胀系数。

热膨胀系数的计算方法有加和定律(ROM)、Turner 模型和 Kerner 模型。

加和定律假设基体材料的弹性模量非常小，则基体对颗粒等变形的约束作用可以忽略，热沉材料的热膨胀系数与各组分材料的相应参数间的关系遵循加和定律

$$\alpha_c = \alpha_m \cdot f_m + \alpha_r \cdot f_r$$

式中：α_c，α_m，α_r 分别为复合材料、基体及增强相的热膨胀系数；f_m，f_r 分别为基体和增强相的体积分数。

Turner 模型假设：①在所考虑的起始温度下，复合材料内部没有内应力存在；②各组分材料的变形程度相同；③温度变化时，复合材料内部的裂纹和孔隙的数量和大小不发生变化；④温度变化时，复合材料内部产生的所有附加应力均为张应力和压应力。在考虑以上因素的基础上，得出复合材料的线膨胀系数如下

$$\alpha_c = \frac{f_m K_m \alpha_m + f_r K_r \alpha_r}{f_m K_m + f_r K_r}$$

式中：K_m，K_r 分别为基体和增强相的体积模量。

Kerner 模型假设增强体为球形，周围被一层均匀的基体所包围，考虑到组元各相中同时存在剪切和等静压力的情况，提出了预测复合材料热膨胀系数的公式：

$$\alpha_c = f_r \alpha_r + f_m \alpha_m + f_r f_m (\alpha_r - a_m) \frac{\dfrac{1}{K_m} - \dfrac{1}{K_r}}{\dfrac{f_m}{K_r} + \dfrac{f_r}{K_m} + \dfrac{3}{4G_m}}$$

式中：G_m 为基体的剪切模量。该模型在 Turner 模型的基础上引入。

热沉材料的作用有两个：一是吸收电子器件发出的热量；二是把吸收的热量向低温环境传递。金属热沉材料需要对芯片进行支撑、电连接、散热和环境保护。应该满足以下要求：①与芯片或陶瓷基板匹配的低热膨胀系数；②好的导热性；③好的导电性；④良好的加工或成形性能；⑤可镀覆性、可焊性和耐蚀性；⑥较低的成本。

因此高铜含量的热沉材料是高性能热沉材料的优先对象之一。图 11-1 所示为芯片的封装示意图。图 11-2 所示为 LED 器件的内部封装示意图。

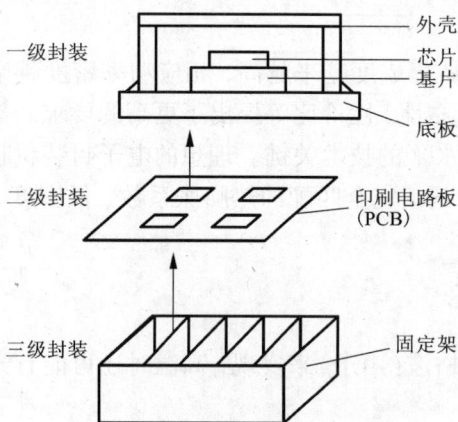

图 11-1　芯片的封装示意图

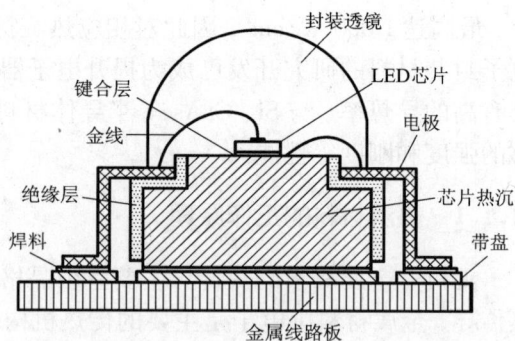

图 11-2　高功率 LED 器件的内部封装结构

11.1.2　热沉材料的制备工艺与材料选择

传统的热沉材料采用铜合金带材经过冲压等工艺，制成具有一定形状特征的热沉片供电子封装使用，但存在膨胀系数大、导热性能差等不足。由于粉末冶金工艺具有少无切削、近净成形、热膨胀系数可控等特点，因此世界各大电子封装公司都采用粉末冶金工艺方法制备热沉材料，且以铜基粉末冶金材料居多。表 11-1 所示为不同种材料的物理性能参数。从表中可以清晰地看出哪些材料适合用于增强相，从而可以调整铜基粉末冶金热沉材料的热

性能。

表 11 - 1　不同种材料的物理性能参数

材料	密度/(g·cm^{-3})	TC/(W·m^{-1}·K^{-1})	CTE/(10^{-6}K^{-1})
Si	2.3	150	4.1
GaAs	5.33	44	6.5
Al$_2$O$_3$	3.61	25	6.9
BeO	2.9	260	7.2
AlN	3.3	180	4.5
Cu	8.9	400	17.6
Al	2.7	230	23.6
钢	7.9	65.2	12.6
不锈钢	7.9	32.9	17.3
可伐	8.2	17	5.8
W	19.3	168	4.45
Mo	10.2	138	5.35
SiC	3.21	270	4.5
Invar	8.04	11	0.4
环氧树脂	1.2	1.7	5.4
金刚石	3.52	2 000	1.7

注：TC—导热率；CTE—热膨胀系数。

铜基粉末冶金热沉材料的发展大体可以分为四代。

第一代是传统电子封装材料，如可伐合金，热膨胀系数为$(3 \sim 6) \times 10^{-6}$/K，导热率为 $10 \sim 50$ W/(m·K)，密度为 8.2 g/cm^3；

第二代是 W/Cu、Mo/Cu 等热沉材料，导热率在 $100 \sim 230$ W/(m·K)；

第三代是导热率在 $200 \sim 400$ W/(m·K)之间的电子封装材料，研究应用较多的是 Si/Al、SiCp/Al、SiCp/Cu 等复合材料，现在均已商业化生产；

第四代是导热率在 400 W/(m·K)以上的热沉材料，高于纯铜的传热性能，因此必须加入高导热的材料，才能制备出高性能的热沉材料。从表 11 - 1 中可以看出高导热的材料主要为高导热率的金刚石（diamond，dia）作增强相。金刚石生产技术成熟且不存在各向异性，将

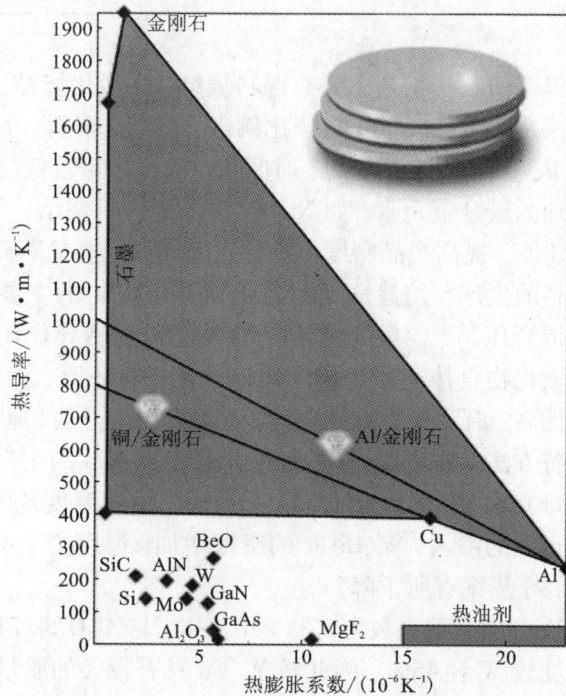

图 11 - 3　部分热沉材料的导热率和热膨胀系数范围

金刚石与高导热的金属复合可以克服各自单独作为电子封装材料的不足，获得高热导、低膨胀、

低密度的理想电子封装材料。图 11 - 3 示出了部分复合材料的导热率和热膨胀系数范围。从图 11 - 3 所示可以看出，金刚石增强的金属热沉材料具有较高的导热率和较低的热膨胀系数，是一种较理想的热沉材料。

11.1.3 第二代热沉材料

通过粉末冶金方法制备的铜含量为 5% ~50% 范围内各种成分的 W/Cu、Mo/Cu 材料。一般要求与芯片材料匹配的封装材料热膨胀系数 ≤7.0×10^{-6}/K，因此一般 W/Cu 热沉材料中的铜含量不高于 20%，铜含量增加有利于增加热沉材料的导热性，但会增加其热膨胀系数，因此一般控制铜含量在 5% ~20% 范围内。表 11 - 2 所示为不同成分钨铜的物理性能。

表 11 - 2　为不同成分钨铜的物理性能

$w(Cu)$ /%	理论密度 /$(g \cdot cm^{-3})$	理论导热率 /$(W \cdot m^{-1} \cdot K^{-1})$	实际导热率 /$(W \cdot m^{-1} \cdot K^{-1})$	线膨胀系数 /$(\times 10^{-7} K^{-1})$
5	18.25	—	170	51
10	17.30	210	147 ~210	58
15	16.45	223	167 ~223	62
20	15.68	236	180 ~236	70
25	14.98	247	—	76

钨铜的制备工艺主要有混料烧结法、活化烧结、熔渗和氧化物粉末直接还原烧结。混粉烧结法是将 W 粉和 Cu 粉按比例进行配料、混料、成形、烧结制备 W/Cu 热沉材料，其生产工艺简单，但是烧结温度高、时间长、密度相对较低(致密度为 90% ~95%)。活化烧结方法是指添加微量合金元素，如 Ni、Fe、Co 等进行烧结，可以提高 W 在铜中的固溶度，有利于加快烧结速度，提高产品密度，但是元素的加入会显著降低钨铜材料的导热率，不适合高热导封装材料的生产。熔渗法是制备钨铜热沉材料的主要工艺，一般通常将 W 粉和少量铜粉(约3%)混合压制，少量的铜粉在熔渗过程起诱导作用，可以提高熔渗量，致密度达到 98% 以上。氧化物直接还原烧结法是将氧化物共还原、机械合金化等方法结合起来，该方法具有粉末活性高，有利于提高致密度、W/Cu 的成分均匀性，机加工性能好、生产工艺简单等优点。其制备方法基本同第 10 章触头材料中 W/Cu 的生产工艺一致，这里不再赘述。

研究表明：温度在 1 300 ~1 450℃熔渗温度范围内，随着熔渗温度的增加，浸润角变小，有利于铜的渗入，W/15Cu 的密度增加，温度为 1 400℃时，密度和导热率最高，再升高熔渗温度，导热率有所下降。

Mo 的热膨胀系数为 5.35×10^{-6}/K，与 Al$_2$O$_3$ 非常匹配，它的导热率高，为 138 W/(m·K)，而且密度较 W 轻 45%，因此较 W/Cu 具有较大的质量优势，但是其导热率较相同铜含量 W/Cu 要差一些。制备工艺同上面的 W/Cu 制备工艺基本一致。普兰西公司可以轧制宽度 400 mm，厚度仅 0.1 mm 的 MoCu 薄片。

表 11 - 3 所示为不同成分 Mo/Cu 合金的物理性能。

表 11 – 3　不同成分 Mo/Cu 合金的物理性能

$w(Cu)$ /%	理论密度 /($g \cdot cm^{-3}$)	导热率 /($W \cdot m^{-1} \cdot K^{-1}$)	线膨胀系数 /($10^{-7} K^{-1}$)
10	10.08	110 ~ 150	54 ~ 60
15	10	150 ~ 170	65 ~ 71
20	9.94	160 ~ 190	72 ~ 80
25	9.87	170 ~ 200	80 ~ 84

11.1.4　第三代热沉材料

由于第二代热沉材料 W/Cu、Mo/Cu 的导热性稍差、密度大、价格较贵，为进一步提高导热性、减轻质量、降低生产成本，这就要求添加的元素需要具有较高的导热性、密度较低、价格适中。通过元素的导热性和热膨胀系数等参数的比较，从表 11 – 1 所示中可以看出，Si、SiC、AlN 具有较高的导热性和低的膨胀系数，是较理想的增强相。综合考虑成本因素，工业上优选 Si、SiC 为原料。目前开发较成功的 Si/Al、SiC/Al，SiC/Cu 等 3 种复合材料，我们这里主要介绍 SiC/Cu 热沉材料。

SiC 颗粒是目前应用最广泛的增强体，工业用 SiC 颗粒的导热率在 80 ~ 200 W/(m·K)。而高纯 SiC 的导热率可达 400 W/(m·K)，因此发展制备高性能、高纯度的 SiC 工艺将极大提高复合材料的热性能并将降低材料的成本。

1. SiC/Cu 热沉材料的制备

图 11 – 4 所示为 SiC/Cu 热沉材料的制备工艺路线图。首先将铜粉和 SiC 粉末或添加其他合金元素进行混合，然后进行成形、烧结，有时采用热压，制备出高导热的 SiC/Cu 热沉材料。

（1）铜粉的影响

由于在制备 SiC/Cu 热沉材料的致密度要达到 95% 以上，通常认为粒度越细，越有利于提高致密度。铜粉的纯度对于导热率的影响较大，相同含量和致密度的情况下，纯度越高、SiC/Cu 热沉材料的导热率越高。

（2）SiC 的影响

研究表明：在 SiC 体积分数为 5% ~50% 的范围内，随着 SiC 体积分数的增加，复合材料的致密度，热膨胀系数和导热率均下降。

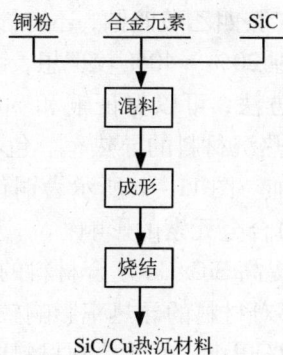

图 11 – 4　SiC/Cu 热沉材料的制备工艺路线图

通常 SiC 的体积分数达到 50% ~70% 时，具有较低的热膨胀系数、较高的导热率。一般工业生产的 SiC 为不规则多面几何体形状，如图 11 – 5(a)所示。在 SiC 表面存在着 SiO_2 的氧化膜，并且含有微量的金属氧化物，SiO_2 在高温下与 Cu 会反应从而影响复合材料界面的结合。采用 HF 和 HNO_3 酸洗可有效减少 SiC 微粉表面上 SiO_2 和金属氧化物含量，清洁 SiC 表面，如图 11 – 5(b)所示。

图 11 – 5 SiC 的 SEM 形貌照片

研究表明，SiC/Cu 复合材料中，增强体的体积分数存在一个临界值，为 50%。当 SiC 颗粒体积分数低于临界值时，SiC 颗粒是孤立分布的，连续的铜基体提供一个通畅的导热通道；当 SiC 颗粒体积分数高于临界值后，铜基体被 SiC 颗粒切断，成断续状，导致材料的导热率明显下降。

Kuen – Ming Shu 等人研究表明：在一定的温度下，SiC/Cu 复合材料的 CTE 值随着颗粒尺寸的增加而增大。原因可能是大颗粒较容易在基体中聚集较大的应力，在随后的加热和冷却过程中会释放出来，产生较大的应变，导致较大的 CTE 值。为了获得较低的热膨胀系数，应选用的粒度较小。采用粒度较小的 SiC 颗粒，还可以提高 SiC/Cu 复合材料的导热率。

为提高铜和 SiC 分布的均匀性，采用置换还原的方法生产 Cu 包 SiC 粉末，在硫酸铜溶液中，以葡萄糖、甲醛、二甲胺硼烷、次磷酸盐、硼烷等作为还原剂，配合剂常用的有酒石酸钾钠、乙二胺四乙酸四钠，还有柠檬酸、三乙醇胺等试剂，铜含量可以为 5% ~60%，一般铜含量控制在 20% ~40% 较理想，铜含量越高成本越高。SiC 颗粒体积分数含量 ≥50% 时，采用包覆的方法，可以保证铜和 SiC 分布均匀性，而且可以保证铜形成连通的传热通道，提高 SiC/Cu 热沉材料的导热率。包覆之后粉末的松装密度增加，粉末的形貌有较大改善，粉末流动性增加。图 11 –6 所示为铜包 SiC 颗粒表面形貌。

（3）合金元素的影响

为提高 SiC/Cu 复合材料的烧结致密度，往往需添加合金元素，以提高烧结活性。添加 P、Ni 等对材料的导热率影响较大（如图 11 –7 所示），其中 P 含量加入到 5%，可导致导热率下降 90% 以上，因此控制材料中的杂质元素有利于提高导热率。

（4）制备工艺

SiC/Cu 热沉材料的制备工艺主要有冷压 – 烧结（常规粉末冶金方法）、热压、热等静压（HIP）和熔渗工艺。

冷压 – 烧结工艺，是将铜粉和 SiC 粉末按一定的比例进行配料，并加入少量的润滑剂进行混料，一般混料时间为 1 ~8 h，然后采用常规机械或液压机进行模压成形，然后进行烧结致密化，烧结温度为 900 ~1 100℃、时间为 30 ~120 min，即可制备 SiC/Cu 复合材料。该工艺生产程序简单，但是制备的材料致密度较低（85% ~95%）、导热性较差、力学性能偏低。

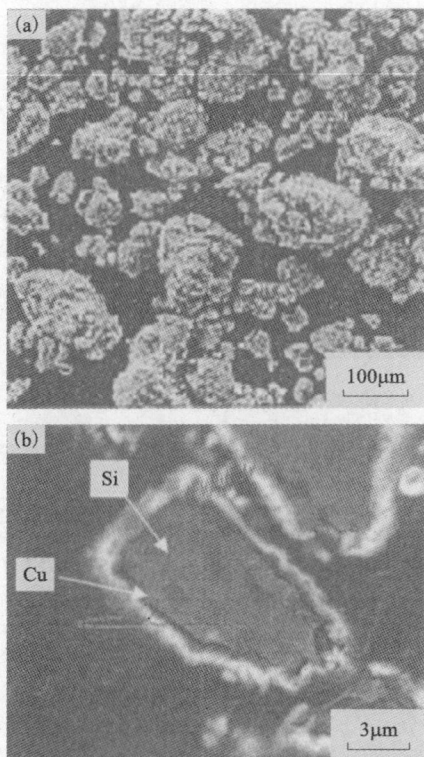

图 11 - 6　铜包 SiC 颗粒形貌观察

(a)颗粒外观;(b)解剖面

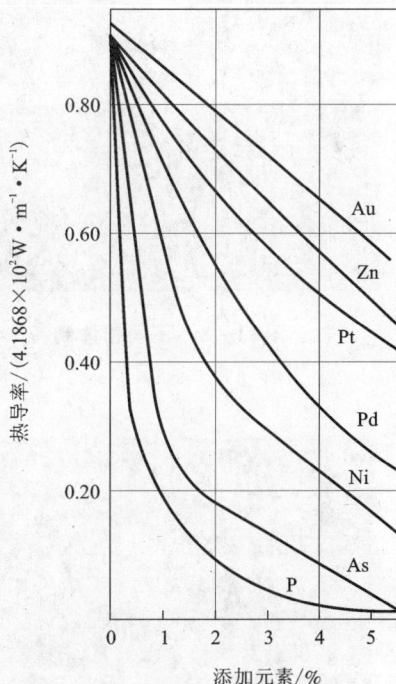

图 11 - 7　合金元素对 SiC/Cu 复合
材料热膨胀系数的影响

　　热压工艺是在一定的温度和压力下成形,直接制备出致密的 SiC/Cu 复合材料。其制备工艺简单介绍如下:首先将铜粉和 SiC 粉末按一定的比例配料,进行混料,一般混料时间为 1 ~ 8 h,热压温度为 700 ~ 950℃、压力为 20 ~ 60 MPa、时间为 10 ~ 60 min。对于 SiC 颗粒高体积分数(≥50%)的复合材料,王常春等人研究了混粉和 Cu 包 SiC 粉末的性能对比,采用混合粉末工艺制备的 SiC/Cu 复合材料,烧结性能较差,存在 SiC 颗粒的聚集现象,力学性能较低。而采用铜包 SiC 粉末制备的复合材料非常致密均匀,硬度和抗弯性能较混合粉 - 热压制备的 SiC/Cu 复合材料约高 10%。图 11 - 8 所示为不同粉体制备工艺热压制备的 SiC/Cu 复合材料显微组织。图 11 - 9 所示为不同粉体制备工艺热压制备的 SiC/Cu 复合材料断口的显微组织。

　　从图 11 - 9 所示中可以看出,铜包 SiC 制备的复合材料组织比较均匀,而混合粉末制备的复合材料中存在 SiC 之间的聚集,成分分布不均匀。

　　研究表明:与混合粉 - 热压工艺相比,采用铜包 SiC 粉末热压制备的 50%(体积分数) SiC/Cu 复合材料,在 100 ~ 400℃范围内,其热膨胀系数小于前者,导热率较前者要好,如图 11 - 10 所示。

　　熔渗法首先按体积分数配料的 SiC 粉末模压或注射成形制备 SiC 预制件,再将铜熔渗入到 SiC 预制件中,制备成 SiC/Cu 复合材料。熔渗法又分为压力熔渗法和无压熔渗法,两者的区别在于渗铜过程中是加压还是不加压,压力熔渗工艺为压力 0.5 ~ 10 MPa,熔渗温度为

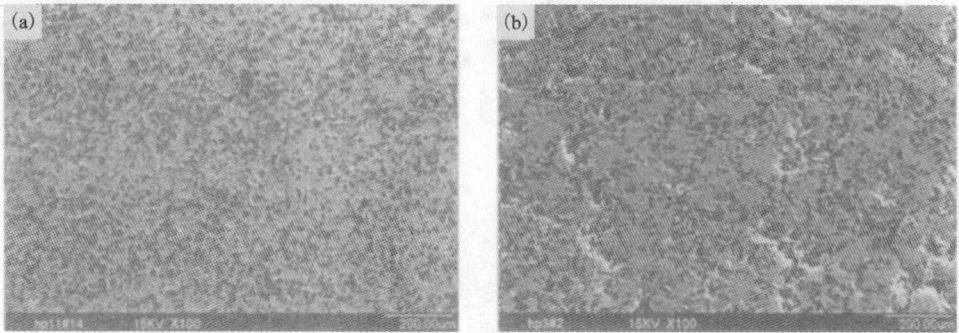

图 11-8 不同粉体制备工艺热压制备的 **50％SiC/Cu** 复合材料显微组织
(a)铜包 SiC 粉；(b)混粉工艺

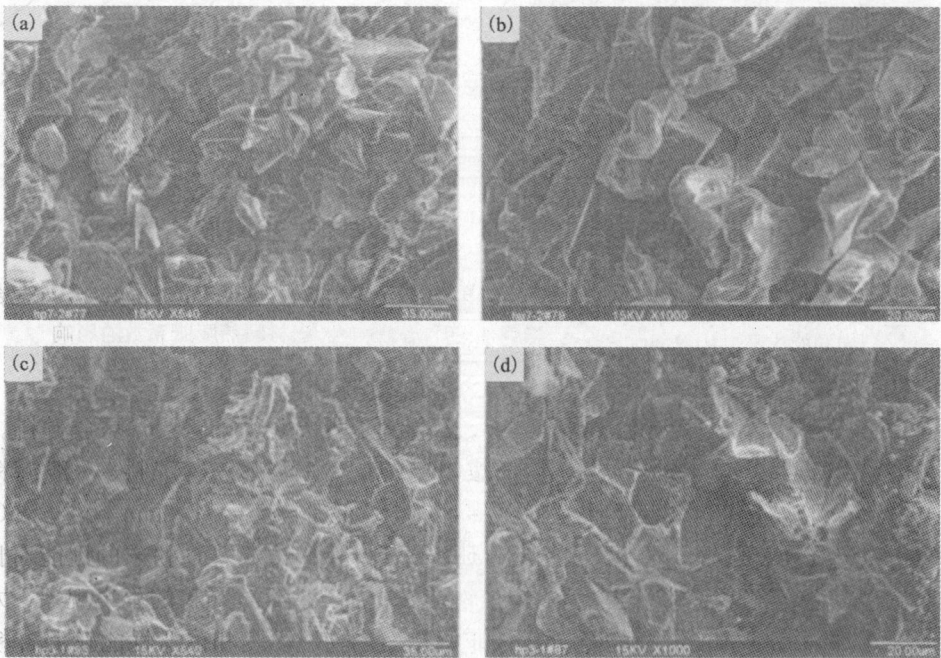

图 11-9 不同粉末制备工艺热压制备的 **SiC/Cu** 复合材料断口的显微组织
(a)(b)铜包 SiC 粉末；(c)(d)混合粉末

1 100～1 400℃，时间为 10～60 min，一般需要对预制体进行预热到 800～1 100℃。无压熔渗的工艺与其基本相同，只是不进行加压。

熔渗法制备 SiC/Cu 热沉材料，对于形状复杂的小零件，一般采用注射成形工艺制备 SiC 预制体。首先将 SiC 颗粒和黏结剂进行混炼、喂料，然后在 140～180℃温度，压力为 50～100 MPa 下进行注射，然后进行溶剂脱脂、真空热脱脂，并在 1 000～1 300℃预烧 1～5 h，制备 SiC 预制体。模压制备预制体是将 SiC 颗粒进行模压成形，然后在 1 000～1 300℃预烧 1～5 h 即可进行熔渗。该工艺一般可以制备致密度为 90％～98％的热沉材料，该热沉材料具有较好的导热性。

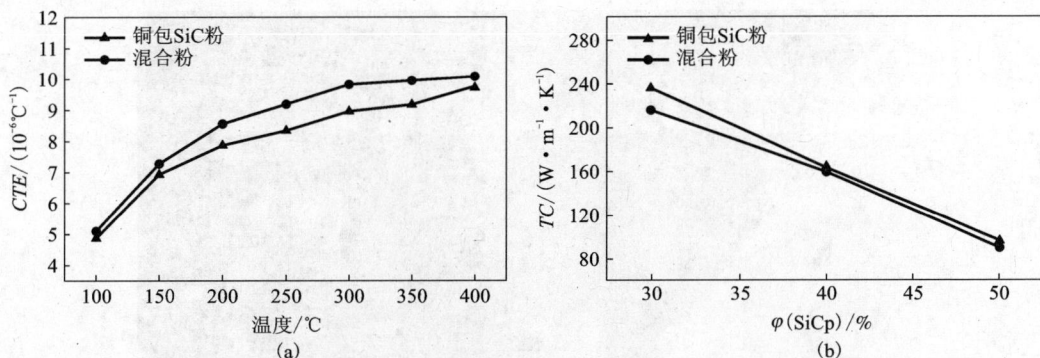

图 11 - 10　不同粉体制备工艺热压制备的 50%SiC/Cu 的热性能

热等静压方法一般可以进一步提高 SiC/Cu 热沉材料密度、减少孔隙，也可以直接冷压成坯料，然后进行包套热等静压处理，一般温度为 900 ~ 1 400℃，压力为 100 ~ 200 MPa，时间为 1 ~ 3 h。该工艺成本较高，制备的复合材料致密度接近理论密度。

（5）热处理的影响

由于 SiC/Cu 热沉材料的制备过程中，会有一些位错等晶体缺陷，阻碍电子和声子的运动，退火可以消除部分缺陷，使得复合材料中的热扩散系数和导热率提高，如图 11 - 11 所示。

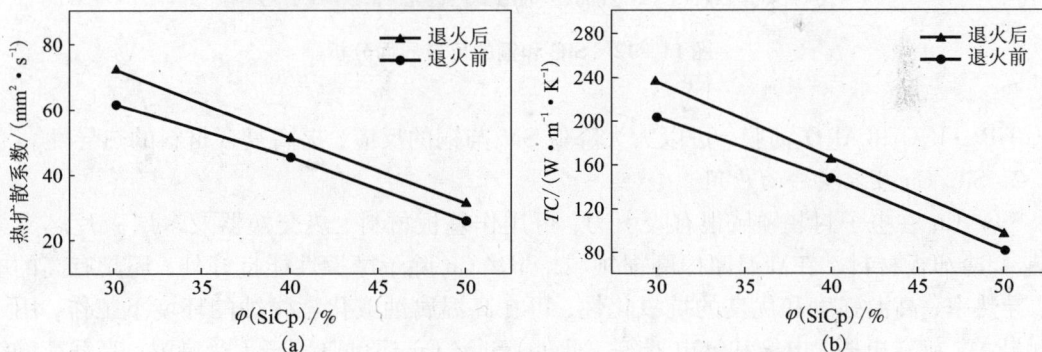

图 11 - 11　热处理对复合材料热扩撒系数(a)和导热率(b)的影响

（6）界面反应控制

SiC/Cu 热沉材料的热膨胀系数一般都能控制，但其导热率往往较低，不超过 200 W/(m·K)，主要原因是在 850℃左右，Cu 和 SiC 发生反应生成 Cu_3Si 和石墨，固溶到铜中的 Si 降低了复合材料的导热率，而且随着基体中 Si 含量的增加而下降。图 11 - 12 所示为 SiC 和铜的反应界面分析。从图中可以看出，在 SiC 和铜的界面处存在游离的碳，对基体铜进行分析，发现其中含有一定量的 Si。

界面反应的的控制主要通过基体合金化和设置扩散阻碍层。基体合金化主要是通过在铜中添加少量的 Si，抑制 SiC 与铜的反应。还有一种方法是在 SiC 上沉积 Cu、Ni、TiN、TiC、

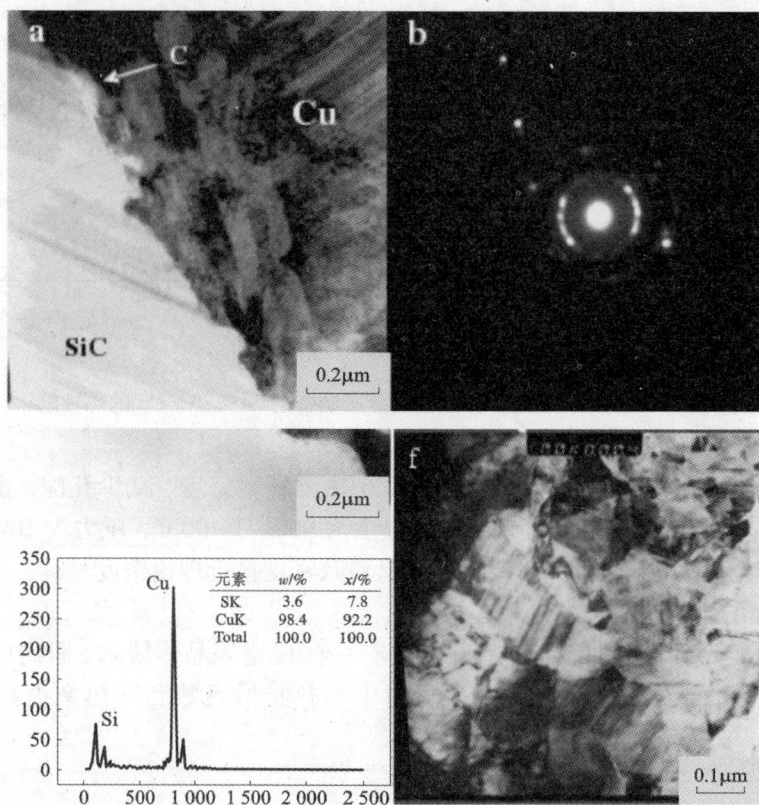

图 11 – 12 SiC 和铜的反应界面分析

BN、TiB$_2$、B$_4$C 和 Al$_2$O$_3$薄膜，可以大大降低 SiC 与铜的反应，提高复合材料的热导性。

2．SiC/Cu 热沉材料的应用

SiC/Cu 在电子封装领域很有吸引力，可用作基板材料、热交换器及多层微片芯支架的散热 – 冷却板材料。在高温摩擦磨损领域，SiC/Cu 除了摩擦性能良好外，还具有高的电导率、导热率、高温强度和优良的抗氧化性，可在高温腐蚀或化学腐蚀的环境下工作，用于电接触开关、旋转电刷、电极和继电器等。此外，SiC/Cu 还可以用于承受高温、高载荷的结构件，如高温耐磨刹车片、内燃机活塞、拉丝模、喷嘴齿轮、传动轮、摩擦轮、发动机叶轮等。

11.1.5 第四代热沉材料

随着功率密度越来越高，对热沉材料的导热率要求越高，由于金刚石的导热率达到2 000 W/(m·K)，且低的热膨胀系数仅为 1.7 × 10^{-6}/K。1995 年美国 Lawrence Livermore 国家实验室与 Sun Microsystems 公司合作开发成功金刚石/铜热沉材料，导热率达 420 W/(m·K)，25 ~ 200℃ 时的 CTE 为(5.48 ~ 6.5) × 10^{-6}/K，因此成为热沉材料的研究重点。

1．金刚石/铜热沉材料的制备

图 11 – 13 为金刚石/铜热沉材料的制备工艺路线图。首先将铜粉和金刚石粉末或添加其他合金元素进行混合，然后进行成形、烧结，也可采用热压或热等静压，制备出高导热的金

刚石/铜热沉材料。

（1）金刚石的影响

金刚石为金刚石六面体结构，密度为 3.5 g/cm³，是自然界中最硬的材料，颗粒照片如图 11-14 所示。

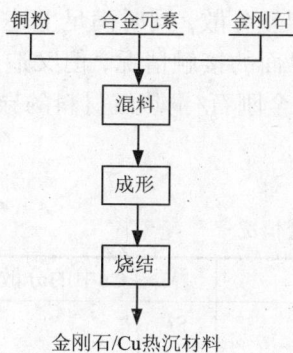

图 11-13　金刚石/铜热沉
材料的制备工艺

图 11-14　金刚石的形貌观察

由于金刚石的热膨胀系数仅为 1.7×10^{-6}/K，随着金刚石体积分数的增加，金刚石/铜热沉材料的热膨胀系数逐渐降低。

金刚石的颗粒大小对金刚石/铜热沉材料的导热率和热膨胀系数有着较大的影响。对于相同体积分数的热沉材料，其导热率随着金刚石粒度的增加而增加。但是当金刚石粒度大于 200 μm 时，金刚石/铜热沉材料的导热率随金刚石粒度的增加而大幅度下降，主要是由于金刚石本身的缺陷、杂质和界面对其导热过程共同作用的结果。

Flaquer J 等人研究表明：金刚石的形状对金刚石/铜热沉材料的导热率有较大的影响，金刚石的{001}面导热率比{111}面好。

由于金刚石在常压下，900℃ 以上容易发生石墨化，导致金刚石导热性能急剧下降，但是通过提高压力可以减少或避免金刚石的石墨化，如图 11-15 所示。因此需要控制成形工艺，提高烧结温度时需要提高压力，从而提高金刚石的石墨化转变温度，避免金刚石发生石墨化。

（2）铜粉的影响

通常认为粒度越细，越有利于提高致密度和铜的分布均匀性。铜粉的纯度对导热率的影响较大，相同含量和致密度的情况下，

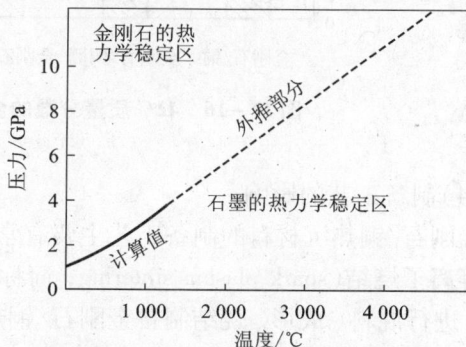

图 11-15　金刚石-石墨的平衡曲线

纯度越高、金刚石/铜热沉材料的导热率越高。选用类球形的不规则铜粉是比较理想的，松装密度为 1.8~2.5 g/cm³，粒度为 -200 目（≤75 μm）铜粉。

（3）合金元素的影响

金刚石/铜热沉材料的导热率应该介于铜和金刚石的之间，然而实际上金刚石/铜热沉材料的导热率往往低于纯铜的导热率。主要原因是金刚石和铜两种材料的化学亲和性差，存在许多结构缺陷和孔隙，导致界面处的热阻很大，从而造成金刚石/铜热沉材料的导热率较低。为了增大界面处的结合性，需要添加一种或几种合金元素，改善金刚石与铜的化学相容性，要求这种元素与碳以强键结合形成碳化物、且与铜很好的相互分散，同时满足上述两个条件的元素如表 11 -4 所示。但是合金元素的加入，可以改善界面的接触情况，但又造成界面处热阻增加和基体铜的导热率下降，但综合考虑，有利于提高金刚石/铜热沉材料的导热率，如图 11 -16 所示。

表 11 -4　不同添加元素与碳的结合情况

在碳中的分散性		形成碳化物的键的强度		在Cu中的分散性	
Ti		SiC		Si	
Si	分散性增加 ↑	CrC	键的强度增加 ↑	Cr	分散性增加 ↑
Cr		WC		W	
W（Mo）		MoC		Mo	

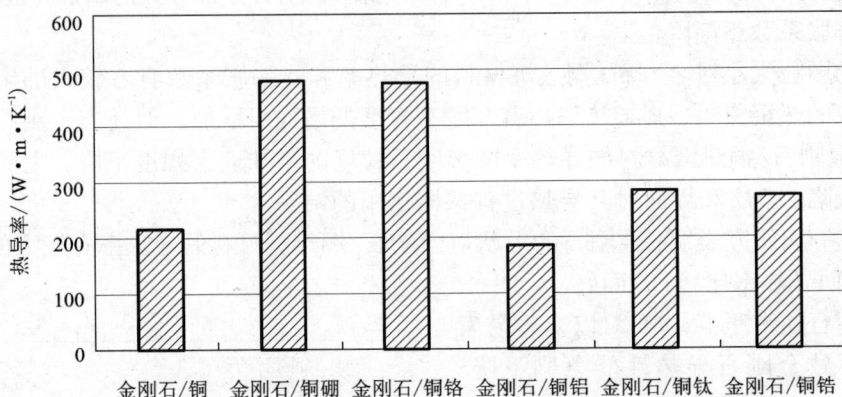

图 11 -16　42%质量分数的金刚石/铜合金热沉材料的导热率

（4）制备工艺的影响

金刚石/铜热沉材料的制备工艺主要有常规压制、烧结工艺、热压、高温高压合成工艺、放电等离子烧结（spark plasma sintering，简称 SPS）。具体的制备工艺为按比例称取金刚石和铜粉，进行混料、成形、烧结制备金刚石/铜热沉材料。

根据粉末烧结原理，材料的理论烧结温度为烧结体熔点的 0.7 ~ 0.8，可以推测纯铜的烧结温度为 758 ~ 866℃。由于金刚石颗粒的加入。混合粉体的烧结温度应有所提高，金刚石常压下的石墨化温度为 900℃，因此常规粉末冶金制备工艺很难制备出致密度高的金刚石/铜热沉材料，孔隙率一般为 10% 以上，导热率一般不高于 350 W/(m·K)，不适合作为高性能的热沉材料。热压工艺制备的热沉材料致密度有了较大程度的提高，但是由于其孔隙主要集中在金刚石和铜基体之间，导致导热率较低，低于 450 W/(m·K)，难以满足高导热的要求，目前研究较多的是 SPS 和高温高压合成两种工艺。

SPS 是一种对烧结体直接施加脉冲大电流的自身加热烧结方法，与常规加热方式相比，具有升温速度快、组织可控、节能和环保等优点，制备的样品晶粒均匀、致密度高。SPS 实验装置示意图如图 11 - 17 所示。

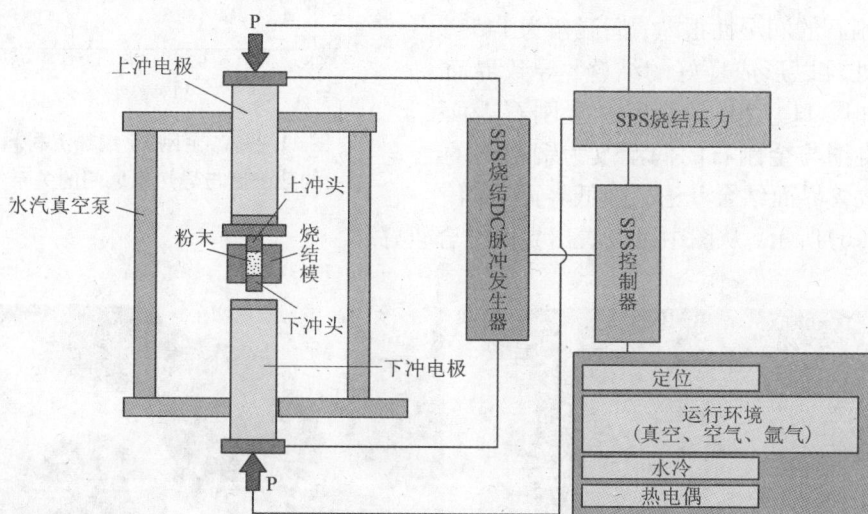

图 11 - 17　SPS 实验装置示意图

由于金刚石的粒度和松装密度与铜粉相差较大，导致混料较难混合均匀。研究表明混料时间对显微组织、导热率的影响。混料为 8 h 的金刚石分布较混料 4 h 的要均匀一些，如图 11 - 18 所示。导热率分别为 503.9 W/(m·K) 和 374.7 W/(m·K)，可以认为混料时间长，越均匀、导热率越高。

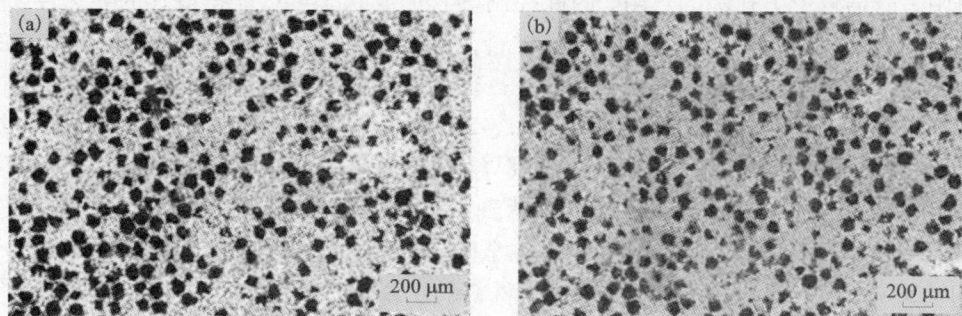

图 11 - 18　60％镀铬金刚石/铜热沉材料的不同混料时间的表面颗粒分布
(a)4h；(b)8h

在 800 ~ 1 000℃ 范围内进行 SPS 烧结试验，研究了热沉材料的致密度与导热率之间的关系，如图 11 - 19 示。从图中可以看出，随着热沉材料致密度的增加，导热率大幅度增加。当烧结温度较低时，不能形成足够的烧结驱动力，致密度较低；温度过高，铜的热膨胀系数较金刚石大很多，在烧结降温过程中，铜的收缩非常大，导致其与金刚石两相剥离，使得致密度下降，此外熔融状态的铜在高压下溢出模具，导致复合材料中成分变化、致密度降低。

铜与金刚石的润湿性很差，润湿角为145°，烧结时界面处难以形成良好的结合，导致界面缺陷较多，如图 11 - 20(a)所示。金刚石表面镀铬，可以将铜与金刚石的润湿改为铜与铬的润湿，可以改善界面结合状态，降低界面热阻。如图 11 - 20(b)所示，从图中可以看出界面结合较好。

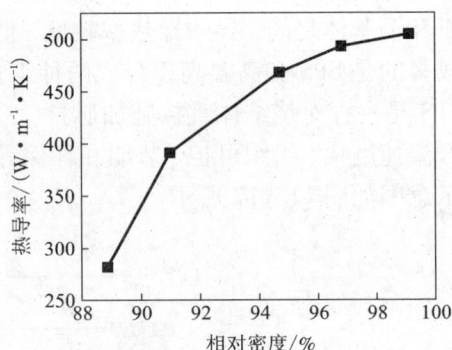

图 11 - 19 金刚石/铜热沉材料
的致密度与导热率之间的关系

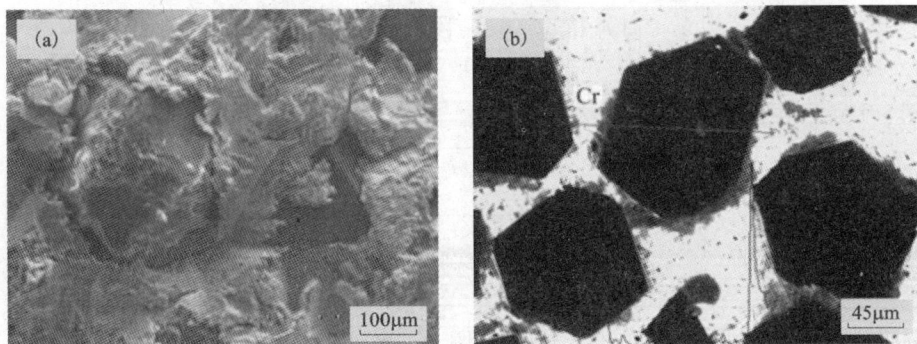

图 11 - 20 金刚石/铜热沉材料的界面分析
(a)无合金元素；(b)镀铬金刚石

添加 Cr 后，金刚石和铜之间形成 Cr_3C_2 中间层，其热阻约为 3.5×10^7 W/($m^2 \cdot$ K)，从而增加了热阻，但是减少了孔隙的热阻，因此控制好其形成状态可以获得最佳的导热性。

高温高压合成工艺制备金刚石/铜热沉材料，其思想来源于金刚石的合成制备，在高温高压条件下完成金刚石/铜热沉材料的制备，有利于制成致密度高的复合材料。Yoshida Katsuhito 等人用 belt 型高压装置在 4.5 GPa、1 420 ~ 1 470 K 下，烧结 15 min 合成出的金刚石/铜热沉材料的导热率为 742 W/(m·K)，其界面如图 11 - 21 所示。而 EKimov E A 等人在 8 GPa、2 100 K 下合成的复合材料的导热率达到 900 W/(m·K)。这主要是因为金刚石在高温高压下形成连续的骨架结构，传热主要是在金刚石颗粒之间进行，其示意图如图 11 - 22 所示。表 11 - 5 所示为 SEI 公司金刚石/铜热沉材料的主要物理性能。

表 11 - 5　SEI 公司金刚石/铜热沉材料的主要物理性能

牌　号	热膨胀系数/($10^{-6}K^{-1}$)	导热率/(W·m^{-1}·K^{-1})	密度/(g·cm^{-3})	弹性模量/GPa
DC40Diamond - Cu	4	600	4.6	620
DC60Diamond - Cu	6	550	5.0	410

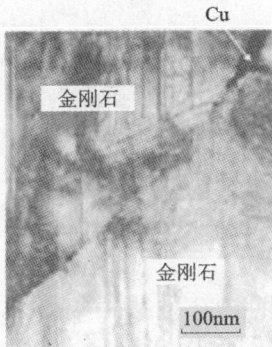

图 11 - 21　金刚石/铜热沉
材料中界面的透射电镜图像

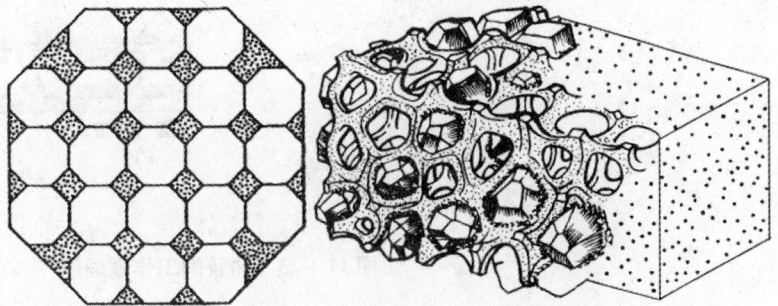

图 11 - 22　金刚石/铜热沉材料的理想示意图

2. 金刚石/铜热沉材料的应用

随着电子器件功率的不断增加，金刚石/铜热沉材料作为高性能的热沉材料，应用非常广泛，主要应用领域包括计算机、LED 照明、大功率电子器件等电子元器件的散热。

11.2　热管

随着大功率器件的不断提高，其散热问题变得越来越关键，直接影响着器件的寿命和运行。传统散热方式主要是空气冷却、强制风冷散热以及水冷散热。但是其散热功率有限，其中水冷散热的散热功率为数千千瓦，限制了大功率器件的使用。1942 年，美国人高格勒提出热管的工作原理，1963 年美国 Los Alamos 国家实验室的 Grover G M 发明热管，热管是一种利用相变过程中吸收/散发热量的性质来进行冷却的技术。

11.2.1　热管的工作原理

热管是一种具有极高导热性能的新型传热元件，通过在全封闭真空管内的液体的蒸发与凝结来传递热量，利用毛细作用等流体原理，起到良好的制冷效果。具有极高的导热性、良好的等温性、冷热两侧的传热面积可任意改变、可远距离传热、温度可控制等特点。

图 11 - 23 所示为热管的工作原理图。热管就是利用蒸发制冷，使得热管两端温度差很大，使热量快速传导。一般热管由管壳、吸液芯和端盖组成。热管内部被抽成负压状态，充入适当的液体(即工质)，这种液体沸点低，容易挥发。管壁有吸液芯，其由毛细多孔材料构成。热管一端为蒸发段(简称热端)，另外一端为冷凝段(简称冷端)，当热管热端受热时，毛细管中的液体迅速蒸发，蒸气在微小的压力差下流向冷端，并且释放出热量，重新凝结成液体，液体再沿多孔材料靠毛细力的作用流回热端，如此循环不止，热量由热管一端传至另一端。这种循环是快速进行的，热量可以被迅速传导出来，从而保证热端的温度基本稳定不变。表 11 - 6 所示为各种散热方式的对比。

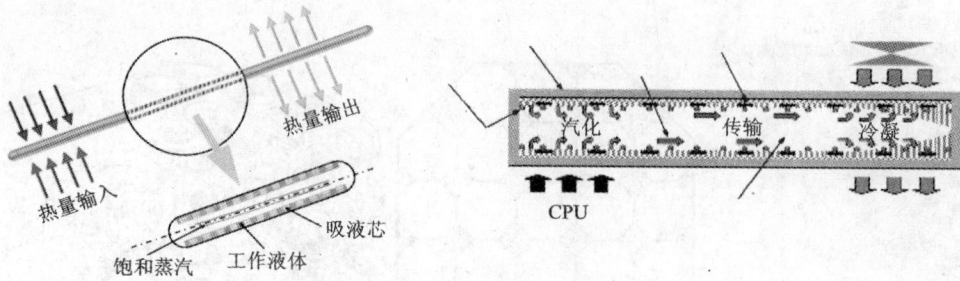

图 11 -23　热管的工作原理图

表 11 -6　各种散热方式的对比

散热方式	工作原理	优点	缺点
自然冷却	发热核心部位与型材散热器相接触,通过空气的自然对流方式将热传导出来	结构简单、安装方便、成本低廉	散热功率低
强制风冷	在自然冷却的基础上,通过风扇使空气强制对流,将散热片上的热传至周围的环境(最普遍的散热方式)	结构简单,价格低廉,安全可靠,技术成熟	降温的效果有限,有噪音,风扇的使用寿命有限
水冷散热	利用水泵驱动水流经过热源,进行吸热传递	散热效率高,为传统风冷方式的 20 倍以上,无振动、无噪音	需要良好的通风环境,体积大,安装和维护不方便,容易滴漏,安全性不高,价格相对较高
热管	在全封闭真空管内,通过液体的蒸发与凝结传递热量,起到良好的制冷效果。	极高导热性、良好等温性、冷热两侧的传热面积可任意改变、可远距离传热、温度可控制	生产成本相对较高

　　热管散热相对于其他几种传统散热方式存在以下的优势:①热管散热技术具有散热效果好,热阻相对小,使用寿命长,传热快的优点。热管的热导系数是普通金属的 100 倍以上;②传热方向可逆,不管任何一端都能成为蒸发端或冷凝端;③优良的热响应性。热管内汽化的蒸汽能以接近音速的速度传输,从而有效的提高了导热效果;④结构简单紧凑,质量轻,体积小,维护方便;⑤无功耗、无噪音、无污染,符合工业"绿色"的要求;⑥使用环境不受重力场的限制。

　　由于热管的用途、种类、形式、结构、材质和工作液体等方面的不同,对热管的分类非常多,常用的分类方法有以下几种:①根据热管工作温度划分。可以分为低温热管(-273 ~0℃)、常温热管(0 ~250℃)、中温热管(250 ~450℃)、高温热管(450 ~1 000℃)等。②根据工作液体回流动力划分。可以分为有芯热管、重力热管(又称为两相闭式虹热吸管)、重力辅助热管、旋转热管、电流体动力热管、磁流体动力热管、渗透热管等。③根据管壳与工作液体的组合方式划分。可以分为铜 -水热管、碳钢 -水热管、铜钢复合 -水热管、铝 -丙酮热管、碳钢 -萘热管、不锈钢 -钠热管等等。

热管的管壳大多采用金属无缝管，根据不同需要可以采用不同材料，如铜、铝、碳钢、不锈钢、合金钢等。管壳可以是标准圆形，也可以是异形的，如椭圆形、正方形、矩形、扁平形、波纹管等。低温热管换热器的管材在国外一般采用铜、铝作为原料，主要是为了满足与工作液体相容性的要求。

11.2.2　热管的制备工艺

本书介绍的是铜 – 水热管中的有芯热管，毛细芯采用铜及铜合金粉末烧结而成，其他类型的热管及毛细芯可以参考相关书籍文献，这里不做介绍。

由于铜具有高的导热性和在水中具有优良的耐蚀性，而水具有无毒、无味、价格便宜等优点成为常规热管的优选工质。

图 11 – 24 为铜 – 水有芯热管的制备工艺路线。首先对选择合适的铜管，进行表面清洗、除油，将一端封口，并选择合适的不锈钢、钨、钼芯棒放入到铜管中间。将铜粉填充到带芯棒的铜管中，然后在 800 ~ 1 000℃进行烧结，一般在分解氨或氢气气氛下进行，烧结完成后将芯棒取出，将铜管抽真空至 $1.3 \times (10^{-1} \sim 10^{-4})$ Pa，再注入适量的蒸馏水，最后检验封口，制备成铜 – 水有芯热管。

图 11 – 25 所示为铜 – 水有芯热管实物图。从该图展示了铜 – 水有芯热管的外形和内部结构。

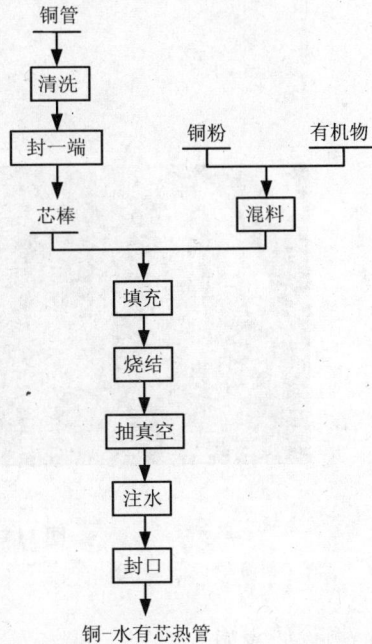

图 11 – 24　铜 – 水有芯热管制备工艺路线

1. 铜管表面清洗的影响

铜管在挤压制备过程和运输过程中，往往表面会存有部分油污等污染，如果不清理干净，会影响到铜粉在铜管内表面的烧结。

铜管除油工艺：采用商品化除油液 pH 约为 10.5，温度 50 ~ 65℃，时间 4 ~ 10 min，所以对铜基材腐蚀性较小。

2. 铜管的封口（端盖）

热管的端盖具有多种结构形式，它与热管连接方式也因结构形式而异。外圆尺寸可稍小于管壳，装配后，管壳的突出部分可作为氩弧焊的熔焊部分，不必再填焊条，焊口光滑平整、质量容易保证。

旋压封头是国内外常采用的一种形式，旋压封头是在旋压机上直接旋压而成，这种端盖形式外型美观，强度好、省材省工，是一种良好的端盖形式。

3. 芯棒的选择与制备

由于铜粉与铜管烧结时，通常会有一定的收缩，为保证铜粉烧结在铜管内表面，而不剥离，一般在中间加入芯棒，若芯棒材料与铜有较好的润湿性，在烧结时会导致铜粉与芯棒发生烧结，因此一般选用与铜不固溶的金属或合金，为经过表面处理的不锈钢棒、钨棒或钼棒等，达到铜粉在铜管内表面烧结的目的。在装配过程中，尽量使得芯棒位于铜管的中心位置，保证粉末烧结层的厚度均匀一致。

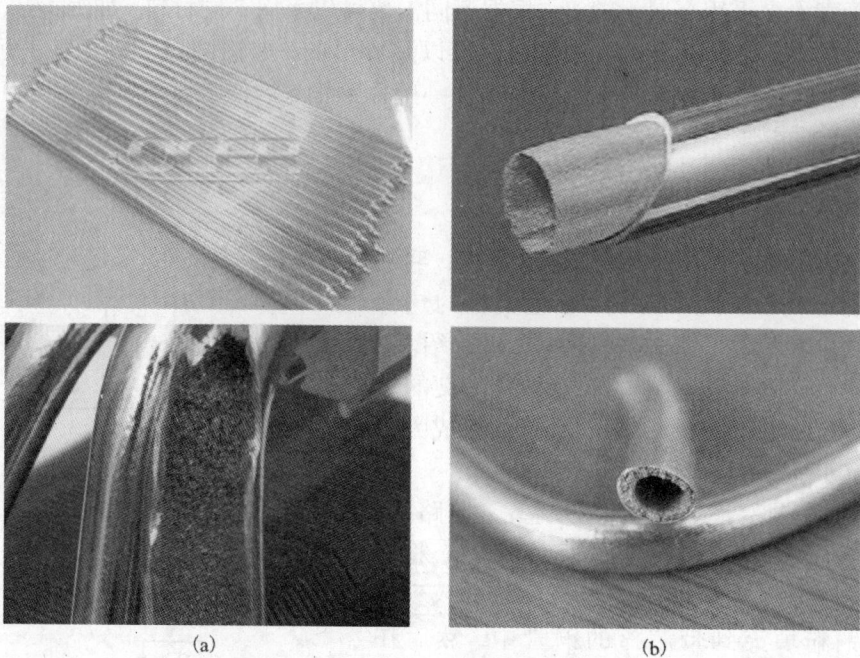

图 11 - 25　铜 - 水有芯热管实物图

(a)样品实物；(b)内部结构

4. 铜粉的影响

将铜粉烧结在管内壁面而形成与管壁一体的烧结粉末管芯，这种管芯具有较高的毛细吸力，较大程度上改善了径向热阻，一致性好，克服了网芯工艺重复性差的缺点，但因其渗透率较差，故轴向传热能力较轴向槽道管芯及干道式管芯的小。

若铜粉的粒度较粗，可导致毛细管孔径较大，烧结温度高，孔隙率低、毛细吸力较小，影响工质的循环。若铜粉的粒度过细，导致毛细管径的孔径较小，烧结温度低，孔隙率高、毛细吸力较大，阻力也较大。同样粒度分布窄，孔径均匀；反之，孔径大小不一致、影响工质的循环。因此需要选择合适的铜粉粒度及其分布，一般采用 50 ~ 170 μm 的类球形或球形纯铜粉，粒度分布越窄越好，松装密度为 3.0 ~ 4.0 g/cm³。不同的粒度及分布可以调整烧结层的孔隙率及孔径大小，粒度越细，孔径越细。若采用电解铜粉，粉末的流动性较差，不利于粉末的填充，烧结后孔隙率高、孔径小、工质循环阻力大。

研究表明：铜粉颗粒的粒径为 140 ~ 170 μm 时，烧结厚度应为 1.10 mm；粒径为 110 ~ 140 μm 时，烧结厚度应为 1.35 mm；粒径为 80 ~ 110 μm 时，烧结厚度应为 1.60 mm，才具有最佳的传热性能。

由于杂质 Fe、Pb 等元素对导热性的影响较大，因此生产过程中尽量降低杂质含量，其中 Fe≤0.01%，Pb≤0.03%，Cu%≥99.7%。

5. 铜粉填充工艺

将铜粉封口端留一个位置限位槽，或者用一个盖子堵住，盖子上留一个芯棒可以穿过去的孔，既可以保证芯棒在这端的中心位置，又能防止漏粉。铜管的另一端放置一个支撑片，保证芯棒处于中心位置。然后将铜粉填充到芯棒与铜管的夹层中，在填充过程中给予一定的振动，使得粉末在填充过程中摇实。图 11 - 26 所示为一种简易的填充装置。

填充工艺非常重要，填充不均匀，导致烧结不均匀，直接影响热管的传热性能，因此保证填充均匀是非常重要的。

6. 烧结的影响

通常烧结温度为 800 ~ 1 000℃、烧结时间为 30 ~ 60 min，在露点低于 - 55℃ 的氢气或分解氨气氛下烧结，待降温至 200 ~ 250℃ 时取出芯棒。利用铜的膨胀系数较大，而不锈钢、钨、钼等芯棒材料的膨胀系数较小，可以减小芯棒的抽出力，减少烧结芯结构的损坏。

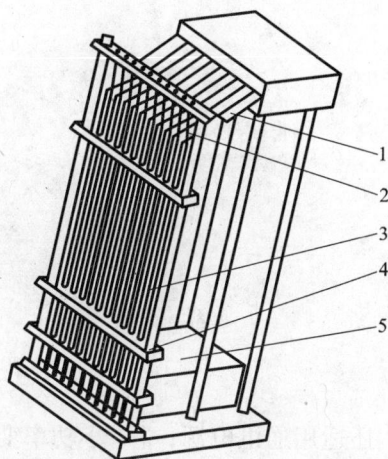

图 11 - 26　热管粉末填充装置
1—铜粉定量器；2—芯棒；3—铜管；
4—定位板及导柱；5—微型振动机

随着烧结温度的增加，铜粉之间的连接强度增加，孔隙趋于球化，有利于工质的循环，降低热管的热阻，提高热管烧结芯的使用寿命。烧结时间与烧结温度的影响规律基本相同，只是时间的影响要小得多。

由于芯棒和铜管均较小，在抽取芯棒的过程中容易导致烧结层脱落、铜管弯曲等缺陷，因此使用专用夹具有利于保证产品的合格率。

7. 抽真空、注水

将烧结完成后的铜管抽真空至 $1.3 \times (10^{-1} \sim 10^{-4})$ Pa，再注入适量的蒸馏水，最后封口检验，制备成铜 - 水有芯热管，该生产过程可以实现自动化。

11.2.3　热管的应用

热管的应用非常广泛，铜 - 水有芯热管主要应用于电子电力模块，下面列出一些实物照片。一般通用的是在热管和散热片的结合，可以大大提高散热、传热效率。为进一步提高散热效率，可以加上风扇进行风冷，如图 11 - 27 所示。

图 11 - 27　计算机用热管散热器

为了更好的保持芯片温度的稳定一致性，人们对常规热管进行改进，生产出均热板，原理与热管原理一致，只是将传输距离缩短，提高了温度的均匀性。图 11 - 28 所示为均热板的实物照片。

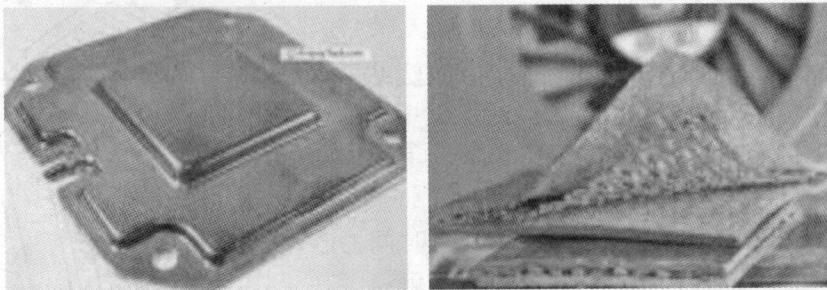

图 11-28 均热板的实物照片

还适用通讯电源；中、小功率变频器；电力开关设备、大功率 IGBT 模块、SKIIP 模块；整流模块、半导体制冷、发电、等功率模块、大功率 LED 器件等器件用热管散热器，自然冷却式散热功率：60～3 500 W；强制风冷式散热功率：60～12 000 W。

11.3 铜基粉末冶金散热器

一般传统的铜散热器通过压力加工的方法制备，结构比较简单。随着散热性能的要求越来越高，需要制备高比表面积的散热器，而常规方法受到限制。随着注射成形技术的出现，人们开始研究铜粉的注射成形技术，开发高性能的散热器。图 11-29 所示是注射成形工艺制备的纯铜散热器。

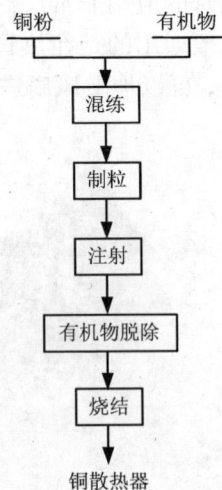

铜粉与黏结剂的混合比例为(40～60)∶(60～40)(体积分数)，黏结剂可以采用石蜡基、聚丙烯基等主要种类，采用混炼机进行混炼均匀，然后制粒、注射成形，在进行黏结剂脱除、烧结制成铜散热器。图 11-30 所示为纯铜散热器注射成形工艺路线图。

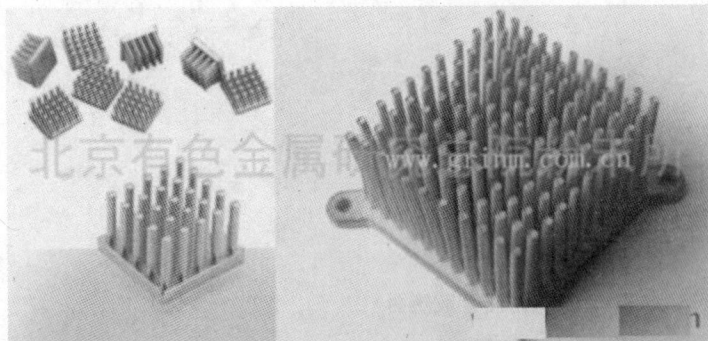

图 11-29 注射成形工艺制备的纯铜散热器

图 11-30 纯铜散热器注射成形工艺路线图

11.3.1　铜粉的影响

铜粉的粒度及其分布、形貌均对后续工艺有较大影响。一般来讲，注射成形用铜粉要求具有较好的球形度、含氧量低，$D_{90} \leqslant 50~\mu m$ 且分布均匀，可以保证良好的流动性。铜粉球形度越好，铜粉的装载量越高，生坯在烧结过程中的收缩越小，控制精度越高，反之，则降低。目前注射成形通常使用的为气雾化或水雾化的球形或类球形铜粉。图 11 – 31 所示为注射成形用不同生产工艺铜粉的显微照片。

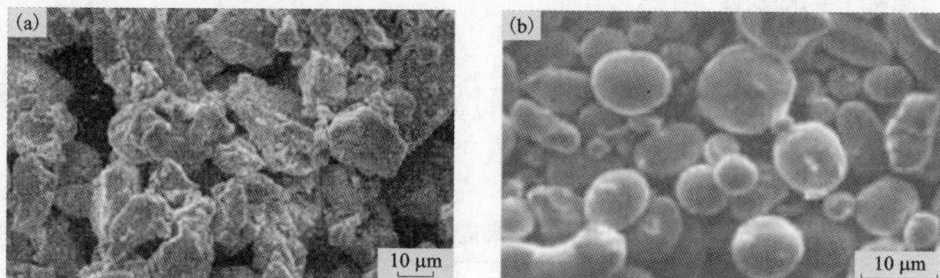

图 11 – 31　不同生产工艺铜粉的形貌
(a)还原铜粉；(b)雾化铜粉

11.3.2　黏结剂的影响

注射成形中，黏结剂具有两个最基本的功能：提高粉末流动性和维持产品形状。通常使用的黏结剂分为热塑性、热固性、凝胶水基体系和水溶性体系。不同黏结剂的具有不同的特点。

热塑性体系具有较好的流动性和成形性，使用较为广泛。热塑性体系根据黏结剂的主要组元分为蜡基系、油基系、塑基系等。石蜡基黏结剂最早使用，主要由石蜡和聚烯烃组成，所使用的聚烯烃包括 HDPE、LDPE、PP、PS、EVA 等。具有成本低、黏度低、注射范围宽、压坯强度高、装载量高等优点，但存在保形差、注射料性能稳定性较差等不足，适合于生产厚度小于 8 mm 和高光洁度的零件。与石蜡基黏结剂相比，油基黏结剂溶剂脱脂速度快、减少生坯内应力，但存在生坯强度低、两相易分离等问题。热塑性聚合物基黏结剂，具有生坯强度高、保形性好等优点、但存在装载量稍低、脱脂慢等不足。

热固性黏结剂体系以热固性有机化合物作为黏结剂的主要组分，在喂料注入热模过程中发生缩合反应而固化。对于热固性体系主要存在以下缺点：①物料在混炼、注射或放置过程中会发生交联；②反应时会产生部分气体，导致产品多孔，脱脂不完全；③固化时间长，注射料不能重复使用，碳残留量高等不足，限制了它在实际工业中的应用，热固性体系现在已很少使用。

水溶性黏结剂体系是由水溶性成分和水不溶性成分组成，水溶性成分包括纤维素类、聚丙烯酸类和聚乙二醇类等，而水不溶性成分主要有聚烯烃和聚缩醛等。具有可用水作溶剂来脱脂、不污染环境、适合于生产细长的零件、成本低等优点。但也存在一些缺点，如生坯易变形、装载量较低、注射温度范围窄、不适合生产烧结密度高的部件，等等。

凝胶水体系黏结剂是利用特定的树脂受热产生凝胶化反应获得强度生坯高。该黏结剂使用大量水和少量树脂配制而成，具有脱脂速度快、成本低、可生产大而厚的制品等优点，其缺点是：①体系中的水加热蒸发、易导致注射料黏度和装载量的改变；②会使一些活泼的金属或合金粉末发生氧化；③注射料难以重复利用；④凝胶化时间长，注射坯脱模困难。

目前研究较多的是一种热塑 – 热固性黏结剂，在混炼和注射过程中表现为热塑性，从而能在热塑性设备上实现均匀混合和注射充模；而在脱脂过程中，由于高温的作用，树脂固化，黏结剂表现出热固性特点。高温下脱脂坯不会软化变形，从而提高制品的尺寸精度和保形性。这样便充分利用了热塑、热固树脂各自的优点，目前以环氧树脂为基础开发的黏结剂具有以上特点，具有良好的保形性和尺寸精度控制，将可能成为黏结剂的发展方向。

11.3.3　混炼工艺的影响

混炼工艺主要是将铜粉和黏结剂混合均匀，减少成分偏析。一般混炼温度为 100 ~ 180℃，时间为 1 ~ 3 h。采用的设备可以为 Z – blade 搅拌机、橡胶密炼机、开放式双轴混炼机。表 11 – 7 为各种混炼机的性能比较。

表 11 – 7　各种混炼机的性能比较

类　型	优　点	缺　点	适　用　范　围
双螺杆挤出机	剪切作用强，混炼均匀	费用高	可用于各种形状的粉体
双行星轮混料机	费用适中，生产能力佳，混合质量确定	对粒度小、形状不规则的粉末难以得到均匀的喂料	用于球形度好、粒度较大的粉末的混炼
双偏心轮混料机	剪切力很大，可用于各种金属粉末和黏结剂的混炼	存在较大的混炼死角，工作容积小	适合于实验室对各种喂料混合性能的测试和研究
Z 型叶片混料机	剪切力大，喂料均匀	难以清理	可用于各种金属粉末与黏结剂的混炼

11.3.4　制粒工艺

为保证注射过程中的喂料均匀性，通常将混炼好的原料进行制粒。制粒设备为单螺旋、双螺旋和活塞挤出机用于混炼挤压制粒，图 11 – 32 所示为单螺旋制粒设备照片。

11.3.5　注射成形工艺

注射压力对注射成形生坯的质量影响较大，注射压力太小，容易造成欠注、融合不好、表面粗糙等缺陷；注射压力太大对设备磨

图 11 – 32　单螺旋制粒设备照片

损较大，容易造成内应力大、喷射等问题。注射压力在 50 ~ 140 MPa 范围内较合适，生坯尺寸越大，需要的注射压力越大，反之则降低。

注射温度对喂料的黏度有较大影响。温度低，喂料黏度大、流动性差、充模较差，易造成欠注、分层、表面粗糙等缺陷。温度高，喂料黏度低、流动性好、充模顺利，但易造成粉末与黏结剂两相分离、表面气泡、内部缩孔、飞边、应力大等问题，合适的注射温度

为120～170℃。

注射速度低,喂料流动慢、流动平稳,但注射速度太低易造成充模不足、分层等问题。注射速度高,喂料充模快,但太高易造成气孔、内应力等质量问题。合适的注射速度为7～60 g/s。注射生坯的尺寸、质量增大,注射速度也相应增加。

图 11－33 所示为注射成形机的实物图。

图 11－33　注射成形机的实物图和原理图

11.3.6　脱脂(黏结剂脱除)工艺的影响

脱脂是注射成形中最困难和最重要的工艺步骤。从工艺控制和成本考虑,脱脂时间应尽量短、产品不出现缺陷或变形、碳含量可控。目前广泛使用的脱脂方法有热脱脂、溶剂脱脂和催化脱脂等。

热脱脂是将注射成形生坯逐渐加热至黏结剂组分挥发或分解温度,从而达到脱脂的目的。根据热脱脂的方式又可分为气氛热脱脂、真空脱脂、虹吸脱脂和氧化脱脂。最早且最有代表性的热脱脂工艺是 wiech 工艺。此工艺简单,成本低,无需专门设备,投资少,无环境污染。但存在一些不足:①脱脂温度较高、产品易于变形、尺寸难以控制;②时间太长,脱脂速率低,适合于生产小部件。

溶剂脱脂是利用溶剂不断渗透到注射成形生坯内部,将坯块内黏结剂中可溶成分溶解出来的一种脱脂方式。溶剂脱脂可以溶解大部分黏结剂,会留下少部分黏结剂维持坯块形状。形成的多孔通道,有利于热脱脂中黏结剂的分解和挥发,缩短总的脱脂时间。不同的溶剂种类,其溶解性能也会不同,溶解时间也不同。溶剂脱脂是热脱脂技术的改进,该技术的优点是:脱脂速度快,脱脂时间短,脱脂温度低,在黏结剂软化点之下进行脱脂,可保证坯块不变形、避免了 MIM 制品表面和内部氧化的问题,能耗低。不足之处是:①溶剂进入坯体内部,也可能因过分溶胀而导致坯块膨胀或开裂;②有机溶剂对环境和人体有害。

催化脱脂综合了热脱脂和溶剂脱脂的优点,快速而不易产生缺陷和变形,是目前最先进的脱脂工艺,可使注射成形工艺连续化生产。该工艺采用聚缩醛树脂为黏结剂,利用聚缩醛树脂的极性连接金属粉末,在酸性气氛中快速催化脱脂。开始是采用硝酸作催化剂,后又开发了用草酸作催化剂。在低于聚缩醛树脂的软化温度下进行,避免了液相的生成,有利于控制注射成形生坯变形,保证烧结后的尺寸精度,聚缩醛树脂在气态酸性气氛下催化分解为甲醛。这种分解在100℃以上快速反应,是一种直接的气固反应。催化脱脂在气氛和黏结剂的表面进行,在成形坯内部没有气体存在,反应界面的推进速度为1～4 mm/h。但该法用酸作催化剂,在生产中存在酸腐蚀等问题。

目前通常采用的黏结剂脱除工艺主要有:热脱脂、溶剂脂除和两者混合脱脂。

11.3.7　烧结工艺的影响

由于纯铜的熔点为1 083℃,为保证零件的尺寸稳定性,通常高温固相烧结,温度为950～1 060℃,随着温度的增加,零件烧结密度不断增加,可达到95%以上,导热率330 W/(m·K)以上。研究表明:不同的烧结速度,会对产品的密度有较大的影响。升温速度越快,最终产品的烧结密度越低，而与最终烧结温度无关。主要原因是由于粉体中氧含量不同，若不能充分还原，将影响铜粉的致密化，因此在900℃下保温1~3 h，充分去除铜粉中的氧，有利于提高产品的密度。为证明这一点，研究者为避免黏结剂的影响，利用模压成形的铜粉在不同烧结升温速度进行烧结[图11-34(a)]，并用缓慢升温工艺研究了模压和MIM成形工艺进行对比，MIM产品略低于模压产品[图11-34(b)]。表11-8所示为不同氧含量的还原铜粉。

表11-8 不同氧含量的还原铜粉

牌号	形状	纯度/%	氢损/%	平均粒度/μm	松装密度/(g·cm^{-3})	压坯密度/(g·cm^{-3})
1700	不规则	99.4	0.16	14	2.0	5.9
1700FP	不规则	99.4	0.35	10	2.5	5.9
FP	不规则	98.8	0.42	7	1.7	5.6

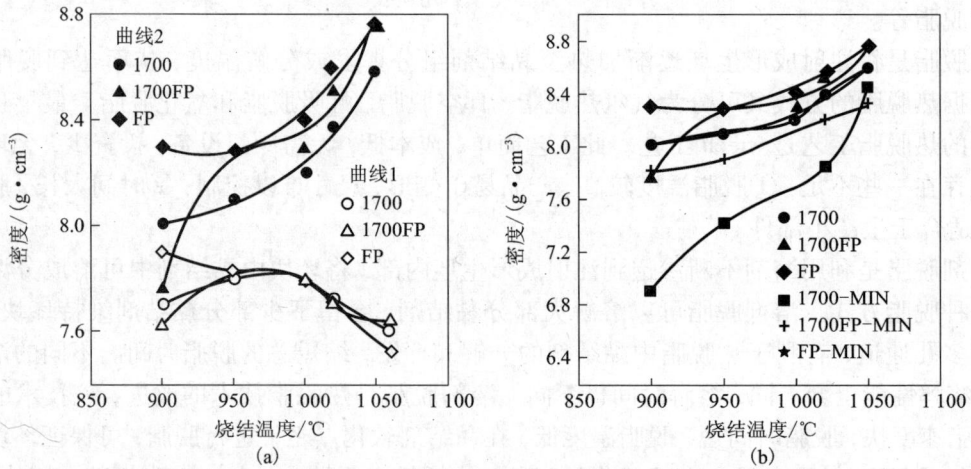

图11-34 1700，1700FP和FP粉末烧结工艺对烧结密度的影响
(a)模压成形，不同升温工艺；(b)模压和MIM成形，缓慢升温工艺

11.3.8 铜散热器的应用

随着电子器件等对散热器越来越迫切的需求，采用注射成形工艺生产的长而薄、复杂外形的鳍状元件大量出现，具有工艺简单、成本低等优点，应用前景广阔如图11-35所示。

图11-35 注射成形散热器片

第 12 章 铜基喷涂涂层材料

纯铜与其他金属相比，具有良好的导电性、导热性及延展性，它的导电性仅次于银，导热性仅次于金和银，在电气和制冷等行业中具有相当广泛的应用。近年来，由于世界经济的快速增长，纯铜的消费量迅速增加，有限的纯铜资源正面临着严峻的挑战，因此各国政府及大公司正致力于研究能节约铜的技术和工艺。目前，铜及铜合金涂层的制备技术主要有热喷涂技术和冷喷涂技术。

12.1 热喷涂技术

热喷涂技术是一种表面防护和强化的技术之一，是表面工程中一门重要的学科。所谓热喷涂，就是利用某种热源，如电弧、等离子弧、燃烧火焰等将粉末状或丝状的金属和非金属涂层材料加热到熔融或半熔融状态，然后借助焰流本身的动力或外加的高速气流雾化并以一定的速度喷射到经过预处理的基体材料表面，与基体材料结合而形成具有各种功能的表面覆盖涂层的一种技术。

12.1.1 热喷涂技术的分类

根据热源的种类热喷涂技术主要分类见表 12 – 1。热喷涂方法的热源温度和焰流速度见图 12 – 1。

表 12 – 1 根据热源的种类热喷涂技术的分类

热源	温度/℃	喷涂方法
火焰	约 3 000	粉末火焰喷涂(焊)
		丝材火焰喷涂
		陶瓷棒材火焰喷涂
		高速火焰喷涂(HVOF)
		爆炸喷涂(D – GUN)
电弧	约 5 000	电弧喷涂
等离子弧	10 000 以上	大气等离子喷涂(APS)
		低压等离子喷涂(LPPS)
		水稳等离子喷涂

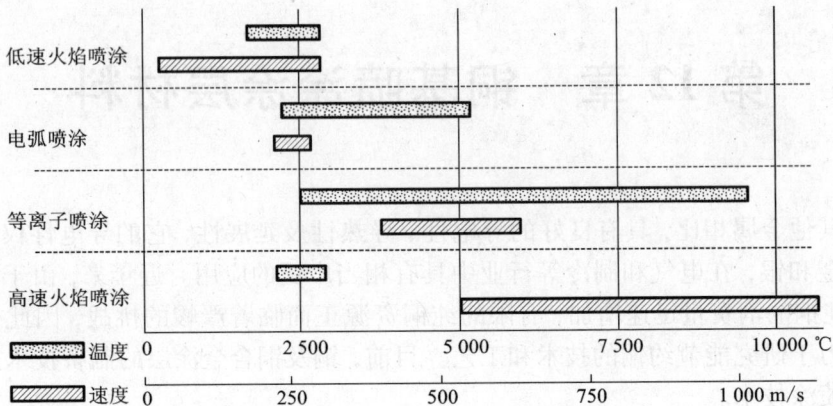

图 12-1 各种热喷涂方法的热源温度和焰流速度

12.1.2 热喷涂设备

依据热喷涂技术的原理,其设备都主要由喷枪、热源、涂层材料供给装置以及控制系统和冷却系统组成。图 12-2 所示为等离子喷涂的设备配置图。

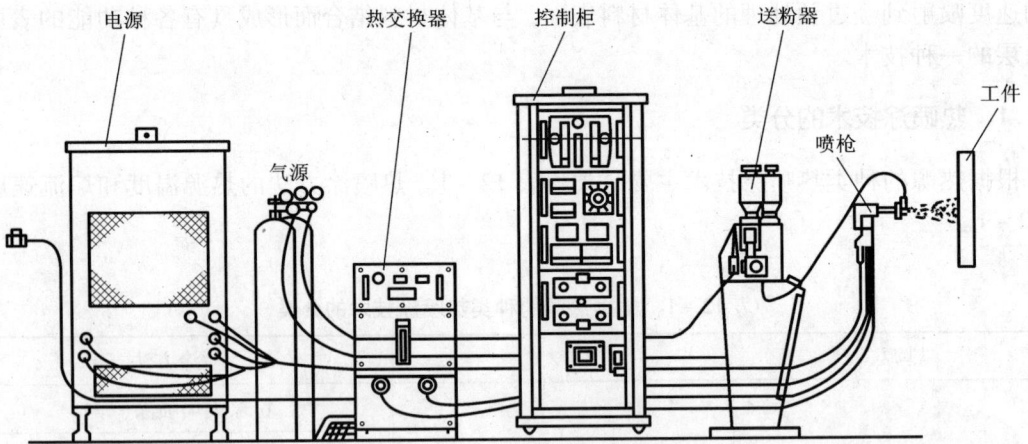

图 12-2 等离子设备的配置图

12.1.3 热喷涂技术的特点

1)由于热源的温度范围很宽,因而可喷涂的涂层材料几乎包括所有的工程材料,如金属、合金、陶瓷、金属陶瓷、塑料以及由它们组成的混合物等,因而能赋予基体具有多种功能(如耐磨、耐蚀、耐高温、抗氧化、绝缘、隔热、生物相容、红外吸收等)的表面。

2)喷涂过程中基体表面受热的程度较小而且可以控制,因此可以在各种材料上进行喷涂(如金属、陶瓷、玻璃、布疋、纸张、塑料等),并且对基材的组织和性能几乎没有影响,工件变形也小。

3)设备简单、操作灵活,既可对大型构件进行大面积喷涂,也可在指定的局部进行喷涂;既可在工厂室内进行喷涂也可在室外现场进行施工。

4）喷涂操作的程序较少，施工时间较短，效率高，成本较低。

随着热喷涂应用要求的提高和领域的扩大，特别是喷涂技术的进步，如喷涂设备的不断更新换代，涂层材料品种的逐渐增多、性能逐渐提高，热喷涂技术近十年来获得了飞速的发展，不但应用领域大为扩展，而且该技术已由早期的制备一般的防护涂层发展到制备各种功能涂层；由单个工件的维修发展到大批的产品制造；由单一的涂层制备发展到包括产品失效分析、表面预处理、涂层材料和设备的研制、选择，涂层系统设计和涂层后加工在内的喷涂系统，工程成为材料表面科学领域中一个十分活跃的学科。因而成为工业部门节约贵重材料、节约能源、提高产品质量、延长产品使用寿命、降低成本、提高工效的重要的工艺手段，在国民经济的各个领域内得到越来越广泛的应用。

12.1.4 热喷涂原理

1. 热喷涂涂层的形成

热喷涂时，涂层原材料被热源加热到熔融态或高塑性状态，在外加气体或焰流本身的推力下，雾化并高速喷射向基体表面，涂层材料的颗粒与基体发生猛烈碰撞而变形、展平沉积于基体表面，同时急冷而快速凝固，颗粒这样逐层沉积而堆积成涂层。

2. 热喷涂涂层的结构特点

热喷涂涂层形成过程决定了涂层的结构特点，喷涂层是由无数变形颗粒相互交错呈波浪式堆叠在一起的层状组织结构，涂层中颗粒与颗粒之间不可避免地存在一些孔隙和空洞，并伴有氧化物夹杂。热喷涂涂层的结合示意图如图 12-3，其特点为层状，含有氧化物夹杂，孔隙或气孔。

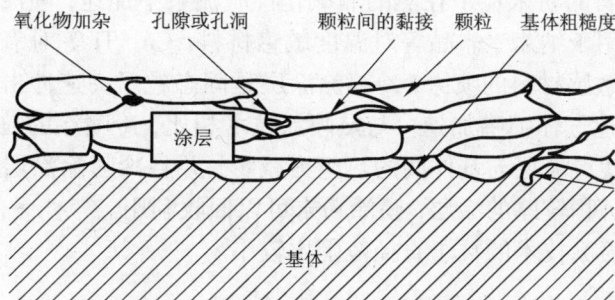

图 12-3　热喷涂涂层的结合示意图

涂层的结合包括涂层与基体的结合和涂层内部的结合。涂层与基体表面的黏结力称为结合力，涂层内部的黏结力称为内聚力。涂层中颗粒与基体之间的结合以及颗粒之间的结合机理，目前尚无定论，通常认为有以下几种方式。

（1）机械结合

碰撞成扁平状并随基体表面起伏的颗粒和凹凸不平的表面相互嵌合，并以颗粒的机械联锁而形成的结合（抛锚效应），一般来说，涂层与基体的结合以机械结合为主，局部存在冶金结合。

（2）冶金-化学结合

这是当涂层和基体表面产生冶金反应，如出现扩散和合金化时的一种结合类型。当喷涂后进行重熔即喷焊时，喷焊层与基体的结合主要是冶金结合。

（3）物理结合

颗粒与基体表面间由范德华力或次价键形成的结合。

3. 涂层的残余应力

当熔融颗粒碰撞基体表面时，在产生变形的同时受到激冷而凝固，从而产生收缩应力。涂层的外层受拉应力，基体有时也包括涂层的内层则产生压应力。涂层中的这种残余应力是由热喷涂条件及喷涂材料与基体材料的物理性质的差异所造成的。它影响涂层的质量、限制涂层的厚度。工艺上要采取措施以消除和减少涂层的残余应力。

12.2　冷喷涂技术

在传统热喷涂技术中，如火焰喷涂、等离子喷涂、电弧喷涂、超音速火焰喷涂等，粉末粒子或线材被高温热源加热到熔化或半熔化状态，以一定的速度撞击基体形成涂层。但在这一过程中，粒子经历了剧烈的加热，通常使金属材料和金属陶瓷材料发生氧化，降低涂层的使用性能。近年来发展起来的冷喷涂工艺，可以实现低温状态下的金属涂层沉积。这种工艺过程对粉末粒子结构产生的热影响小，而仅通过粒子获得的高速度，产生塑性碰撞实现沉积。对于金属材料，其沉积过程中的氧化可以忽略。因此，冷喷涂技术将为制备高性能无氧化涂层技术提供新的工艺方法。

12.2.1　冷喷涂技术的优缺点

优点：冷喷涂技术是一种能够在不同的基体材料上喷涂金属、金属合金、塑料和合成材料的新技术。喷涂材料的粉末粒子在热的非氧化性气流束中加速，喷涂加热温度较低，涂层基本无氧化现象，适用于纳米、非晶等对温度敏感材料，Cu、Ti 等对氧化敏感的材料，碳化物复合材料等对相变敏感材料的喷涂；冷喷涂涂层是固态粒子高速冲击形成的，粒子通过温度仅有几百度的超音速气体喷嘴加速。与热喷涂技术相比，冷喷涂的粒子没有熔化，涂层对基体的热影响很小，使得涂层与基体间的热应力减少，并且冷喷涂涂层层间应力较低，且主要是压应力，有利于沉积较厚的涂层；喷涂粉末可以回收利用。

缺点：适用于冷喷涂技术的粒子直径范围比较小。

12.2.2　冷喷涂系统的构成

冷喷涂技术的原理如图 12 - 4 所示，使高压气体通过 Laval 喷管超音速流动，将粉末粒子送入超音速流中加速形成射流，以高的速度撞击基体形成涂层。

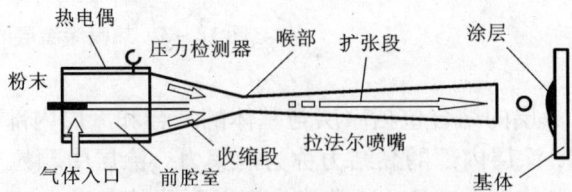

图 12 - 4　冷喷涂技术原理示意图

在粒子撞击基体的过程中，会产生很大的塑性变形。高速粒子撞击基体形成涂层，是对基体产生冲蚀或喷丸效应，还是对基体产生穿孔效应，取决于粒子撞击前的速度，即存在一个临界速度。当粒子的速度超过临界速度时，粒子对基体的作用由冲蚀变成沉积。该临界速度为 500 ~ 600 m/s，因材料不同而异。

图 12 – 5 所示为研制的冷喷涂系统示意图，该系统由高压气源、气体调节控制系统、气体温度控制系统、送粉系统和喷枪系统五部分构成。高压气体经由气体调节系统分别供给气体预热系统与送粉系统，而经过预热后的气体与载粉气体分别送入喷枪。粉末由高速气流加速后，碰撞沉积形成涂层。本系统可以在室温至 600℃ 范围内调节气体预热温度，加速气体压力可以达到 3 MPa。其中喷枪采用收缩扩张型 Laval 喷管。粉末轴向送入喷枪。

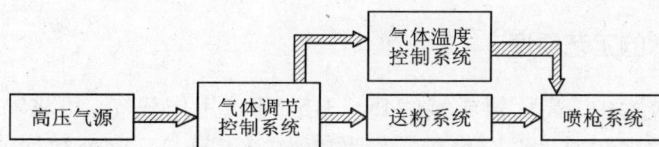

图 12 – 5　冷喷系统构成示意图

冷气动力喷涂技术（简称冷喷涂）是 20 世纪 80 年代由俄罗斯科学家 Alkhimov A P 等人在俄罗斯科学院西伯利亚分院进行超音速流风洞载荷实验时偶然发现并发展起来的一门新兴的表面处理技术，并引起了广泛的注意和兴趣。从 20 世纪 90 年代初至今，冷喷涂已成为实用的专利技术，并在美国、德国、俄罗斯喷涂领域掀起了一股热潮。冷喷涂利用高能粒子撞击基材，实现涂层沉积。与火焰喷涂、电弧喷涂、等离子喷涂等工艺不同的是冷喷涂涂层主要在固态下成形，因此避免了材料氧化，减小了残余应力，改善了涂层质量。如图 12 – 4，气流由喷管收缩段经喉部到扩张段获得超音速，气流拽力使粒子得以不断加速。根据气体动力学原理，把气流的可压缩流动视为一维定常等熵流动，可得气流速度、密度、温度、马赫数、压力在喷管中的变化

$$\frac{\mathrm{d}v}{v} = -\left(\frac{1}{1-M^2}\right)\frac{\mathrm{d}A}{A}$$

$$\frac{\mathrm{d}\rho}{\rho} = \frac{M^2}{1-M^2}\frac{\mathrm{d}A}{A}$$

$$\frac{\mathrm{d}T}{T} = \frac{(\gamma-1)M^2}{1-M^2}\frac{\mathrm{d}A}{A}$$

$$\frac{\mathrm{d}p}{p} = \frac{\gamma M^2}{1-M^2}\frac{\mathrm{d}A}{A}$$

$$\frac{\mathrm{d}M}{M} = -\frac{1+\frac{\gamma-1}{2}M^2}{1-M^2}\frac{\mathrm{d}A}{A}$$

式中：v 是气流速度；A 是喷管截面积；M 是马赫数；ρ 是气流密度；T 是气流温度；γ 是气体系数；P 是气流压力。由此可见，在收缩通道（$\mathrm{d}A \leq 0$，气流在亚音速范围（$M<1$），马赫数增大，气流压力、温度，密度下降。在扩张通道（$\mathrm{d}A>0$）的膨胀过程使气流为超音速（$M>1$）。

假设气流初始速度为 v_i，初始温度为 T_i，初始压力为 p_i，音速为 α，则

$$v = \sqrt{2\frac{\gamma}{\gamma-1}RT_i\left\{1-\left(\frac{P}{P_i}\right)^{\frac{\gamma+1}{\gamma}}\right\}v_i^2}$$

$$\alpha = \sqrt{\gamma RT}$$

根据最后两式，可以通过提高气流压力与温度来提高气流速度。气流速度是冷喷涂工艺的重要参数之一，提高气流速度是增大粒子动能的有效方法，从而保证喷涂粒子达到临界速度，得到致密、低缺陷的冷喷涂涂层。

通常认为，冷喷涂涂层形成过程是粒子的机械嵌合和冷焊过程，提高涂层与基体结合强度的主要方法是提高粒子动能，从而加强粒子的嵌合和冷焊作用，所以目前许多研究单位致力于喷管设计及设备改进来提高双相流动的速度。

12.2.3 冷喷涂技术的工艺原理

在高压冷喷涂技术中，高压氦或氮(245~315 MPa)用作载气，可将喷涂材料加速到超音速度。气体被加热并强制通过一个聚焦 – 发散喷头(deLaval)，该处被加速至超声速度(大于1 000 m/s)。喷涂粉末在喷头上方被沿轴向注入。

冷喷涂是根据空气动力学原理开发的先进喷涂技术，其过程是高压气体经过低温预热，通过缩放喷管产生超音速气流，将喷涂粒子从轴向送入气体射流中加速粒子以固态形成撞击基体形成涂层，冷喷涂技术可获得低氧化物含量、低内应力、高硬度的厚涂层。

在低压冷喷涂技术中，氮或空气被加压至10~50 MPa，而喷涂粉末在喷头的发散部位的下方沿径向注入。低压冷喷涂系统是手提式的、运作更经济，颗粒速度可达800 m/s。便携式冷喷涂机可用于铝、铜、锌及其他合金材料的喷涂。便于携带特性使低压冷喷涂机更适用于野外保养和修复。

12.2.4 冷喷涂技术的适用材料范围

在冷喷涂过程中，由于喷涂温度较低，发生相变的驱动力较小，固体粒子晶粒不易长大，氧化现象很难发生。因而适合于喷涂温度敏感材料如纳米晶材料、非晶材料、氧敏感材料(如铜、钛等)、相变敏感材料(如碳化物等)。目前纳米粉末的研究越来越广泛，其颗粒本身非常细小，在性能上与固体完全不同，展现出许多优于本体结构新的特有的性质。近年来，纳米涂层制备引起了人们的兴趣。研究表明由于晶粒尺寸效应和大量晶界的存在，纳米涂层具有比传统涂层更优良的性能。表面纳米晶可以使材料表面(和整体)的力学和化学性能得到不同程度的改善。用传统的喷涂方法喷涂到基体表面上会引起其成分、性能与结构的变化；而用冷喷涂将会保留其基本的结构和性质，使得纳米涂层的喷涂得以实现。

顾春雷等人通过对锌、铝、铝青铜、黄铜在钢基体上沉积的冷喷涂涂层进行分析比较。实验结果表明：冷喷涂在喷涂过程中，高速飞行的粒子离开喷管后撞击基材表面，粒子动能转变为热能与应变能，粒子发生塑性变形并与基材间发生类似于爆炸焊合作用的冷焊过程，后续粒子不断地夯实已经形成的涂层，进一步使涂层致密化。冷喷涂与常规热喷涂最主要的区别在于，冷喷涂涂层是在固态下依靠粒子的塑性变形来实现涂层的沉积。所以粒子的飞行速度与原材料的塑性是影响冷喷涂涂层质量的关键因素。冷喷涂过程中，粉末粒子通过超音速气流的拽力来加速，因此对粉末的球形度有一定的要求。试验过程用的锌粉、铝粉的形貌均为类球形，粒度分布均匀，因此粉末流动性好，有利于粒子的加速和粒子速度的均匀性。而黄铜粒子呈现不规则的多角形，铝青铜粒子虽然也表现为类球形，但是粒子分布较宽。粒子形状的不规则及粒度的不均匀造成了粒子飞行速度的差异。从而，在涂层沉积过程中，部分速度较低的粒子产生了对基材的冲刷，而没有实现沉积。未沉积粒子的反弹干扰了基材与涂层界面处粒子的运动,造成其变形不充分,导致了界面缺陷。另外,锌、铝粒子的塑性优于黄铜、铝青铜,在与基体的撞击过程中粒子变形充分,并且由于锌、铝的熔点较低,由撞击过程中产生的热能激发的粒子冷焊分数大于铝青铜和黄铜,因而锌、铝粒子更易于沉积,锌铝涂层结合强度大大高于黄铜、铝青铜涂层。

12.3　铜及铜合金喷涂涂层材料

铜及铜合金涂层由于其优异的性能而被广泛应用于许多领域,通常该类涂层是通过热喷涂技术或冷喷涂技术制备。根据铜及铜合金涂层制备原材料的外形可将铜及铜合金分为丝材和粉末材料,下面重点对粉末材料的使用性能和应用领域进行介绍。

12.3.1　铜及铜合金粉末

1. 纯铜粉(球形铜粉)

球形纯铜粉喷涂的涂层,类似于铜丝气喷涂涂层,但硬度有差异。铜粉喷涂时容易氧化,尤其当温度超过 177℃时更容易氧化。因此,应保持喷涂距离在 150～200 mm(火焰喷涂)或100～175 mm(等离子喷涂)之内,并且控制喷涂过程中涂层温度不能超过 150℃。因此,连续喷涂时,建议用压缩空气适当冷却被喷涂的表面。喷涂层可用高速钢或硬质合金刀具进行切削。这种粉末在包装开封后的保管期间,色泽可能发生变化,但对涂层没有明显的影响。

①应用方法:等离子喷涂、粉末火焰喷涂(可用氢作燃烧气体)。

②应用范围:导电涂层,电波屏蔽涂层,铜及铜合金磨损件及超差件修复。

③应用实例:电器触头和地线接头用导电涂层;仪表壳或导弹装置的电波屏蔽。

2. 黄铜粉

黄铜是铜锌合金,锌在铜中有相当高的溶解度(可达39%),形成 α 固溶体,具有很好的强度、韧性、切削加工性能和良好的耐蚀性。

普通锌黄铜粉喷涂时产生"脱锌"现象,并产生对呼吸道有害的 ZnO 烟雾,因此一般最好使用含锡的锡黄铜或含镍的镍黄铜。

①应用方法:粉末火焰喷涂、等离子喷涂、冷喷涂等技术。

②应用范围:耐海水腐蚀和耐汽油的涂层。

③应用实例:与海水或汽油接触的船舶零件修复。

3. 铝青铜粉

铝青铜粉喷涂时,雾化颗粒虽较粗大,但涂层致密,容易加工。电弧喷涂铝青铜,与铜及铜合金基体的结合强度高,表现出自结合性能,且涂层具有良好的抗热冲击性能和抗氧化性能。

采用粉末火焰喷涂或等离子喷涂,能够获得与铝青铜丝材气喷涂类似的涂层,性能基本相当。这种粉末涂层的含氧量低,收缩率较低,涂层致密,与基体的结合牢固,特别是由于含 Al 量高,在涂层表面形成一层致密的化学性能稳定的 Al_2O_3 薄膜,因而具有优异的抗氧化性,在980℃的空气中暴露1h,涂层仍致密完整,不发生剥落。这种合金涂层容易切削,能用硬质合金刀具车削到很高的光洁度。

喷涂这种合金时，应避免涂层过热。若喷涂过程中涂层温度超过205℃，就会产生较软的涂层。

①应用方法：粉末火焰喷涂、等离子喷涂、冷喷涂等技术；

②应用范围：软支承面涂层，500℃以下的抗硬面磨损涂层及抗微动磨损涂层，抗气蚀涂层；铜及铜合金部件的修复；

③应用实例：软支承面涂层——活塞导承；抗硬面磨损涂层——换挡拨叉，制动闸轮；抗微动磨损涂层——空压机伸缩接头密封；抗气蚀涂层——泵。

4. 含镍铝青铜粉

铝青铜粉中加入铁、镍、锰等合金元素，能够细化晶粒，进一步提高铝青铜的硬度和耐磨性，防止形成粗大组织。涂层致密，摩擦系数较低，加工性能好，适用于缸体表面喷涂和轴瓦等的喷涂。

①应用方法：粉末火焰喷涂、等离子喷涂、冷喷涂等技术；

②应用范围：适合于铜及铜合金、铝及铝合金、铸铁和钢等基体上喷涂抗黏着磨损硬面涂层、轴瓦及机床导轨等的减摩轴承涂层；磨损及超差件修复；

③应用实例：压力缸体、止推轴承、机床导轨等。

5. 锡青铜粉末

锡青铜是铜和锡的合金。这种合金具有较高的力学性能、减磨性能和耐蚀性，易切削加工，钎焊和焊接性能好，收缩系数小，无铁磁性。加入少量的磷、铅和锌，能改善合金的减磨性，提高致密度。

①应用方法：粉末火焰喷涂、冷喷涂等技术；

②应用范围：减摩轴承涂层、打底结合涂层、柱塞泵转子涂层、铜及铝合金件修复；

③应用实例：轴瓦、柱塞泵转子。

6. 磷青铜粉末

磷青铜是在铜锡合金中加入少量的磷。磷在青铜中的溶解度为0.2%，超过此量，则形成硬的 Cu_3P 化合物，可提高青铜的硬度、弹性及耐磨性。磷青铜具有高的强度、弹性、减摩及抗疲劳性能，呈淡黄色，在大气、淡水和海水中耐蚀。易于焊接与钎焊，碰击时无火花，适用于易燃易爆场合。

①应用方法：粉末火焰喷涂、等离子喷涂、等离子喷焊等技术；

②应用范围：具有优异减摩性能的减摩轴承涂层、抗黏着磨损涂层；

③应用实例：压力缸体、铸铁导轨、轴瓦、低压阀门密封面等。

7. 含铅锡青铜粉末

铅几乎不溶于锡青铜中，而以纯组元形式存在，能增强锡青铜的耐磨减摩性能，改善其切削性，硬度降低。

锡青铜中加入锌，可进一步强化固溶体，形成新相，能改善合金的力学性能。

铅和铅蒸气有毒，喷涂含铅锡青铜粉末时，应有良好的抽风条件，施工人员应戴防护面罩。

①应用方法：粉末火焰喷涂、等离子喷涂等技术；

②应用范围：减摩、抗咬合轴承涂层、钎焊粉末；

③应用实例：重载轴承喷涂。

8. 铅青铜粉末

铅几乎不溶于 α 铜中，当铜铅合金熔体凝固并冷却到 326℃ 时，铅在铜中的溶解度约为 0.02%。过量的铅成小圆形颗粒镶嵌在铜基体中，形成一种在强韧的 α 铜基体中弥散分布软质铅粒的结构，因此具有滑动轴承材料所需的相嵌性、相容性、顺应性和耐磨性。铅很软，使用过程中受力后容易变形，因而能使喷涂涂层中孔隙产生一定的"自愈合效应"。

①应用方法：粉末火焰喷涂、等离子喷涂、冷喷涂等技术；

②应用范围：抗黏着磨损减摩耐磨轴承涂层；

③应用实例：重载轴瓦喷涂。

9. 硅青铜粉末

硅能有限的固溶于 α 铜基体中，起固溶强化作用，含少量锰或镍的硅青铜，耐磨、耐蚀。特别是在海水中耐蚀性很好，涂层的加工性能良好。这种合金能承受各种压力加工，可焊性好，无磁性，碰击时不生火花。锰能提高合金的力学性能，改善工艺性能和耐蚀性。这种青铜在腐蚀环境中常用作锡青铜的代用品，成本较低。

①应用方法：粉末火焰喷涂、等离子喷涂等技术；

②应用范围：耐蚀涂层、抗黏着磨损涂层；

③应用实例：轴瓦及机床导轨修复。

10. 铜镍合金粉末（白铜合金粉末）

铜镍合金呈银白色，俗称白铜，其含镍量一般低于 35%，有的略高于 40%，是单一固溶体，镍加入铜中，显著地提高了铜的强度、耐蚀性、电阻率和热电性，在许多腐蚀介质如海水、有机酸和各种盐溶液中有高的化学稳定性，有良好的冷热变形能力。

铜镍合金中加入锰，能获得电阻率高、电阻温度系数小的锰白铜（又称"康铜"），是制造 500℃ 温度以下使用的热电偶、变阻器、加热器等的材料。

铜镍合金中加入铝，成为铝白铜，它不但具有高的力学性能和耐蚀性，还具有高的抗寒性和弹性。在 90K 的低温下，力学性能不但不降低反而有些升高。

这类合金喷涂的涂层非常致密，孔隙率和氧含量都很低，能耐微动磨损和气蚀。合金中加入铟，改善了涂层的抗擦伤性能和高温润滑特性；加入钴，能提高合金涂层的耐热性能。这类粉末可以喷涂很薄的涂层，容易切削加工到所要求的表面状态。

铜镍铟与铜镍合金相比，其熔点稍高，涂层的结合强度也高些，加工性能更好，常用作抗微动磨损和高温抗黏着磨损自润滑涂层。

①应用方法：粉末火焰喷涂、等离子喷涂、冷喷涂等技术；

②应用范围：抗微动磨损涂层、耐气蚀和耐腐蚀涂层；

③应用实例：抗微动磨损、压气机叶片燕尾槽、通风机叶片、燕尾槽、叶片制动环、密封面、通风机盘压力面、伸缩接头。

11. 铜包石墨粉末

铜包石墨是石墨粉表面均匀包覆一层铜，形成"核–壳"结构。因此，包覆型粉末作为原料进行压制、烧结或者和其他粉末进行混合时都能保证铜与石墨的良好结合。铜包石墨粉利用特殊的工艺，使铜与石墨表面紧密结合，一方面增大了铜与石墨的接触面积和结合强度；另一方面，铜的比重较大，可以增加包覆粉末的松装比重，从而缩小包覆粉末与金属粉末间的密度差，提高粉末混合的均匀性。

铜包石墨涂层是一种低摩擦材料，具有良好的力学性能及焊接性能，导电性能较高，涂层硬度 HRC25 左右。

①应用方法：火焰喷涂；

②应用范围：低摩擦涂层；

③应用实例：摩擦板间的减磨。

12.3.2　铜基自熔性合金粉末

在铜基体中加入硅、锡、磷和硼等合金元素而制成的合金。硅是显著降低铜的熔点的元素，而硼的作用却不显著。但硼能显著地改善铜合金的熔焊性能。这类合金熔点低，流动性好，对钢、轴承钢、铜合金、铸铁等都有很好的润湿能力和铺散能力，喷焊工艺性能良好，少量硼的加入，能对熔池起脱氧、成渣的保护作用，特别适合于火焰喷焊。镍能与铜无限固溶，形成连续固溶体，提高铜合金的强度和耐蚀性能，并可能与合金中的硼化合，生成 Ni_2B 硬质相，提高合金的耐磨性。锡在铜中有限固溶，形成 $\alpha+\delta$ 金相组织，成为耐磨铜涂层。磷在 α 铜中的溶解度很小，与铜形成熔点仅为 714℃ 的低熔点共晶合金，共晶析出的 Cu_3P 质硬而脆，弥散分布在铜基体中，有利于提高合金的耐磨性。磷也是强脱氧剂，对焊层有脱氧能力，并能降低铜液的表面张力，提高铜液对基体的润湿和铺散能力。

铜基自熔性合金粉末，采用火焰喷焊或等离子喷焊制成的焊层，具有良好的导热性，导电性和耐蚀性能，摩擦系数低，耐黏着摩擦磨损性能优良，能加工得到较高的光洁度。

目前国产铜基自熔性合金粉末品种少，应用面也不宽，主要用于低压阀门密封面、铸铁件、机床导轨、铜合金部件及轴套等的表面强化及修复，也可用作中高温的钎焊剂。

1.　硅锰青铜型自熔性合金粉末

这类合金具有良好的耐蚀、耐磨性能和焊接性能，强度和韧性好，无铁磁性，冲击时不产生火花。熔体流动性好，能获得致密的焊层。当加入较高含量的镍时，除对铜基体起固溶强化作用。镍还能与硼、硅形成金属间化合物 Ni_2B、Ni_2Si，起析出强化作用，提高合金的耐磨性能。加入铁，能使焊层组织晶粒细化，但降低合金的耐蚀性。

①应用方法：火焰喷焊、等离子喷焊、粉末火焰喷涂、等离子喷涂；

②应用范围：用于普通钢、轴承钢、铸铁及铜合金基体喷焊耐磨减磨焊层和喷涂修复；

③应用实例：受压力缸体表面喷涂、机床导轨、铸铁模型、热交换器喷涂等。

2.　磷青铜型自熔性合金粉末

该合金粉末是在磷青铜的基础上加入适量的硼或其他元素而制成的合金。磷是显著降低铜熔点的合金元素。硼对铜合金熔点降低的作用不显著，但有脱氧、防止熔池氧化的作用，还能对铜起变质细化晶粒作用。加入镍能使铜基体固溶强化，细化晶粒，减少锡的偏析，提高基体的耐蚀性。

这类合金焊层耐蚀、耐磨、收缩系数小，无磁性，撞击时不发生火花，具有低的摩擦系数和高的减磨性能，强度和韧性较好，耐低温，可焊性好，易于切削加工。

①应用方法：火焰喷焊、等离子喷焊、火焰粉末喷涂、等离子喷涂；

②应用范围：耐金属间黏着摩擦磨损减磨焊层和涂层；

③应用实例：低压阀门密封面火焰喷焊铜合金粉末，模拟台架关闭试验达 3 400 次，渗漏量未超过优质品关闭 3 000 次的规定标准。

参 考 文 献

[1] 黄培云. 粉末冶金原理. 第 2 版. 北京：冶金工业出版社，1997

[2] 王林山，汪礼敏. 2009 年我国铜及铜合金粉末的现状. 粉末冶金工业，2010，20(5)：39-41

[3] 袁勇，王林山，亓家钟. 2007 年我国铁粉、铜粉生产状况分析. 粉末冶金工业，2008，18(6)：32-35

[4] 王晔，李岚. 我国铜粉的生产与消费现状. 铜业工程，2003(3)：48-50

[5] 林培栋. 纳米技术的发展和应用. 航天技术与民品，2000，12：23-25

[6] 樊友奇，张传福，湛菁，等. 超细铜粉的制备技术及其应用. 化学通报，2006，69：1-6

[7] 王晔，李岚. 我国铜粉的生产与消费现状. 铜业工程，2003(3)：48-50

[8] 徐并社，李明照. 铜冶炼工艺. 北京：化学工业出版社，2007

[9] 陈延禧. 电解工程. 天津：天津科学技术出版社，1993

[10] 张招贤. 钛电极工学. 北京：冶金工业出版社，2003

[11] 美国金属学会. 金属手册，第七卷——粉末冶金. 韩凤麟，等，译. 第 9 版. 北京：机械工业出版社，1994

[12] 金世平，杨斌. 电解法制备铜粉的影响因素的研究. 中国粉体技术，2004，10(3)：21-23

[13] 常仕英，郭忠诚. 铜粉抗氧化性处理技术的进展. 粉末冶金工业，2007，17(1)：49-53

[14] 刘彦琪，钱正芳. 电解铜粉的氧化机理及阻缓措施. 上海冶金，1980，2(1)：22-30

[15] 郑精武，姜力强. 铜粉的电解制备工艺研究. 粉末冶金工业，2001，11(6)：26-29

[16] 方正. 低成本电解制取铜粉新工艺(科技简讯). 上海有色金属，1996(2)

[17] 贝多·J·K. 雾化法生产金属粉末. 胡云秀，曹勇家，译. 北京：冶金工业出版社，1985

[18] 韩凤麟，马福康，曹勇家. 中国材料工程大典第 14 卷：粉末冶金材料工程. 北京：化学工业出版社，2006

[19] 吕洪. 固体雾化原理及工艺规律的研究. 长沙：中南大学，2003

[20] 杨福宝，徐骏，石力开. 球形微细金属粉末超声雾化技术的最新研究进展. 稀有金属，2005，29(5)：785-790

[21] 刘平，康布熙，曹兴国，等. 多级雾化 Cu-Cr 合金粉末成形后的组织和性能. 中国有色金属学报，1999，9(4)：677-683

[22] 李清泉，欧阳通，麻润海，等. 气雾化微细金属粉末的生产工艺研究. 粉末冶金技术，1996，14(3)：181

[23] 钟莲云，吴伯麟，贺立勇，等. 导电涂料用片状镀银铜粉的研制. 涂料工业，2003，33(9)：12-15

[24] 张习敏，马自力，徐骏，等. 气雾化 FeNi 粉末触媒及合成金刚石的特性. 超硬材料工程，17(64)：36-39

[25] 张曙光，王磊，马自力，等. 气雾化 Ni-Mn-Co 合金粉末触媒制备及其合成金刚石特性. 粉末冶金技术，20(1)：16-19

[26] 张晓莉，孙德恩. 超声气体雾化生产的热喷涂用自熔合金粉末. 焊接技术，1999(8)：21-22

[27] 胡春莲，侯尚林. 雾化喷嘴结构对喷焊合金粉末性能的影响. 材料保护，2002，35(12)：53-54

[28] 陈靖，毛钟汉，祖国兴. 气体雾化法制取 NiPdCrBSi 钎料粉末的工艺. 中国有色金属学报. 1998，8(2)：230-233

[29] 崔成松, 蒋祖龄, 沈军, 等. 雾化过程气体与金属雾滴的三维流动模型. 金属学报, 1994, 30(7): 294-300

[30] 龚欣, 刘海峰, 李伟锋, 等. 气流式雾化过程的有限随机分裂模型. 化工, 2005, 56(5): 786-790

[31] 陈振华. 金属液体的雾化问题. 粉末冶金技术, 1998, 16(4): 284-292

[32] Nilsson E O F. US Patent, 3302892, 1967

[33] Grant N J. Rapid solidification of metallic particulates. J Met, 1983, 35(1): 20-28

[34] Miller S A. Close-coupled gas atomization of metal alloy. Proceedings PM86, 1986: 29-32

[35] Gerking L. Powder from metal andceramic melts by laminar gas streams at supersonic speeds. Powder Metallurgy International, 1993, 25(2): 59-65

[36] Schulz G. Nanoval process offers fine powder benefits. MPR, 1996(11): 30-33

[37] Strauss J T. Hotter gas increases atomization efficiency. MPR, 1999(11): 24

[38] Strauss T J. Close-coupled gas atomization using elevated temperature gas. PM and P Tech, 1999(1): 23-34

[39] Anderson I E, figliola, Richard S. US Patent, 5125574. 1992

[40] Ayers, Jack D, Anderson I E. US Patent, 4619845. 1986

[41] Anderson I E. Boost in atomizer pressure shaves powder particlesize. Advanced Materials and Processes, 1991, (7): 30-40

[42] 陈刚, 陈振华, 严红革, 等. 一种新型的气体雾化制粉方法. 中国有色金属学报, 2001, 11(2): 33-36

[43] 陈振华, 陈刚, 严红革. 固气两相流雾化工艺规律. 中国有色金属学报, 2004, 14(2): 204-209

[44] Stanislav Lagutkin, Lydia Achelis, Sheikhali Sheikhaliev. ed. Atomization process for metal powder. Materials Science and Engineering A, 2004, 383: 1-6

[45] 张华诚. 粉末冶金实用工艺学. 北京: 冶金工业出版社, 2004

[46] 戴煜, 王利民, 刘景如, 柳红政. 低松装密度雾化铜粉生产. 粉末冶金工业, 2000, 10(4): 27-29

[47] 李占荣, 汪礼敏, 万新梁. 低松装密度水雾化铜粉工艺的研究. 粉末冶金工业, 2003, 13(1): 5-7

[48] 曲选辉, 黄伯云, 雷长明, 陈仕奇. 低松装密度雾化铜粉的研制. 中南工业大学学报, 1995(6): 781

[49] 李辉. 低噪音自润滑微型轴承用CuSn10部分合金化粉末的研究. 北京: 北京有色金属研究总院, 2003

[50] 徐景杰. 扩散工艺对铜合金粉末物理性能的影响. 粉末冶金工业, 2009, 19(1): 6-10

[51] 韩凤麟, 马福康, 曹勇家. 中国材料工程大典第14卷: 粉末冶金材料工程. 北京: 化学工业出版社, 2006: 498-499

[52] 宋玉强. Cu粉和Sn粉相界面扩散溶解层的研究. 稀有金属材料与工程, 2007, V36: 217-220

[53] Klar E etal (SCM Metal Products Inc, Cleveland, Ohio, USA). High Impact Strength PM Steel by Copper Infiltration. Powder Metallurgy, 2001, V2: 123-126

[54] Berry D F (SCM Metal Products Inc, Cleveland, USA). High impact and tensity strength PM B-steel by Cu infiltration. Materials Science, 2004, V2(6): 255-258

[55] Beiss P, Kutsch U. Machinability of sintered stainless steel 430LHC, Powder Metallurgy, 1996, 39(1): 66-70

[56] 韩凤麟, 马福康, 曹勇家. 中国材料工程大典第14卷: 粉末冶金材料工程. 化学工业出版社, 2006: 129-138

[57] 罗基棣. 水雾氧化制取低松装密度的铜基合金粉末. 新技术新工艺, 1987(6): 2-3

[58] 李勇, 王华生, 韩德强. 雾化参数对H70黄铜粉末粒度及其分布的影响. 特种铸造及有色合金, 2005, 25(7)

[59] 陈仕奇. 铜基粉末及材料研究新进展. 粉末冶金工业, 2002, 12(5): 37-40

[60] 唱鹤鸣, 等. 感应炉熔炼与特种铸造技术. 北京: 冶金工业出版社, 2002

[61] 田峰, 李国彬, 高明亮, 赵静怡. 金刚石胎体 Cu – Fe – Sn – Ce 预合金粉的研究. 金刚石与磨料磨具工程, 2008, 163(1): 39 – 42, 46

[62] 李流军. 金属注射成形较大尺寸工艺研究. 长沙: 中南大学硕士学位论文, 2005

[63] 刘平, 赵冬梅, 田保红, 高性能铜合金及其加工技术. 北京: 冶金工业出版社. 2005

[64] 韩凤麟, 贾成厂. 烧结金属含油轴承 – 原理、设计、制造与应用. 北京: 化学工业出版社. 2004

[65] 张敬国, 张景怀, 汪礼敏, 杨中元. 直接置换法制备包覆型铁铜双金属粉末的工艺研究. 稀有金属, 2009(6): 860

[66] 李华彬, 何安西, 曹雷, 扬健, 李学荣. Cu/Fe 复合粉的性能及应用研究. 四川有色金属, 2005(1): 18 – 21

[67] 柴立元, 张传福, 钟海云. 金属包覆型复合粉末及其应用现状. 材料导报, 1996(3): 77 – 80, 76

[68] 吴世学. 铜置换包覆铁粉末的工艺及机理研究状. 重庆: 重庆大学硕士学位论文, 2006

[69] 伍继君, 朱晓云, 郭忠诚, 黄峰, 李国明. 高导电片状银包铜粉的制备技术研究. 电子元件与材料, 2006, 25(7), 39 – 42

[70] 文虎 译. 石墨粉末镀铜法. 电碳, 2000(1): 36 – 39

[71] 朱满康, 杨桦, 陈延民, 贺德仁. 表面活性剂对铜镀覆石墨工艺的影响. 武汉工业大学学报, 1997, 19(4): 116 – 119

[72] 余泉茂, 吴一善, 孙宝岐. 铜镀覆石墨粉工艺中表面活性剂的作用及其机理研究. 非金属矿, 1999, 22(3): 4 – 5, 35

[73] 郭庚辰. 液相烧结粉末冶金材料. 北京: 化学工业出版社, 2003

[74] 王盘鑫. 粉末冶金学. 北京: 冶金工业出版社, 2003

[75] 曾德麟. 粉末冶金材料. 北京: 冶金工业出版社, 1989

[76] 徐润泽. 粉末冶金结构材料学. 长沙: 中南工业大学出版社, 1998

[77] 黄均声, 赵欣悦, 志田光明. 烧结工艺对 Cu20 – 20Zn 黄铜力学性能的影响. 粉末冶金材料科学与工程, 2010, 15(5): 495 – 499

[78] 易健宏, 汤金枝. 粉末冶金摩擦材料的现状及其发展. 有色金属学报, 2001, 11: 172 – 176

[79] 曲在纲, 黄月初. 粉末冶金摩擦材料. 北京: 冶金工业出版社, 2005

[80] 沈宏娟. 铁在铜基粉末冶金摩擦材料中的作用. 大连: 大连交通大学, 2009

[81] [苏]N·M·费多尔钦科, 等. 现代摩擦材料. 徐润泽, 等, 译. 北京: 冶金工业出版社, 1983

[82] 任志俊. 粉末冶金摩擦材料的研究发展概况. 机车车辆工艺, 2001(6): 1 – 5

[83] 赵田臣, 樊云昌. 高速列车铜基复合材料闸片研制方案研究. 石家庄铁道学院学报, 2001, 14(4): 1113

[84] 杨永连. 烧结金属摩擦材料. 机械工程材料, 1995, 19(6): 18 – 21

[85] 白新桂, 李明, 许明, 等. 金属陶瓷成分对其摩擦磨损性能影响研究. 机械工程材料, 1997, 21(4): 13 – 15

[86] 陈军, 姚萍屏, 盛洪超. 碳对铜基粉末冶金摩擦性能的影响. 热加工工艺, 2006, 35(14): 13 – 16

[87] 鲁乃光. 烧结金属摩擦材料现状与发展动态. 粉末冶金技术, 2002, 20(5): 294 – 298

[88] Dunlop Holdings Ltd. , Friction pads. 英国专利, 1284225. 1972.06.21

[89] GirlingLtd. , Method of manufacturing a friction disc. 英国专利, 1460592. 1976.11.24

[90] 姚萍屏, 熊翔, 黄伯云. 粉末冶金航空刹车材料的应用现状与发展. 粉末冶金工业, 2000, 10(6): 34 – 38

[91] 王广达, 方玉诚, 罗锡裕. 高速列车摩擦制动材料的研究进展. 中国冶金, 2007, 17(7): 12 – 15

[92] 黄瑞芬, 刘淑英. 烧结金属摩擦材料及其工艺研究的发展. 兵器材料科学与工程, 1999, 22(1): 65 – 68

[93] 奚正平, 汤慧萍. 烧结金属多孔材料. 北京: 冶金工业出版社, 2009

[94] 宝鸡有色金属研究所. 粉末冶金多孔材料, 上册. 北京: 冶金工业出版社, 1978

[95] 宝鸡有色金属研究所. 粉末冶金多孔材料, 下册. 北京: 冶金工业出版社, 1979

[96] 赵祖德, 姚良均, 郭鸿运, 彭如清, 武恭, 等. 铜及铜合金材料手册. 北京: 科学出版社, 1993, 432 – 433

[97] JB/T 8395 – 96, "烧结青铜过滤元件技术条件"

[98] 姬生, 刘云豫. 超硬材料刀具的研究和应用. 金刚石与磨料磨具工程, 2007, 161(5): 86 – 90

[99] 张国栋. 超硬材料制造刀具的方法. 内蒙古煤炭经济, 2006(6): 107 – 110

[100] 姚学祥, 张桂香. 超硬材料刀具研究现状和趋势. 硬质合金, 2001, 18(3): 182 – 186

[101] 寇自力. 超硬刀具的发展与应用. 工具技术, 2000, 34(8): 6 – 9

[102] 张福勤, 黄启忠, 黄伯云, 巩前明, 陈腾飞. C/C 复合材料石墨化度与导电性能的关系. 新型炭材料, 2001, 16(2): 45 – 48

[103] 李贤明, 解育男, 刘长根, 张霄. 电机运行中常见的电刷和集电环故障及处理方法. 上海大中型电机, 2009(3): 54 – 56

[104] 王贵青, 陈敬超, 等. 电力机车受电弓滑板的研究状况及发展趋势. 材料导报, 2003, 17(1): 18 – 20

[105] 李克明, 魏力, 于存江. 电刷的选择方法. 长春大学学报, 2001, 11(4): 12 – 14

[106] 许少凡, 金牛, 王成福. 二硫化钼含量对铜 – 石墨复合材料组织与性能的影响. 矿冶工程, 2003, 23(3): 54 – 56

[107] 韩绍昌, 李学谦, 徐仲榆. 铬对改善铜与炭石墨材料润湿性的作用. 湖南大学学报, 1998, 25(5): 30 – 33

[108] 冯勇祥, 冯洁. 国外带导线成形电刷的发展概况. 炭素, 2003(2): 44 – 48

[109] 张宇, 徐大勇. 混料工艺对 PVC 型材性能的影响. 聚氯乙烯. 2009, 37(2): 19 – 24

[110] 叶毅. 浸渗工艺的发展与应用. 工艺与装备, 2009(3): 63 – 64

[111] 米永存. 浅谈直流电动机电刷的选用. 微电机, 2007(7): 97 – 99

[112] 杨连威, 姚广春. 石墨粉化学镀铜工艺的研究. 材料保护, 2004, 37(6): 20 – 21

[113] 邓书山. 石墨铜(银)复合材料组分设计与性能研究. 合肥: 合肥工业大学硕士论文, 2007

[114] 王文芳, 许少凡, 等. 用镀铜 – 石墨粉制备铜 – 石墨复合材料. 机械工程材料. 1999, 23(2): 41 – 43

[115] 钱宝光, 耿浩然, 等. 电触头材料的研究进展与应用. 机械工程材料, 2004, 28(3): 7 – 9

[116] 崔玉胜, 邵文柱, 王岩, 甄良. CPNbCrCuCd 电触头材料的组织结构与使用性能研究. 功能材料, 2004(35): 893 – 897

[117] 阚瑞清, 高英伟, 阚玉杰. 新型铜基合金电触头的研制. 机床电器, 2001(6): 4 – 6

[118] 刘清泽. 影响固相烧结粉末冶金电触头金相组织的工艺因素. 功能材料, 2001: 1946 – 1948

[119] 颜承东, 李继春. 浅议电刷在集电环上运行中形成氧化膜的作用. 煤矿现代化, 2008: 37 – 38

[120] 王英, 王文杰, 王会侠. 鳞片石墨粉质量对电刷性能的影响. 炭素, 2003(3): 31 – 34

[121] 韩胜利, 田保红, 刘平. 点焊电极用弥散强化铜基复合材料的进展. 河南科技大学学报, 2003, 12(4): 17 – 19

[122] 黄强, 顾明元, 金燕萍. 电子封装材料的研究现状. 材料导报, 2000, 14(9): 28 – 32

[123] 童震松, 沈卓身. 金属封装材料的现状及发展. 电子与封装, 2005, 23(3): 6 – 15

[124] 夏扬, 宋月清, 崔舜, 等. 热管理材料的研究进展. 2005, 22(1): 4 – 7

[125] 何平, 王志法, 姜国圣, 等. 熔融温度从退火温度对 W – Cu 电子封装材料导热性能的影响. 矿冶工程, 2004, 24(3): 76 – 78

[126] 王志法, 姜国圣, 刘正春. W – Cu 合金中 Cu 相纯度对热导的影响. 中南工业大学学报, 1999, 4(2): 37 – 39

[127] 吕大铭. 真空开关和电子器件用钨铜材料. 粉末冶金工业, 1998, 8(6): 32 – 35

[128] 钟涛兴, 吉元, 李英, 等. SiCp/Cu 复合材料的热膨胀性和导热性. 北京工业大学学报, 1998, 24 (13): 34 – 37

[129] 王春华. SiCp/Cu 复合材料电导特征的研究. 郑州: 郑州大学, 2007

[130] 姚文杰. SiCp/Cu 复合材料的显微组织与性能研究. 哈尔滨: 哈尔滨工业大学, 2006

[131] 王常春. 电子封装用 SiCp/Cu 复合材料的微观组织与性能研究. 济南: 山东大学, 2007

[132] Pay Yin, Cnung D D L. A comparative study of the loutea filler method and the admixture method of powder metallurgy for making metal matrix composites. Journal of Materials Science, 1997(32): 2873 – 2882

[133] Schubert Th, Trindade B, Weiβgärber T, etc. Interfucial design of Cu – based composites prepared by powder metallurgy for heat sink applications. Materials Science and Engineering A, 2008(475): 39 – 44

[134] 马永昌. 热管技术的原理、应用与发展. 中国电工技术学会. 2008 中国电工技术学会电力电子学会第十一届学术年会论文摘要集, 2008

[135] 庄骏, 张红. 热管技术及其工程应用. 北京: 化学工业出版社, 2004.

[136] 马同泽. 热管. 北京: 科学出版社, 1993

[137] 张天孙. 传热学. 北京: 中国电力出版社, 2006

[138] 李松林, 黄伯云, 曲选辉, 等. 粉末注射成形黏结剂组分相容性的热力学判据. 中国有色金属学报, 2001, 11(3): 441 – 444

[139] 李笃信, 李益民, 曲选辉, 等. 金属粉末注射成形黏结剂. 材料导报, 2000, 14(3): 36 – 39

[140] 李新军, 孙红英. 粉末注射成形黏结剂及脱脂技术研究进展. 材料导报, 2000, 14(10): 56 – 58

[141] 詹添印, 庄明勋, 林舜天. 还原铜粉之注射成形. 粉末冶金技术, 2005, 23(2): 129 – 133

[142] 李流军, 李益民, 邓忠勇, 等. 金属粉末注射成形生产设备及其发展趋势. 粉末冶金材料科学与工程, 2004, 9(3): 212 – 220

[143] 李益民, 黄伯云, 曲选辉. 当代金属注射成形技术. 粉末冶金技术, 1992, 10(1): 14 – 18

[144] 李益民, 黄伯云, 曲选辉, 等. 金属注射成形技术进展. 稀有金属材料与工程. 1996, 25(1): 1 – 4

[145] 卢仁伟, 李笃信, 赵志刚, 等. 铜粉末注射成形工艺. 粉末冶金材料科学与工程, 2006, 11(2): 104 – 108

[146] German R M. 粉末注射成形. 曲选辉译. 长沙: 中南大学出版社, 2001, 1 – 10

[147] 王佳杰, 王吉孝, 张颖, 等. 冷喷涂 Cu 涂层过程中粒子速度的影响因素分析. 焊接, 2005(12), 22 – 26

[148] 富伟, 陈清宇, 纪岗昌. 不锈钢表面冷喷涂铜涂层组织和性能研究. 材料热处理学报, 2009, 28(22): 111 – 114

[149] 王锋, 漆波, 陈清华, 超音速冷喷涂 Cu – Al$_2$O$_3$ 复合涂层特性. 材料导报, 2009, 23(6): 47 – 51

[150] 王佳杰, 王志平, 霍树斌, 等. 超音速冷喷涂铜涂层特性分析. 焊接学报, 2007, 28(4): 77 – 82

[151] 卜恒勇, 卢晨. 冷喷涂技术的研究现状及进展. 材料工程, 2010(1): 94 – 101

[152] 郭辉华, 周香林, 崔华. 冷喷涂涂层的结合机理. 材料导报, 2008, 22(12): 56 – 63

[153] 梁秀兵, 徐滨士. 先进的冷喷涂技术. 中国设备工程, 2001(12): 19 – 22

[154] 李长久. 中国冷喷涂研究进展. 中国表面工程, 2009, 22(4): 5 – 17

[155] 查柏林, 王汉功, 低温超音速火焰喷涂铜涂层结构和性能研究. 第九届国际热喷涂研讨会暨第十全国热喷涂年会, 长春, 2006, 23 – 27